SUSAN FENIMORE COOPER

STUNDEN AUF DEM LANDE

Herausgegeben, aus dem amerikanischen Englisch übersetzt und mit einem Nachwort versehen von Jürgen Brôcan und Lena Dahlbüdding

Mit Illustrationen der Autorin

NATURKUNDEN

NATURKUNDEN № 98
herausgegeben von Judith Schalansky
bei Matthes & Seitz Berlin

INHALT

Baltimoretrupial

VORWORT

Die nachfolgenden Einträge in Tagebuchform umfassen die schlichte Aufzeichnung jener kleinen Ereignisse, aus denen im Landleben der Lauf der Jahreszeiten besteht. Wandert man während eines langen, ununterbrochenen Aufenthalts auf dem Lande durch die Felder, trägt man natürlich eine Menge unbedeutender Beobachtungen über ländliche Themen zusammen, an die man sich später am Kamin freudig erinnert und die man gerne mit Freunden teilt. Die folgenden Seiten wurden geschrieben im vollkommenen Vertrauen darauf, dass all die unbedeutenden Vorfälle sich so wie notiert ereignet haben. Es bleibt zu hoffen, dass einige unserer Freunde, die wie unser verehrter Hooker das Land lieben, »in dem wir Gottes Segnungen der Erde entspringen sehen«, etwas von Interesse in diesem Buch finden können.

Die vorliegende Ausgabe wurde überarbeitet, einige Passagen, die heute unnötig sind, wurden gekürzt.

Susan Fenimore Cooper

16. März 1887

FRÜHLING

Samstag, 4. März — Alles sieht weit und breit noch immer vollkommen winterlich aus, frischer Schnee liegt einen Fuß hoch auf der Erde. Schlittenfahren bereitet große Freude, weil es im letzten Monat wenige Gelegenheiten dazu gab. Ich fuhr heute Morgen mehrere Meilen in den Zähnen eines scharfen Windes und im Schneegestöber das Tal hinunter. Nachdem man sich der Kälte tapfer gestellt hat, trägt man eine Art tugendhaftes Leuchten heim, das nicht vergeht, wenn man vorm Kamin kauert; damit verhält es sich wie bei den wichtigeren Dingen, jede Anstrengung bringt ihre Belohnung mit sich.

Dienstag, 7. März — Milder; Tauwetter. Als wir in der Nähe des Flusses wanderten, sahen wir drei große Wasservögel nordwärts ziehen; wir hielten sie für Seetaucher. Sie waren nur für einen Augenblick in Sicht, das verdankten wir den Bäumen über uns, allerdings hörten wir ein lautes heulendes Geschrei, das zu jenen Vögeln passte. Es ist früh für die Seetaucher, aber wir könnten uns auch getäuscht haben. Für gewöhnlich erscheinen sie um den ersten April herum, sie bleiben den Sommer und Herbst über bis in den späten Dezember bei uns, dann fliegen sie zur Küste: viele Winter nahe Long Island, viele mehr in der Chesapeake Bucht. Vor kurzem sahen wir einen dieser Vögel von ungewöhnlicher Größe mit einem Gewicht von neunzehn Pfund; man hatte ihn im Senaca Lake am Haken einer Schleppleine – wie die Fischer es nennen – gefangen. Diese hatte eine Tiefe von fünfundneunzig Fuß erreicht, und der Vogel war so weit hinabgetaucht, um an den Köder zu gelangen. Mehrere andere wurden auf dieselbe Weise im Seneca Lake an Leinen gefangen, die zwischen achtzig und hundert Fuß tief gesunken waren. Man könnte bezweifeln, dass ein anderes Vogeltier so tief unter Wasser tauchen kann. Es gibt jedoch einen weiteren, viel kleineren Vogel, die Wasseramsel, die weitaus heimischer im Wasser ist als der Seetaucher, und das ohne Schwimmhäute, obwohl sie schlechter taucht. Die Wasseramsel dürfte tatsächlich ein ganz besonderer Vogel sein; anstatt auf der Wasseroberfläche zu schwimmen wie Enten und Gänse, oder darunter wie die Seetaucher, oder am Strand entlangzuwaten wie viele der langbeinigen Küstenpopulationen, läuft oder fliegt sie tatsächlich nach Belieben über die Kiesbetten der Gebirgsflüsse. Mr. Charles Buonaparte erwähnt, dass er sie häufig an den Bächen der Alpen und des Apennin beobachtet hat, wo man sie einzeln oder in Paaren vollkommen ungestraft bei der Jagd in Sturzbächen und Stromschnellen oder hin- und herlaufend auf dem steinigen Untergrund stiller Flüsse findet. Allerdings können sie nicht schwimmen; sie lassen sich plötzlich von oben ins Wasser fallen oder laufen manchmal gemächlich von der Sandbank hinein, sie fliegen sozusagen unter die Oberfläche, indem sie sich mit ausgebreiteten Flügeln bewegen. Es heißt, ihre Nester seien üblicherweise an einer Stelle gebaut, die über den Gebirgsfluss ragt, entweder in einem Baum oder auf einem Felsen; die Jungen stürzen sich bei Gefahr zum Schutz in das Wasser. Selbst in ihrer natürlichen Umgebung sind sie keine durchschnittlichen Vögel, sondern wilde Einsiedler, kleiner als unsere Wanderdrossel und mit einem dunklen, schlichten Gefieder. Bis vor Kurzem glaubte man, die Wasseramsel sei auf diesem Kontinent nicht beheimatet, doch neulich wurde sie an verschiedenen Orten in unserem Teil der Welt entdeckt, wo sie, wie in Europa, wilde Seen und steinige, kristallklare Flüsse aufsucht.

Mittwoch, 8. März — Sehr angenehmer Tag; vollkommen frühlingshaft. Der Schnee schmilzt rasch. Frühling in der *Luft*, im *Licht* und im *Himmel*, obwohl die Erde noch nichts von seiner Ankunft weiß. Im Dezember hatten wir genauso mildes Wetter, doch im Licht, das heute Morgen vom Himmel strahlt, liegt eine Fülle und Weichheit, die vom Frühling erzählt – die frühe Dämmerung vor einem Sommertag. Ein kleiner flaumiger Specht und ein Blauhäher flitzten um die Apfelbäume und jagten nach Insekten; wir beobachteten sie eine Weile interessiert, denn im Winter hatten wir nur wenige Vögel hier gesehen.

Donnerstag, 9. März — Wieder winterlich; die Wälder heute Morgen sind schneebestäubt und alle Zweige mit glitzernden Eisblumen umhüllt. Die Kiefern auf dem Friedhof sind wundervoll – behangen mit schweren Schneekränzen; es taut jedoch schnell, und noch vor dem Abend werden sie wieder vollkommen grün sein.

Freitag, 10. März — Ein Bündel von zehn Rebhühnern ins Haus geschafft; mitunter werden sie einzeln angeboten oder ein, zwei im Doppelpack. Zehn sind allerdings eine so große Anzahl, wie man nicht oft sieht. Im letzten Herbst stießen wir im Wald gelegentlich auf diese Vögel – sie waren wohl zahlreicher als gewöhnlich. Zuweilen fanden sie ihren Weg sogar bis ins Dorf, was sie unseres Wissens nie zuvor getan haben; einmal überraschte man sie auf dem Friedhof, und zweimal fanden wir sie in unserem eigenen Garten, als sie in den Abfällen fraßen.

Samstag, 11. März — Sehr angenehm. Heute Nachmittag spazierten wir am Dorfrand und stießen auf einen vom Wintersturm umgewehten Zaun, wir stiegen über ihn hinweg und streiften eine Weile über die Felder, seit November das erste Mal, dass wir den ausgetretenen Pfad verließen. Wir waren gezwungen, mehrere Schneebänke zu überqueren, hatten jedoch schließlich das Vergnügen, wieder die braune Erde zu betreten, und erinnerten uns, dass die Grasnarbe in ein paar kurzen Wochen abermals frisch und grün sein wird. Eine Enttäuschung erwartete uns: Mehrere edle Kiefern, alte Freunde und Lieblinge, sind während des Winters ohne unser Wissen gefällt worden; hässliche Stümpfe und Spanhaufen sind alles, was an der Stelle geblieben ist, an der diese schönen Bäume so lange mit ihren immergrünen Armen gewunken hatten. Ihre Fällung schien den Charakter der benachbarten Felder vollkommen zu verwandeln; denn oft besitzt eine einzige Baumgruppe die Macht, den Anblick etlicher Morgen Landes im Umkreis zu verändern.

Sonntag, 18. März — Gang von mehreren Meilen auf dem See. Wir stellten uns vor, dass das Wasser begierig auf seine Befreiung wartet: Als wir über das Eis liefen, hörten wir unter unseren Füßen eine dauernde Abfolge dumpfer, grollender und stöhnender Geräusche, die unseren vierbeinigen Begleiter nicht im geringsten beunruhigten. Hunde sind auf dem Eis oft besorgt, vor allem, wenn sie es zum ersten Mal betreten; sie mögen den Lärm aus dem Untergrund nicht; heute Morgen jedoch bestand keinerlei Gefahr. Die Eisschicht ist noch immer acht bis zehn Zoll dick und dürfte sich beim letzten Unwetter verstärkt haben. Etliche Schlitten und Pferdeschlitten fuhren umher, einige der Letzten von Kindern gelenkt – die kleinen Leute nutzten den letzten Schnee so gut wie möglich aus.

Montag, 20. März — Als wir heute Nachmittag unter einigen Ahornbäumen wanderten, beobachteten wir, dass an den tieferen Zweigen einiger von ihnen kleine Eiszapfen hingen, während auf den Bäumen daneben weder Eis noch Schnee lagen. Wir brachen einen Zapfen ab, und es stellte sich heraus, dass er aus erstarrtem Saft bestand, der aus dem Zweig ausgetreten und über Nacht gefroren war: gewissermaßen natürlicher Kandiszucker, der auf einem Baum wächst. Die kleinen Zapfen waren vollkommen durchsichtig und süß – wie *eau sucrée*. Sehr oft und reichlich benetzt der Saft zu dieser Jahreszeit den Stamm und die Äste des Zuckerahorns an Rissen, in denen er entlangfließt; nicht selten sieht man ihn von den Zweigen tropfen, und wahrscheinlich entdeckten die Indianer seine Süße durch diese Gewohnheit. Es wäre anzunehmen, dass der Verlust von dermaßen viel Saft die Bäume unbedingt schädigen würde; aber dem ist nicht so, ihre Gesundheit bleibt vollkommen erhalten, nachdem sie in jedem Frühling Gallonen dieser Flüssigkeit geliefert haben.

Mittwoch, 22. März — Letzte Nacht ein Gewitterregen, bei der Feier der Tagundnachtgleiche; und heute Morgen wurde, zur Freude aller, die Ankunft der Wanderdrosseln verkündet. Für uns ist die Rückkehr der Wanderdrosseln eines der großen Ereignisse im Jahr; wir hatten in den letzten zehn Tagen Ausschau nach ihnen gehalten, denn in der Regel kommen sie zwischen dem fünfzehnten und einundzwanzigsten des Monats. Und nun haben alle Menschen, die man trifft, ob alt oder jung, erwachsen oder klein, etwas darüber zu berichten. Sobald der erste Ankömmling von einem Familienmitglied gesichtet wird, erschallt dieser Umstand durchs Haus, die Kinder laufen zu ihren Eltern hinein und rufen: »Die Wanderdrosseln sind da!« Großväter und Großmütter setzen ihren Brillen auf und treten ans Fenster, um die Wanderdrosseln zu sehen; man hört, wie die Nachbarn einander in ernstem Ton befragen: »Haben Sie die Drosseln gesehen?« – »Haben Sie die Drosseln gehört?« Es gibt keinen anderen Vogel, dessen Rückkehr sich solch allgemeiner Aufmerksamkeit erfreut, und einige Tage lang betrachtet man mit nicht geringem Interesse, wie die Drosseln über den Boden rennen oder auf den laubleeren Bäumen hocken. Gestern Abend, als wir soeben die Fensterläden geschlossen hatten, hörten wir sie vor der Tür und liefen hinaus, um ihrem ersten Gruß zu lauschen, doch es war zu dunkel, als dass wir sie hätten sehen können. Heute Morgen jedoch fanden wir sie in ihren angestammten Apfelbäumen und hießen die redlichen Geschöpfe herzlich willkommen.

Donnerstag, 23. März — Der Schnee ist endlich verschwunden; das Land hat das gefleckte Aussehen, das in diesem Teil der Welt zum März passt; überall, auf den Feldern und an den Hügellehnen, klaffen breite Lücken brauner Erde. Die Straßen sind tief verschlammt, die Kutschen brauchen für die zweiundzwanzig Meilen von der nördlich gelegenen Eisenbahn über die Hügel zehn bis elf Stunden.

Freitag, 24. März — Die erste Pflanze in unserer Gegend, an der sich der Einfluss des Jahreszeitenwechsels zeigt, gleicht ein wenig dem zarten Schneeglöckchen oder dem duftenden Veilchen in anderen Ländern. Ehe noch die frühsten Bäume knospen oder das Gras den leisesten Hauch von Grün zeigt, bohrt sich die dunkle Blütenscheide des Stinkkohls durch Schnee und Eis. Es ist ungewöhnlich, dass eine Pflanze in dem Augenblick, in dem der Boden überall gefroren ist, erkennen sollte, dass der Frühling bevorsteht. Ende Februar oder Anfang März jedoch errät der Stinkkohl die Jahreszeit und schießt an sumpfigen Stellen der See- und Flussufer auf. Für uns ist er beinahe noch eine Winterpflanze. Die junge, dunkle Blütenscheide oder Spatha ist sehr hübsch und purpur-, hellgrün- und gelbgefleckt; im Inneren wächst der Kolben, in Form und Farbe einer Miniaturananas nicht unähnlich und bedeckt mit kleinen Protuberanzen, aus denen sich eine violette Blüte öffnet. Obwohl eine häufig anzutreffende Pflanze, haben viele, denen ihre breiten, glänzenden Blätter im Sommer vertraut sind, die Blüte nie gesehen und keine Vorstellung von ihrem frühen Blühen. Der strenge, abstoßende Geruch ist dagegen bekannt; ein amerikanischer Botaniker hat beobachtet, dass der Stinkkohl »seinen Namen allemal verdient«; dies scheint allerdings viel zu heftig, denn etwas Ärgeres kann man wohl kaum über eine Pflanze sagen.

Montag, 27. März — Ein Schwarm wilder Tauben kreiste heute Nachmittag wundervoll über dem Berg. In diesem Frühjahr gab es bei uns nur wenige; die Anzahl dieser Besucherinnen ändert sich von Jahr zu Jahr: In einigen Monaten sind sie sehr zahlreich, große Schwärme überqueren das Tal morgens und abends, wenn sie ihren üblichen Brutplatz verlassen, um auf

Hüttensänger

Nahrungssuche zu gehen. Vor einigen Jahren wählten sie einen etwa zwanzig Meilen von uns entfernten Wald auf einem Hügel als ihr Frühjahrslager und verwüsteten die Bäume und Gebüsche ringsum; damals überquerten sie das Tal seiner Länge nach, große lückenlose Schwärme, die mehrere Meilen aufeinander folgten. Seit jenem Frühling sind derart viele nicht mehr hier gewesen.

Dienstag, 28. März — Das letzte große Frühjahrstauwetter hält an. Die winterlichen Schneemassen versickern in der Erde, erweichen deren Busen für die Mühen der Bauern oder rinnen in die angeschwollenen Flüsse Richtung Meer. Bewölkter Himmel mit Nebel über den Hügeln; vor allem die älteren Bäume, halb entblößt, halb verschleiert, scheinen riesige Phantome zu sein, die an den Hügellehnen stehen. Man hört das einfache Lied der Wanderdrosseln durch die Dunkelheit – ein fröhlicher Klang in diesen trüben Stunden. Sie sitzen auf den höchsten Ästen der Bäume und halten Ausschau nach einem geeigneten Winkel für den Nestbau.

Mittwoch, 29. März — Wieder ist das gesamte Land braun, abgesehen von einer schmalen Schneelinie hier und dort unter einem Zaun auf den Hügeln oder einem Flecken, der auf eine Wehe hinweist, die aufzuhäufen all die Winterstürme geholfen haben.

Nichts könnte jetzt trostloser erscheinen als der See, dessen Oberfläche weder Schnee oder Eis noch Wasser ist, sondern eine trübe Kruste, welche ihm an einem Tag wie diesem einen mürrischen Ausdruck verleiht, der ganz und gar nicht zu der Landschaft ringsum passt. Die Sonne erwärmt die braunen Hügel, die alten Kiefern und Tannen nach ihrem langen Frösteln mit Frühlingsglut, vom See jedoch, der mit jeder Stunde dunkler und düsterer wird, ist kein Lächeln zu erwarten. Als müsse uns der Verlust gezeigt werden, bleibt nur eine Stelle nahe der Mündung offen, und diese ist herrlich in ihren Farbtönen, rosa und blau, hell und weich, wie das Auge des Frühlings selbst.

Donnerstag, 30. März — Die Singammern und Hüttensänger sind angekommen und einige Tage geblieben. Die Wanderdrosseln werden zahlreicher; sie treffen offenbar in Abständen ein, wahrscheinlich schwärmen sie nur von einer benachbarten Gegend in die nächste. Ihr Lied ist sehr erfreulich, und nach dem stillen Winter dringt es doppelt zärtlich ans Ohr. Sie fallen durch ihr stattliches Wesen und warmrotes Kleid auf, wenn sie zwischen den kahlen Zweigen umherflattern oder durch das verdorrte Gras laufen. Man sieht sie häufiger auf dem Boden als all unsere anderen Vögel, außer den Spatzen, und es ist amüsant, die unterschiedliche Gangart der beiden zu beobachten. Der Spatz gleitet sehr behände und leicht dahin, sei es im Gras oder auf Gestein, stets ist seine Bewegung einfach und frei. Die Wanderdrossel hingegen macht zumeist mehr Aufhebens; sie läuft ruckweise, senkt den Kopf, hebt den Schwanz, rennt schnell ein paar Schritte, hält dann plötzlich inne, um dasselbe Manöver einige Male zu wiederholen, ehe sie davonfliegt. Unsere Wanderdrossel baut ihr Nest nie auf dem Boden, dieses befindet sich in den Bäumen, wo man es seiner Größe wegen sehr deutlich erkennt. Sie singt nur im frühen Frühling; das restliche Jahr über ist sie ganz still. Obwohl sie sich in vielerlei Hinsicht vom europäischen Rotkehlchen unterscheidet, teilt sie neben dem englischen Namen *robin* auch die Gunst ihrer Verwandten und streicht in diesem Teil der Welt alle Anerkennung ein, weil sie über die hilflosen Tiere des Waldes wacht, ihnen Beeren pflückt und Blätter zum Schutz sammelt. Als wir heute Nachmittag sahen, wie die Wanderdrosseln über die Gräber des Friedhofs liefen oder auf einem der Grabsteine saßen und uns mit ihren großen, aufmerksamen Augen betrachteten, kamen wir zu dem Schluss, dass unser ›Rotkehlchen‹ ebenso zu guten Taten fähig sein müsse wie seine europäischen Geschwister. Zu dieser Jahreszeit überqueren wir den Friedhof selten einmal, ohne dass wir ein paar Wanderdrosseln vorfinden; wahrscheinlich haben sie viele Nester in den Bäumen dort.

Freitag, 31. März — Das Schneeglöckchen öffnet sich bei uns kaum je vor Mitte April oder der dritten Aprilwoche und bleibt in Blüte, bis die Tulpen Anfang Juni verwelken. Bei uns scheint es weniger winterhart zu sein als in seinem angestammten Klima, denn in England blüht es im Februar, und M. de Candolle hat es in den Schweizer Bergen gefunden, wo seine Blüten tatsächlich von Schnee und Eis umschlossen waren.

Man hört eine Menge über den plötzlichen Ausbruch des Frühlings in Amerika, aber in *diesem* Landesteil kommen die Anfangsphasen der Jahreszeit gewiss sehr langsam und schreiten viele Wochen lang nur allmählich voran. Erst spät am Tage, wenn die Knospen geschwollen und die Blüten bereit sind, sich zu öffnen, sehen wir den plötzlichen Ausbruch von Leben und

Freude, welcher in diesem Augenblick beinahe magisch ist in seinen herrlichen Wirkungen. Diese späte Periode ist indessen kurz; wir haben kaum Zeit, uns an der plötzlichen Fülle des Frühlings zu erfreuen, da verlässt er uns schon, um dem Sommer zu weichen. Die Leute beklagen sich über die Kürze dieser Jahreszeit in Amerika. Im März jedoch, wenn wir noch am Kamin sitzen, ist der Frühling schon bei uns, auch wenn nur wenige seine Schritte hören: Mal verrät er seine Anwesenheit am Himmel, mal im Wasser, mit der Rückkehr der Vögel, an einem einzelnen Baum, in einer einsamen Pflanze, und jede sanftere Berührung bereitet jenen Vergnügen, die zufrieden damit sind, die natürliche Ordnung der Dinge abzuwarten.

Samstag, 1. April — Heute wird frischer Ahornzucker zum Verkauf angeboten. In unserer Gegend stellt man noch immer eine große Menge dieses Zuckers her, besonders für den Hausgebrauch auf Farmen, wo er ständig zum Einsatz kommt; viele Familien sind gänzlich auf ihn angewiesen, sie behalten nur ein wenig weißen Zucker für den Krankheitsfall. Man sagt, in diesem Landstrich sind die Kinder aufgewachsen, ohne einen anderen Geschmack als den von Ahornzucker zu kennen.

Einige Farmer besitzen ein regelrechtes ›Zuckergebüsch‹, in dem nur Ahornbäume wachsen dürfen; und auf den älteren Farmen kommt man zuweilen an einem schönen derartigen Wäldchen vorüber, das vollkommen frei ist von Unterholz und wo die Bäume auf einer weichen grünen Grasfläche stehen. Öfter jedoch hat man eine günstige Stelle in den Wäldern ausgewählt, an welcher die Ahorne zahlreich sind. Man zapft die jüngeren Bäume nicht an, da man sie durch diesen Vorgang verletzt; erst wenn sie eine beträchtliche Größe erreicht haben – zehn bis zwölf Zoll im Durchmesser –, macht man sie sich zunutze. Sie müssen mindestens zwanzig Jahre alt sein, denn nur selten erreichen sie ein solches Wachstum eher; von diesem Zeitpunkt an bis sie zu ihrem Absterben liefern sie ihren Saft großzügig. Wirklich erstaunlich, dass es sich die Bäume ohne Schaden leisten können, so viel von ihrer natürlichen Nahrung zu verlieren; Ahorne, die man seit fünfzig Jahren oder länger anzapft, scheinen jedoch ebenso üppig in ihrem Laub und ihrer Blüte zu sein wie jene, die nicht man nicht angerührt hat. Die Menge des abgesonderten Saftes variiert bei den verschiedenen Bäumen: Manche geben dreimal so viel wie andere; zudem ist die gewonnene Flüssigkeit des einen

Baumes viel süßer und reichhaltiger als die des anderen – offenbar verfügen sie über unterschiedliche Konstitutionen. Zwei bis fünf Pfund Zucker lassen sich von jedem Baum produzieren, und vier bis fünf Gallonen Saft benötigt man für jedes Pfund. Der Saft beginnt beim ersten milden Wetter im März zu laufen; gewöhnlich dauert die Periode der Zuckergewinnung etwa zwei Wochen – im einen Jahr länger, im nächsten kürzer.

In einem Wald zapft man für gewöhnlich zwei- bis dreihundert Bäume an, und sobald der Saft läuft, brennen die Feuer, und der Zucker kocht überall, tags wie nachts, es ist ein geschäftiger Augenblick im ›Gebüsch‹. In der Regel essen und schlafen die hier arbeitenden Menschen direkt vor Ort, bis die Aufgabe erfüllt ist; bei den Kindern und jungen Leuten von den Farmen ist es ein beliebter Treffpunkt, sie haben enorme Freude an diesem Hauch von Lagerleben, ganz zu schweigen vom neuen Zucker und dann und wann einem Schluck frischen Safts.

Gegenwärtig gibt es Farmen in diesem Bezirk, auf denen zwei- bis dreitausend Pfund Zucker pro Saison hergestellt werden. Früher verschickte man unseren Zucker nach Albany und New York, und noch immer wird ein Teil an die Konditoreien verkauft. Die Pacht beglich man in der Frühzeit unseres Landes der Bequemlichkeit halber zumeist direkt bei den Pächtern in Erzeugnissen – Weizen, Pottasche, Zucker usw. –, und es ist dokumentiert, dass auf diese Weise in einem Jahr sechstausend Pfund bei dem Anführer der kleinen Kolonie an diesem See eintrafen; einen Teil davon hatte eine Zuckerhütte in Philadelphia raffiniert und zu hübschen kleinen Musterstücken geformt, die ebenso weiß und rein waren wie Rohrzucker.

Im Dorf erzählt man sich die Geschichte von einem schottischen Strumpfweber, der sich vor einigen Jahren eine Farm in der Nähe des Sees gekauft hatte. Nach seiner Ankunft in Amerika war der erste Frühling mit den Ahornbäumen so einträglich, dass er während der Arbeit ins Dorf kam und Safteimer, Schüsseln, Öfen usw. in großer Zahl bestellte. Die guten Leute waren ziemlich überrascht vom Ausmaß dieser Vorbereitungen, sodass sie sich nach diesem riesigen Ahorngebüsch erkundigten. Ihr neuer Nachbar erzählte ihnen, er habe bislang nur wenige Bäume angezapft, wolle sich aber bald ernstlich ans Werk begeben und habe tatsächlich beschlossen, »schlauer Fuchs«, der er war, »die Landwirtschaft völlig aufzugeben und das ganze

Jahr über bei der Zuckerproduktion zu bleiben« – ein Plan, der, wie man sich leicht vorstellen kann, die Phantasie von Hinz und Kunz, die das Verhalten der Ahornbäume kannten, nicht im Mindesten anregte.

Montag, 3. April — Herrlicher Tag; erster Gang in die Wälder, es ist wundervoll, wieder unter den Bäumen zu sein! Die frühen Knospen schwellen sichtbar – nämlich an Rotem Ahorn und Ulme auf den Hügeln, gemeinsam mit Salweide und Erle an den Flüssen. Wir staunten mehr als sonst über die Moose und Flechten und die Farbe der Rinden verschiedener Bäume: Einige Walnussbäume, Birken und Ahorne zeigten rund zwanzig unterschiedliche Farbtöne, von trübem Weiß über Grau und Grün bis zu einem schwärzlichen Braun. Sie dürften sich im Lauf der Jahreszeiten kaum verändern, ziehen den Blick heute jedoch viel stärker an aus dem einfachen Grund, dass wir im Winter selten im Wald sind; außerdem fällt in diesem Augenblick mehr Licht auf die Äste und Stämme als im Sommer. Die Moose am Boden sind noch nicht vollständig wiederbelebt; einige der hübschesten Arten sind sehr frostempfindlich und haben ihre Farbe noch nicht wiedererlangt.

Kleine immergrüne Pflanzen werfen einen blassgrünen Hauch über das tote Laub, das im Wald verstreut ist; an einigen Stellen breiten sie einen ganzen Teppich aus, an anderen Orten zeigen sie sich beinahe gar nicht. Von diesen gefälligen kleinen Pflanzen wachsen viele in unseren Wäldern; ihre glänzenden Blätter haben im Allgemeinen eine heilkräftige Wirkung, und die meisten tragen zu den unterschiedlichsten Jahreszeiten schöne, duftende Blüten. Unter dem Schnee haben sich wie üblich einige Farne erhalten; obwohl sie empfindlich auf Frost reagieren, scheinen sie ihm an günstigen Stellen zu entkommen, bis der Schnee fällt, sie bedeckt und den Winter über in halbgrünem Zustand bewahrt, so auch andere Garten- und Feldpflanzen. In diesem Jahr gibt es mehr von diesen Farnblättern als üblich, und sie sind hübsch, auch wenn der Schnee sie durch sein Gewicht zu Boden gedrückt hat.

In der ganzen Weite der Wälder nicht eine Blume. Aber der Kriechende Bodenlorbeer knospt und wird bald aufblühen; wir fegten das tote Laub beiseite, um nach ihm zu suchen, einige der Knospen sind sehr dick und vielversprechend.

Die Wanderdrosseln, Spatzen und Hüttensänger zwitscherten lieblich, als wir gegen Abend heimkamen; im Dorf gibt es sehr viel mehr Vögel als in den Wäldern. Der Weizen sieht grün aus, die anderen Felder sind noch immer braun. Mit jedem Tag wird der See trüber und trauriger.

Freitag, 6. April — Helle Sonne, aber kalte Luft. In unserem See gibt es keine Strömung oder nur eine so geringe, dass sie kaum wahrnehmbar ist, nicht genug jedenfalls, um das Eis fortzutragen, es schmilzt langsam dahin. Starker Regen hilft ungemein, es loszuwerden, und sobald eine Öffnung in der dünnen Kruste entstanden ist, geht ein heftiger Wind mit Zauberhand daran, bricht sie in Stücke und stapelt diese an den Ufern, wo sie in kürzester Zeit verschwinden. Wir haben gesehen, wie der See um zwei Uhr eine feste Decke hatte und Menschen auf dem Eis liefen und das Wasser um vier Uhr desselben Tages – dank eines starken Winds – völlig befreit dalag. Seit ein paar Tagen nun ist das Eis vollkommen getrennt von den Ufern und umso unansehnlicher wegen des schmalen Streifens blauen Wassers, welches die düstere Insel umgibt.

Wir erkundeten eine sonnenbeschienene Böschung in den Wäldern in der Hoffnung, einen verirrten Bodenlorbeer zu finden, fanden jedoch nur die Knospen. Zahlreich waren die Beeren: Es war ein perfekter Platz für Bärentraube und Rebhuhnbeere. Kräftige junge Kiefern streckten ihre Zweige über die Böschung und die warme, über Bäume und Pflanzen sich ergießende Nachmittagssonne lockte die aromatischen Düfte beider hervor; die Luft roch nach dem frischen, wilden Parfüm des Waldes. Eine immergrüne Waldung ist grundsätzlich wohlriechend; unsere Kiefern und Zedern duften außerordentlich, sogar die gefallenen Kiefernnadeln bewahren eine Zeit lang ihren eigentümlichen Geruch.

Auch die kleine Echte Rebhuhnbeere ist sehr aromatisch. Wie der Orangenbaum trägt diese bescheidene Pflanze gleichzeitig Blüten und Früchte; ihre weißen Kelche hängen bei mildem Wetter vom frühen Mai bis zu den schärfsten Frösten im Oktober Seite an Seite mit den korallenroten Beeren. Es gibt keine Jahreszeit, in der man die Beeren nicht finden kann, sie kommen allerdings spät im Herbst und im darauffolgenden Frühling. Der Schnee, unter dem sie monatelang liegen, lässt sie reifen, aber im Herbst sind sie vielleicht noch geschmackvoller. In fertigem Zustand ist ihre Form bemerkenswert für eine Frucht; sie hat fünf scharfe, herabgebogene Ausläufer an der Spitze, in diesen befindet sich gewissermaßen eine zweite, kleinere, rosafarbene Beere, welche den winzigen Samen enthält. Ehe sie nicht ein Jahr alt sind, findet man sie selten in diesem ausgewachsenen Stadium, und erst im Juni brechen die Beeren auf und entlassen den Samen. Die Vögel lieben diese Beere, doch einige fressen allein die pikanten kleinen Samen, während sie das Fruchtfleisch verschmähen.

Die Bärentraube ist mit ihren langen, kriechenden Zweigen das ganze Jahr über eine ständige Gefährtin der Rebhuhnbeere und in allen Wäldern heimisch. Ihre hübschen, gerundeten Blättchen stehen paarweise an den fadenähnlichen Ranken von oft einem Meter oder mehr Länge, in deren Mitte sich eine große rote Beere befindet, die essbar, jedoch fade ist. Die Blüten sind schlanke zartrosa Glöckchen, außen blass-, innen dunkelrot; sie duften stark, und zwei Blüten bilden seltsamerweise nur eine große Beere – die Frucht trägt sozusagen ein Doppelgesicht, die Überreste der beiden Kelche.

Anscheinend duften unsere immergrünen Pflanzen in größerer Anzahl als ihre sommergrünen Gefährten. Es kann jedoch nicht die Stärke der Pflanzen sein, die ihnen diesen zusätzlichen Zauber verleiht, denn was ist so süß wie die Reseda oder das europäische Veilchen, die beide zarte Gewächse sind?

Montag, 10. April — Angenehmes Wetter; warme, weiche Luft. Sehr schön der eisfreie See. Ein grüner Hauch hebt sich entschlossen über die Erde; die Weizenfelder zeigen stets als Erste den anmutigen Wandel, wenn sie nach starken Winterfrösten wieder aufleben; dann beginnt sich das Gras in den Obsthainen rings um die Wurzeln der Apfelbäume zu verfärben, und an den sonnigen, geschützten Stellen der Straßen und Quellen werden die Flächen heller. In diesem Jahr wuchs das erste Gras in Sichtweite, das sich grün färbte, unter einem Gebüsch junger Robinien und ist weiterhin heller als alles im Umkreis, auch wenn niemand sagen kann, aus welchem Grunde. Vielleicht verdankt es sich dem Umstand, dass die Robinienblätter nach ihrem Fall rasch verrotten und auf diese Weise das Gras nähren – ihre Spuren sind bald verschwunden. Sowohl Kühe als auch Pferde scheinen eine Vorliebe zu haben für das Gras unter den Robinien; es ist vergnüglich zu beobachten, wie sie in einem Wäldchen junger, mit Dornen bewehrter Robinien ihren Weg hinein und hinaus nehmen. Die Robinen mögen sie überhaupt nicht, das Gras jedoch lockt sie hinein, und nachdem sie dort gefressen haben, kann man beobachten, wie sie sehr vorsichtig wieder zurücklaufen.

Bezaubernder Spaziergang. Wir gingen nach draußen in der Hoffnung, einige Blumen zu finden, blieben allerdings erfolglos; keine der Knospen hatte sich weit genug geöffnet, um eine bunte Blüte zu präsentieren. Sahen zwei Schmetterlinge – einen braunen und einen schwarzgelben – auf der Landstraße. Die Zedernseidenschwänze sind angekommen; sie überwintern in diesem Staat, aber, wie ich glaube, nie in unseren Hügeln. Obwohl unsere Blumensuche enttäuschend verlief, bot der Anblick des Sees genügend Freude für einen Tag. Wir standen an der Hügelflanke im Wald und blickten durch einen Bogengang aus grünem Laub und durch die lebendigen Säulen edler Kiefern und Hemlocktannen hinab aufs blaue Wasser unter uns, als würden wir durch die kunstvollen Gesimse eines riesigen gotischen Fensters sehen – ein passender Rahmen für jedes Gemälde. Mehrere Boote fuhren umher, und ein funkelndes Gekräusel spielte im Sonnenschein, als freue sich das Wasser über seine Freiheit.

Dienstag, 11. April — Als wir heute Nachmittag von einem Spaziergang zurückkehrten, entdeckten wir einen wunderschönen Pirol auf dem höchsten Zweig einer auf der Rasenfläche stehenden Robinie; zweifellos war er nach seiner Reise eben erst gelandet, denn Pirole ziehen einzeln und bei Tage, die Männchen voran. Die geflügelten Neuankömmlinge sitzen oft in dieser Weise da: mit wachsamem Blick bei der Ankunft. Es ist noch früh für die Pirole, doch wir hießen unseren Gast herzlich willkommen und luden ihn ein, in der Nähe des Hauses zu bauen; selten haben wir keines ihrer hängenden Nester auf unserm schmalen Rasen, in manchen Jahren bauten sogar zwei Familien hier. Unser Besucher sah besonders hübsch aus, wie er dort oben in seinem rot-goldenen und schwarzen Kleid auf dem blattlosen Baum saß. Die Pirole benehmen sich trotz ihres wunderlichen Kostüms ebenso anständig wie die Wanderdrosseln – harmlose, unschuldige Vögel von vortrefflichem Charakter. Wir alle wissen, wie fleißig und kunstfertig sie im Bauen sind; gemeinsam flechten sie das komplizierte Nest, wobei das Weibchen am gewissenhaftesten ist. Ihren Jungen gegenüber sind sie besonders liebevoll; widerfährt der Brut irgendein Unglück, trauern sie dermaßen ernsthaft, dass sie tatsächlich vergessen zu fressen, und kehren wiederholt zu dem geplünderten Nest zurück, als hätten sie doch noch die Hoffnung, jemanden aus ihrer kleinen Schar dort anzutreffen. Ihre Stimmen sind bemerkenswert tief und klar, verfügen jedoch über nur wenige Töne; diese wenigen variieren sie manchmal, indem sie ihre Nachbarn imitieren und dabei einen Hang zur Nachäfferei verraten. Eine Vorliebe teilen sie zumeist mit dem Kolibri und einigen anderen Vögeln: Sie mögen Blüten, vor allem Apfelblüten, und sättigen sich an ihnen, solange sie währen; ja, sie beginnen mit ihrem Gelage, ehe sich die die Knospen richtig geöffnet haben. Vom Augenblick ihrer Ankunft sieht man sie die Zweige entlangrennen, als seien sie ständig auf der Lauer, und solange die Apfelbäume blühen, kann man ihre vollen, klaren Stimmen zu den meisten Stunden des Tages in den Obsthainen vernehmen. Wahrscheinlich mögen sie andere Blüten ebenfalls, da Apfelbäume hier nicht heimisch sind, und sie müssen damit begonnen haben, sich von den Blüten ursprünglicher Bäume im Wald zu ernähren. Zuweilen sieht man sie in den wilden Kirschbäumen, und es heißt, sie hätten auch eine Schwäche für Tulpenbäume; Letztere wachsen allerdings nicht in unserer Gegend. Mr. Wilson sagt, man finde den Baltimoretrupial nicht in Kiefernländern, dennoch sind diese Vögel hier häufig anzutreffen – ordentliche Mitglieder unseres sommerlichen Schwarms. Wir haben zudem bemerkt, dass man sie sehr oft in den Kiefern des Friedhofs sieht und hört; diese sind einer ihrer bevorzugten Lebensräume.

Mittwoch, 12. April — Auf einem mehrere Meilen vom Dorf entfernten Hügel von Highborough gibt es eine Stelle, an der sich fast jeden Frühling eine verbleibende Schneewehe zeigt, lange nachdem das übrige Land bereits freundlich und lebensnah aussieht. In manchen Jahren liegt diese Wehe dort ungeachtet des warmen Regens, der Südwinde und des Sonnenscheins, bis die ersten Blüten und Schmetterlinge längst erschienen sind, während sie in anderen Jahren viel früher schwindet. Die Zeit verleiht Eis und Schnee eine größere Beharrlichkeit und Ausdauer, so wie ein kaltes Herz mit jedem fruchtlosen Versuch, seine Quellen zu mildern, noch verstockter wird. Insbesondere alter Schnee schmilzt nur sehr langsam dahin – so langsam wie ein altes Vorurteil.

Freitag, 14. April — Regnerischer Morgen. Als wir heute Nachmittag durch eine der Dorfstraßen liefen, entdeckten wir das Nest einer Wanderdrossel in sehr niedriger, exponierter Lage. Selbstverständlich saß die Vogelmutter im Nest, als wir vorbeigingen, und wandte uns, als wir anhielten, um sie zu betrachten, ihre großen braunen Augen zu, jedoch ohne das geringste Anzeichen von Furcht – tatsächlich muss sie das Hin und Her der Dorfbewohner den ganzen Tag über sehen, wenn sie dort in ihrem Nest hockt.

Welch bemerkenswerter Instinkt für einen kauernden Vogel! Von Natur aus sind diese geflügelten Geschöpfte voller Leben und Aktivität, sie benötigen anscheinend wenig Ruhe, flitzen den lieben langen Tag durch die Felder und Gärten und machen selten eine Pause, es sei denn, um zu fressen, ihre Federn zu richten oder zu singen; viele sind bereits vor der Morgendämmerung draußen und fliegen noch über den sich verdunkelnden Himmel des letzten Zwielichts; wenn nötig, können sie auch einen längeren Flug über Meere und Kontinente unternehmen. Trotzdem gibt es keine der kleinen geflügelten Mütter, die nicht Stunde um Stunde, Tag für Tag geduldig auf ihrer ungeschlüpften Brut sitzt, sie mit ihrer Brust wärmt und behutsam umwendet – damit alle die Wärme gleichermaßen erhalten –, so besorgt darum, dass sie erfrieren könnten, dass sie lieber selbst Hunger litte, als die Brut längere Zeit ungeschützt zu lassen. Offensichtlich überkommt sie jetzt keine typische Dösigkeit, bei der sie die Pflicht versäumte, denn man trifft sie selten schlafend an; ihre hellen Augen sind stets geöffnet, und tatsächlich machen die Mütter einen sehr nachdenklichen Eindruck, als stellten sie sich bereits ihre kleine Familie vor. Die Männchen einiger Scharen lösen ihre Gefährtinnen bisweilen ab, indem sie ihren Platz für eine Weile einnehmen, und bei allen Arten bemühen diese sich, ihnen das Futter zu bringen und zu ihrer Unterhaltung zu singen. Insgesamt stellt die freiwillige Gefangenschaft dieser eifrigen, lebhaften Geschöpfe ein treffliches Beispiel dar für die großmütige, anhaltende Geduld, die eine noble Eigenschaft elterlicher Zuneigung ist.

Samstag, 15. April — Seit wir zuletzt im Wald waren, sind die Leberblümchen *(hepatica)* aus dem Boden geschossen; ihre bescheidenen, kleinen lila Kelche hängen da und dort als halbgeöffnete Knospen vereinzelt über dem toten Laub, und in dieser Phase ihres kurzen Lebens sind sie überaus hübsch. Wenn sie blattlos an ihren mit Flaum bedeckten Stängeln hängen, sehen sie scheu und bescheiden aus, als seien sie halb ängstlich, halb beschämt, dass sie allein in den weiten Wäldern sind, denn ihr Gefährte, der Kriechende Bodenlorbeer, hüllt sich weiterhin eng ins vertrocknete Laub ein. Man kann nicht sagen, dass eine dieser Pflanzen richtig in Blüte stünde – sie sind bloß dabei, sich zu öffnen, ein langsamer Prozess bei den Maiblumen, ein schneller jedoch bei den Leberblümchen. Die Moose sind jetzt ausnehmend schön; einige Arten blühen überaus zierlich: Das dunkelbraune Moos mit den weißen Blütenschirmen und dem winzigen roten Stängel und sein eleganter Begleiter in hellem Grün, mit einer Blüte in derselben Farbe, sind vollkommen. Wohin wir auch gehen, sie sind in ihrer frühlingshaften Frische so zahlreich und schön, dass sie das Auge erfreuen.

Donnerstag, 18. April — Angellichter beleben jetzt abends den See, man sieht sie bis tief in die Nacht. Es werden Hechte gestochen, ein guter Fisch, obwohl ihm andere in unserem See überlegen sind. Früher gab es hier keine Hechte, doch vor einigen Jahren hat man sie aus einem kleineren, zehn oder zwölf Meilen westlich gelegenen Gewässer hergebracht, und nun sind sie derart zahlreich geworden, das sie die häufigste Fischart darstellen – erbeutet zu allen Jahreszeiten und auf verschiedenste Art. Im Sommer fängt man sie durch »Schleppen«, was bedeutet, dass der Fischer eine lange Leine auswirft und am Heck stehend wieder einholt, während der Ruderer das Boot leise entlangsteuert. Bei warmem Wetter sieht man zu beinahe jeder Morgen- oder Nachmittagsstunde irgendein Skiff auf diese Weise herumfahren, ein Mann an den Rudern und einer an der Leine, der Hechte fischt. Abends setzen sie diesen Zeitvertrieb fort mit Lichtern am Bootsbug, welche den Fisch anlocken sollen.

Samstag, 22. April — Der Himmel bewölkt, mit Aprilschauern, wir wagten dennoch einen kurzen Spaziergang. Nie haben die Ulmen mehr braune Blüten getragen, es ist ungewöhnlich, dass man sie in einer solch ungemeinen Fülle sieht; die Bäume dicht mit ihnen bedeckt. Ebenso zeigt der sanfte Ahorn seine purpurnen Blüten. Das Gras wächst herrlich; von Tag zu Tag kann man den Unterschied wahrnehmen, und es ist ein Vergnügen zu sehen, wie das Vieh sich nach dem trockenen Futter auf dem Scheunenhof an den frischen, zarten Gräsern der Weiden erfreut. Wir folgten dem Green Brook bis in die Wälder; an seinen Ufern haben sich hübsche rosafarbene Glöckchen des Posteleins versammelt.

Dienstag, 25. April — Bezaubernder Tag. Gingen an diesem Nachmittag in den Wald, um Maiblumen zu pflücken. Für einen hübschen Strauß braucht es viele, denn die Blätter sind breit und oftmals im Wege, sodass man gezwungen ist, die Schere großzügig einzusetzen für ein Bündchen. Die Pflanze erstreckt sich in rankenartigen, verholzten Zweigen in üppigen Beeten weit über den Hügel; die großen, festen, gerundeten Blätter wachsen in dichten Büscheln – kleine und große nebeneinander – und sind, obwohl von fester Beschaffenheit, an den rostbraunen Stellen oftmals schadhaft, insbesondere die alten Blätter, welche unter dem Schnee lagen; im Sommer sind sie heller und vollkommener. Die Blüten, zwei bis ein Dutzend, sogar fünfzehn auf einen Haufen, wachsen an den Spitzen der Stängel, rosa oder weiß, größer oder kleiner, unterschiedlich in Umfang, Zahl und Farbe; sie sind den Hyazinthenblüten nicht unähnlich, wenngleich selten so groß, außerdem nicht gebogen an den Rändern. Sie duften stark, nicht bloß süßlich, sondern mit einem wilden, frischen Wohlgeruch, der sehr angenehm ist.

Kennt man ihre besonderen Gepflogenheiten, ist es noch viel interessanter, sie zu pflücken. Man übersieht sie leicht, geht man dort vorüber, wo sie in Fülle wachsen, es sei denn, man weiß ihre alten Tricks. Denn sie spielen oft Verstecken mit einem, ducken sich an verwitterte Steine, kriechen unter totes Laub und zwischen Moose. Hier und dort jedoch sieht man ein hübsches, junges Büschel aus den verwelkten Gräsern des Vorjahrs vorspähen, als blühe es an leblosen Stängeln; bückt man sich, um es zu pflücken, und schiebt das tote Laub beiseite, findet man ein Dutzend von ihnen in unmittelbarer Nähe unter der verdorrten Schicht. Vielleicht liegt die Hälfte dieser schönen Blüten auf diese Weise dicht verhüllt unter den gefallenen Blättern des Waldes. Schließlich kamen wir an diesem Nachmittag zu der richtigen Stelle und waren sehr erfolgreich: Sie stehen in voller Pracht und waren nie schöner – groß und überaus duftend. Einige Sträuße, die wir pflückten, wuchsen so wunderbar, dass es eine Schande war, sie auszurupfen; einige ließen ihre duftenden Köpfchen zwischen üppigem Moos sehen, andere hüllten sich in große, welke Eichen-, Kastanien- und Ahornblätter. Die Sonne war gesunken, während wir mit unserer angenehmen Aufgabe beschäftigt waren, wir verweilten jedoch noch einen Moment, um hinab aufs Dorf im Tal unter uns zu blicken – ein Bild heiterer Ruhe – und auf den See mit seinen überm Wasser spielenden Abendfarben. Dann stiegen wir raschen Schrittes vom Hügel hinab und schafften es, das Dorf zu erreichen, ehe die Sonne vollständig untergegangen war.

Mittwoch, 26. April — Die jungen Pflanzen in den Gärten beginnen, sich in den früh angelegten Beeten zu zeigen, Erbsen, Rote Rüben usw. usw. Viele unserer Dorfbewohner sind nun in ihren Gärten beschäftigt, eine angenehme, freudige Arbeit. Seit Adams Zeiten war es immer schön, Männer und Frauen bei der Gartenarbeit zu sehen. In einem Dorf macht sie in der gesamten kleinen Nachbarschaft im selben Augenblick die gleichen Fortschritte.

Donnerstag, 27. April — Folgten dem alten Waldweg ein gutes Stück. Leberblümchen im Überfluss; obwohl in vielen Hinsichten sehr ebenmäßig, haben diese kleinen Blumen nicht alle die gleiche Farbe: Einige sind weiß, andere violett, lila oder graublau. Es sind niedliche kleine Blumen von einem bescheidenen, unauffälligen Wesen, das einen sehr einnimmt. Bei ihrem ersten Erscheinen schießen sie einzeln in die Höhe, jede Blüte allein an ihrem flaumigen Stängel; doch jetzt haben sie Mut gefasst, stehen in Grüppchen, leuchten fröhlich über dem welken Laub. Ihre jungen, flaumigen Blättchen zeigen sich noch nicht, obwohl man einige aus dem Vorjahr in halbimmergrünem Zustand findet. Oft sieht man diese Blumen am Fuße der Bäume, wo sie sozusagen auf ihren Wurzeln wachsen; vielleicht ist es dieser Standort, welcher ihnen, zusammen mit den flaumigen, pelzigen Blättern und Stängeln, den englischen Namen *squirrel-cups* verliehen hat – gewiss ein schönerer Name für eine Blume als Leberblümchen oder das lateinische *Hepatica.*

Die kleinen gelben Veilchen blühen auf; auch sie zeigen ihre goldenen Köpfchen, ehe noch die Blätter draußen sind. Ungewöhnlich, dass die Blüte, welche den kostbarsten und empfindlichsten Teil der Pflanze darstellt, früher dran ist als das Blatt, doch ist dies der Fall bei vielen größeren und kleineren Pflanzen; bei Bäumen ist es vollkommen üblich. Zweifellos gibt es einen guten Grund dafür, den man gerne erfahren möchte, sobald ihn die gelehrten Botaniker herausgefunden haben.

Nun hat sich überall in den Wäldern und Hainen die Maiblume geöffnet. Es ist wohltuend, dieselbe Blume Jahr für Jahr anzutreffen! Wenn die Blüten der Veränderung unterworfen wären – wenn sie launisch und unordentlich würden –, dann könnten sie eine größere Überraschung, stärkere Neugier wecken, wir würden sie jedoch weniger lieben. Sie könnten ebenso hell und fröhlich und duftend in anderer Gestalt sein, aber sie wären nicht die Veilchen, Leberblümchen und der Kriechlorbeer, die wir im Vorjahr geliebt haben. Was auch immer dir deine schweifenden Phantasien sagen, es steckt eine Tugend in der Beständigkeit, die weitaus mehr schenkt als eine wankelmütige Veränderung dies könnte, indem sie jeder Lebenslage Kraft und Reinheit verleiht und zudem noch die in unseren heimischen Feldern blühenden Blumen mit Anmut überzieht. Wir bewundern die fremdartigen, leuchtenden Pflanzen aus dem Gewächshaus, am meisten jedoch lieben wir die einfachen Blumen, die wir schon früher geliebt haben, die viele Frühlinge lang auf unserem heimatlichen Boden in Regen und Sonnenschein erblüht sind.

Donnerstag, 27. April — Ein Schwarm Roststärlinge oder Dohlengrackeln über der Stadt; seit einigen Tagen streichen sie hin und her. Alle Arten von Amseln sind hier selten; man sagt, bei der Besiedelung des Landes seien sie sehr zahlreich gewesen, hätten sich jedoch in den letzten Jahren stark dezimiert. Aber in einigen älteren Landesteilen sind sie nach wie vor weitverbreitet, wo sie ein großes Ärgernis für die Farmer darstellen. Die Roststärlinge sind Vögel des Nordens; die gewöhnliche Amsel, die man hier zuweilen in kleinen Gruppen sieht, kommt aus dem Süden. Den Rotflügelstärling haben wir in diesem Landesteil nie gesehen; vielleicht findet man ihn hier, allerdings ist er nicht so weitverbreitet wie anderswo. Auch den Kuhstärling sieht man bei uns nicht oft; und da all diese Vögel mehr oder weniger gregär sind, ziehen sie sofort überall, wo sie auftauchen, die Aufmerksamkeit auf sich. Allesamt sind sie dreiste Getreidediebe. Seltsam, dass sich diese schwarz gefiederten Vögel, allen voran die Krähe, zwar in vielerlei Hinsicht unterscheiden, aber eine ausgeprägte Vorliebe für den Mais haben.

Samstag, 29. April — Die Tamaracklärchen, die hellsten aller Nadelbäume, strecken ihre blaugrünen Blätter heraus; die jungen Zapfen kommen ebenfalls hervor und erinnern in Farbe und Form ein wenig an kleine Erdbeeren, sie werden allerdings bald kräftig violett, dann grün und zuletzt braun. Die Tamaracklärche ist auf unseren morastigen Böden weitverbreitet und erreicht ihre volle Höhe in dieser Gegend.

Montag, 1. Mai — Am Geländer eines Weidezauns fanden wir eine hübsche Bordüre von Ackersteinsamen; diese Blüten mit ihren großen, reinweißen Blättern stehen der Pflanze ganz wunderbar, fallen jedoch bald nach dem Pflücken ab, und der Saft ihrer Stängel verfärbt die Hände sehr stark. Einige pflückten wir dennoch zur Feier des Maitags; ihnen fügten wir ein paar am Wegesrand verstreute Veilchen und einen Strauß goldener Sumpfdotterblumen hinzu, welche uns durch ihre leuchtenden Blüten zu einer niedrig gelegenen, sumpfigen Stelle lockten. Eine hübsche Blume – die Leute vom Lande nennen sie ›Primel‹, obwohl sie sich von der richtigen Pflanze dieses Namens vollkommen unterscheidet.

Mittwoch, 3. Mai — Als wir über die Weidegründe liefen, fanden wir nicht viele Blumen, nur hier und da ein paar Veilchen und einige junge Erdbeerblüten, die erste fruchttragende Blütenpracht des Jahres. Die Farne schießen auf, ihre wollenen Köpfchen heben sich gerade über den Boden, die breiten Wedel dicht eingerollt; bald wird der Flaum dunkler werden, dann beginnen die Blätter sich zu entfalten. Die Kolibris und viele Singvögel verwenden die Wolle junger Farnstängel, um ihre Nester auszukleiden.

Vom Hügel aus machte das Tal heute Nachmittag einen freundlichen Eindruck; die Weizenfelder stehen nun in leuchtendem Grün, einige sind goldgrün, andere dunkelgrün. Nahezu die Hälfte der Felder ist in diesem Frühjahr gepflügt worden, die Farmen gleichen neu angelegten Gärten. Als wir auf der stillen, offenen Anhöhe standen, durchbrach das hübsche Lied eines einsamen Vogels die Stille auf bezaubernde Weise: Es kam vom freien Waldrand über uns, doch den kleinen Sänger konnten wir nicht erkennen.

In diesem Jahr sieht das Gestrüpp der Buchen lustig aus; viele wachsen so dicht nebeneinander und strecken ihre toten Blätter so beharrlich über die unteren Zweige, dass sie einen an eine Schar Zwerghühner mit stark gefiederten Beinen erinnern. Dabei sollte man meinen, die warmen Maitage wären froh, ihren Winterputz abzuwerfen.

Donnerstag, 4. Mai — Die Rauchschwalben sind in üblicher Vielzahl eingetroffen, nun ist unser sommerlicher Schwalbenschwarm komplett. Von den sechs in Nordamerika verbreiteten Varietäten dieses Vogels gibt es vier in unserer Gegend, die anderen trifft man nicht allzu weit entfernt an.

Die weißbäuchigen Schwalben sind in diesem Jahr als Erste im Dorf eingetroffen; in der Regel sollten sie viel später sein als die braunbäuchigen. Diese hübschen Vögel wurden mit der europäischen Mehlschwalbe verwechselt; sie sind jedoch eigentümlich für Amerika und wie es scheint auf unsern

Teil des Kontinents beschränkt, denn ihr sommerlicher Flug reicht bis zu den Pelzländern, und sie überwintern in Louisiana. Man sagt, sie gleichen in vielen ihrer Gewohnheiten den Wasserschwalben, da sie eine Vorliebe für das Wasser haben und oft im Riedgras sitzen oder schlafen. An der Küste Long Islands sind sie sehr zahlreich, doch auch hier im Inland trifft man sie häufig an. Meist sieht man sie auf den Zweigen von Bäumen, was bei anderen ihrer Art nicht üblich ist.

Die amerikanische Rauchschwalbe gleicht in vielerlei Hinsicht der europäischen Rauchschwalbe, doch tatsächlich ist sie eine vollkommen andere Art. Während der europäische Vogel weiß ist, ist der unsere von hellem Kastanienbraun. Sie gehören zu unseren häufigsten Vögeln; in kaum einer Scheune fehlen sie, denn selten suchen sie sich ein anderes Gebäude für ihr Nest aus. Es sind sehr fleißige, fröhliche, ausgeglichene Geschöpfe, von ausgesprochen friedlichem Charakter, freundlich zueinander und den Menschen gegenüber. Obwohl sie dicht zusammen leben, fällt auf, dass sie sich nicht zanken, womit sie zeigen, das empfindsame Vögel etwas tun können, bei dem selbst höchst sensible Männer und Frauen allzu oft keine Skrupel verspüren – miteinander zu streiten oder ihren Nachbarn zu helfen, einen Streit vom Zaun zu brechen. Man sieht sie oft auf den Scheunendächern ausruhen, und noch kurz bevor sie uns verlassen, um in ein wärmeres Klima zu ziehen, versäumen sie es nie, sich draußen auf den Zäunen und Bäumen zu versammeln. Sie wandern bis nördlich der Quellen des Mississippi und überwintern somit jenseits unserer Südgrenze.

Die Rauchschwalbe ist ebenfalls vollkommen amerikanisch. Die europäische Art, die in Schornsteinen nistet, unterscheidet sich in mancher Hinsicht, sie baut ihr Nest häufig auch an anderer Stelle, während die unsere dafür bekannt ist, unter keinen Umständen anderswo zu nisten. Ehe das Land zivilisiert wurde, lebten die Rauchschwalben in hohlen Bäumen; heute indes haben sie in verblüffender Einmütigkeit den Wald vollständig verlassen und ihre Wohnung in unseren Schornsteinen bezogen. Sie nutzen allerdings noch immer Zweige für ihre Nester und zeigen damit, dass sie ursprünglich Waldvögel waren; andere hingegen, etwa Wanderdrossel und Pirol, machen sich gerne jegliche *zivilisierten* Materialien zunutze, die herumliegen, zum Beispiel Schnüre, Fäden, Papier usw. usw.

Unsere Schornsteinsegler verfügen über keine Schönheit, mit der sie prahlen könnten; sie sind insgesamt unattraktiv und von beinahe fledermausartiger Erscheinung, aber auf ihre Weise bemerkenswert klug und geschickt. Sie sind ebenso gut darin, sich an eine nackte Wand oder an einen Baumstamm zu klammern wie die Spechte; ihr Schwanz hat eine ähnliche Form wie deren Schwanz und wird zu demselben Zweck verwendet: als Stütze. Die Luft ist ihr eigentliches Element; hier spielen sie und jagen Insekten, fressen und singen nach ihrer Mode in eifrigem, raschem Gezwitscher. Sie haben mit der Erde, den Pflanzen und dem Bäumen wenig zu schaffen; sie landen ausschließlich in Schornsteinen. Sie fressen nur im Flug, versorgen auch ihre Jungen, sobald sie flugtüchtig sind, auf diese Weise; sie scheinen im Flug zu trinken, wenn sie übers Wasser streifen. Ihr Vergnügen ist ein bewölkter, trüber Tag, und oft sieht man sie draußen im Regen. Man möchte gern erfahren, wie sie sich die Zweige für ihre Nester besorgen, denn man sieht nie, dass sie ihr Material am Boden oder bei den Bäumen suchen – vielleicht picken sie es im Vorbeifliegen auf. Ihre Geschäftigkeit ist wundervoll, denn sie sind früher und später ›auf den Flügeln‹ als alle anderen ihres eifrigen Völkchens. Oft sieht man sie an einem Sommerabend vorüberziehen, wenn es schon ganz dunkel ist – gegen neun Uhr –, und am nächsten Morgen sind sie wohl schon um drei Uhr wieder auf. Es heißt, sie würden ihre Jungen tatsächlich nachts füttern, sodass sie zu dieser Jahreszeit kaum Ruhe haben. Manche Leute verschließen die Schornsteine vor ihnen wegen des Lärms, der sie frühzeitig aufweckt; zudem kennen die Vögel einen Trick, durch den Kamin ins Zimmer zu fliegen, was für ordentliche Haushälterinnen ein Ärgernis darstellt. Der schlimmste Vorwurf, den man ihnen macht, ist allerdings der Dreck, den sie im Schornstein ansammeln. Doch man kann mit ihnen nicht hadern, denn ihr rasch kreisender Flug und das begierige Gezwitscher überm Dach eines Hauses verleiht diesem den ganzen Sommer lang einen sehr fröhlichen Charakter. Sie werden in keinem fürs Feuer genutzten Kaminschacht ein Nest bauen, doch stört sie der Rauch so wenig, dass sie ein- und ausfliegen und im benachbarten Schacht desselben Kamins nisten. Sie bleiben länger als die Amerikanischen Rauchschwalben, ziehen im Frühjahr weiter nordwärts und im Winter über die Grenzen unseres nördlichen Kontinents hinaus.

Die Purpurschwalbe ist ein weiterer Vogel, der in unserer westlichen Welt heimisch ist, sich jedoch vollkommen von der europäischen Schwalbe unterscheidet. Sie ist auf diesem Kontinent weitverbreitet, vom Äquator bis zu den Pelzländern im Norden. Als Größte ihrer Art ist sie ein sehr kühnes, mutiges Geschöpf und greift sogar Habichte und Adler an, wenn diese in ihr Gebiet eindringen; dem Menschen gegenüber ist sie jedoch sehr freundlich und zutraulich. Mr. Wilson erwähnt, dass nicht nur der weiße Mann ein Schwalbenhaus für diese seine Freunde baut, sondern dass die Schwarzen auf den Plantagen des Südens lange Stangen mit gewissen Vorrichtungen aufstellen, um sie zum Bau ihrer Hütten einzuladen. Auch die Indianer kappen den obersten Zweig von Schösslingen in der Nähe ihrer Wigwams und hängen eine Kalebasse an den Zacken, damit es die Schwalben bequem haben. Obwohl diese Vögel in den meisten Teilen des Landes häufig vorkommen, sind sie bei uns vergleichsweise selten. Es heißt, früher seien sie zahlreicher gewesen, heute aber sind sie so wenig bekannt, dass die meisten Leute einem sagen werden, es gebe im Umkreis des Dorfes keine. Als wir Erkundigungen einholten, stellten wir fest, dass viele Menschen noch nie von einem Vogel dieses Namens gehört hatten. Vogelnester plündernde Jungs wussten nichts von ihnen, während ein halbes Dutzend Farmer und Gärtner uns berichteten, hier gebe es keine Schwalben.

Am nächsten Tag hielten wir vor einem Nebengebäude mit einem Schwalbenhaus im Giebel und fragten, ob sich irgendwelche Vögel darin befänden. »In dieser Gegend gibt es keine Schwalben«, lautete die Antwort, mit dem Zusatz, einige Dutzend Meilen weiter draußen habe man welche gesehen. Als wir dann einen Scheunenhof überquerten, fragten wir einen Knaben, ob es dort Schwalben gebe. »Schwalben?«, fragte er und blickte verwirrt drein. »Nein, meine Dame, hab nie gehört, dass hier von solchen Vögeln gesprochen wurde.« Wir stellten dieselbe Frage noch sehr oft und erhielten nur in zwei, drei Fällen eine andere Antwort: Einige ältere Herrschaften erwiderten, dass es hier früher mit Sicherheit Schwalben gegeben habe. Schließlich entdeckten wir ein paar, fanden ihren Unterschlupf und beobachten sie bei Ein- und Ausfliegen; ein wenig später sahen wir auf einer Farm etwa zwei Meilen vom Dorf entfernt noch weitere, doch ihre Zahl war sehr gering im Vergleich zu den anderen Arten, die jeder kennt und die man bei warmem Wetter beinahe immer im Blick hat. Möglich, dass sich der Schwarm in den letzten Jahren durch eine zufällige Ursache dezimiert hat, doch so steht es jetzt um diese Dinge.

Die hübsche kleine Uferschwalbe, eine andere weitverbreitete und zahlreiche Art, ist bei uns vollkommen fremd, obwohl man sie an den Ufern der Seen und Flüsse in der Nähe findet. Tatsächlich haben wir sie in großen Schwärmen in den Sandhügeln am Susquehanna River gesehen, direkt hinter der südlichen Grenze unseres Bezirks. Dies ist die einzige Schwalbe, die in beiden Hemisphären heimisch ist; über diesen Vogel bemerkt M. de Châteaubriand, er habe ihn überall auf seinen Wanderungen in Asien, Afrika, Europa und Amerika gefunden.

Dass die Fahlstirnschwalbe hier ebenfalls ein Fremdling sein soll, ist alles andere als bemerkenswert. Vor einigen Jahren gab es sie östlich des Mississippi nicht. Zuerst tauchte ein einziges Paar im Jahr 1824 innerhalb der Stadtgrenze von New York auf, bei einem Wirtshaus nahe Whitehall, nicht weit vom Lake Champlain entfernt. Kurz darauf machte sie Gouverneur DeWitt Clinton der Welt durch eine Notiz über sie bekannt; jetzt vermehren sie sich rasch und breiten sich übers ganze Land aus. Die Rocky Mountains scheinen ihr großer Sammelplatz zu sein, dort findet man sie in großer Zahl; und sie sind, wie der Fürst von Canino beobachtet, nach Osten vorangerückt, um dem weißen Mann zu begegnen. Diese Neuankömmlinge bleiben nur kurz, ungefähr sechs Wochen im Juni und Juli, ehe sie wieder verschwinden und in die amerikanischen Tropen fliegen. In Europa und allen Teilen der alten Welt sind sie völlig unbekannt. Die Zeichnung ihres Gefieders ist variantenreicher als bei den meisten Schwalbenarten.

Freitag, 5. Mai — Gestern Nacht ein schöner Regenschauer, mit Blitz und Donner; alles wächst vortrefflich. In solchen Tagen und Nächten im frühen Frühling ist die gemeinsame Wirkung von Elektrizität und Regen auf die Vegetation wirklich erstaunlich. Der große Botaniker M. de Candolle erwähnt einen Fall, in welchem die Zweige einer Weinrebe während eines Gewitterregens im Verlauf von anderthalb Stunden nicht weniger als eineinviertel Zoll gewachsen sind! Bei dieser Geschwindigkeit kann man die Pflanze tatsächlich beinahe wachsen *sehen*. Die jungen Knospen brechen wunderschön hervor; die scharlachroten Blütenbüschel an den sanften

Purpurschwalbe

Ahornen sind nun anmutig bedeckt vom zarten Grün der Blattknospen in ihrer Mitte, und die langen grünen Blüten des Zuckerahorns sind an vielen der Bäume erschienen – gestern noch waren keine sichtbar. Auch an den nackten Zweigen der Felsenbirne öffnen sich büschelweise die herabhängenden weißen Blüten; dieser Baum trägt sehr viel bei zur Fröhlichkeit unseres Frühlings. Man findet ihn in jedem Wald, stets bedeckt mit langen, hängenden Blütentrauben, sei es als kleiner Strauch oder als großer Baum. Auf dem Kirchhof gibt es eine Felsenbirne von gewaltiger Schönheit, sie ist vielleicht fünfunddreißig Fuß hoch und steht inmitten von Immergrün; zu dieser Jahreszeit, überzogen mit weißen Blüten, sieht sie herrlich aus. In Savoyen wächst ein Baum, den man dort Felsenmispel nennt, ein naher Verwandter. Die Pappeln oder ›Poppeln‹, wie sie die Leute vom Land bezeichnen, sind bereits zur Hälfte belaubt. Wie rasch der Frühling in diesem frohen Augenblick voranschreitet und wie schön alle Pflanzen in ihrem anmutigen Wachstum sind, das bescheidenste Kraut entfaltet ein jedes Blatt voller Schönheit, Sinn und Kraft!

Samstag, 6. Mai — Warmer, milder Tag. Die Vögel sind ekstatisch. Goldzeisige, Pirole und Hüttensänger beleben die knospenden Bäume mit ihren hellen Stimmen und ihrem bunten Gefieder. Zaunkönige und Singammern hüpfen und singen in den Gebüschen. Wanderdrosseln und Schwirrammern gehen einem im Gras und auf dem Kies kaum aus dem Weg, und Dutzende Schwalben zwitschern in den Lüften, geschäftiger und geschwätziger als je zuvor – alles ist tätig, alles fröhlich, alles zu dieser Jahreszeit mehr oder weniger musikalisch. Vögel, die selten singen, haben einen bestimmten Schrei, den man jetzt klarer und häufiger hört als alles andere – beispielsweise das Gezwitscher der Schwalben und das anhaltende Zirpen der Schwirrammern, welches dem Heuschreckengezirp gleicht, wenn man es in den Bäumen hört. Die kleinen Geschöpfe erfreuen sich in höchstem Maße an einem schönen Tag, allerdings mit noch größerer Lust während dieser ihrer Flitterwochen als zu irgendeiner anderen Jahreszeit. Unsere Sommergesellschaft ist nun vollständig eingetroffen, oder vielmehr: Unsere Flüchtlinge sind zurückgekehrt. Denn man ruft sich gerne in Erinnerung, dass sie hier tatsächlich beheimatet sind, in diesen Wäldern »geboren und aufgewachsen«, wie die Leute aus Kentucky sagen, und nun zurückgekommen sind, um ihre eigenen Nester auf den heimatlichen Zweigen zu bauen. Den glücklichsten Teil ihres Vogellebens verbringen sie bei uns. Viele, die wir jetzt umherflitzen sehen, bauen in Sicht- und Hörweite unserer Fenster; in manchen Jahren zählten wir vierzig bis fünfzig Nester in den eigenen Bäumen, ohne die Schwalbensippe. Viele Vögel lieben das dörfliche Leben, sie scheinen den Menschen für ein äußerst gutmütiges Tier zu halten, das allein zu ihrem speziellen Vorteil Schornsteine und Dächer baut, Haine pflanzt und Gärten umgräbt; nur wundern sie sich kein bisschen, dass er trotz seiner gehörigen Portion Instinkts diesen schrecklichen Kreaturen – den Jungs und den Katzen – erlaubt, überall in seinem Reich herumzulaufen.

Montag, 8. Mai — An vielen Zuckerahornen hängen die langen Blüten in schlanken grünen Büscheln, indes sie an anderen noch nicht einmal zum Vorschein gekommen sind. Jahr für Jahr bemerken wir diesen Unterschied zwischen etlichen Individuen derselben Ahornart, der bei diesem Baum anscheinend ausgeprägter ist als bei anderen. Einige sind weit voraus, und dies ohne offensichtlichen Grund – Bäume von derselben Art und Größe, die Seite an Seite wachsen, variieren und zeigen einen angeborenen Unterschied, wie man ihn bei Mitgliedern einer menschlichen Familie beobachtet hat. Oft liegen die jungen Blätter des Zuckerahorns bloß einen oder zwei Tage hinter den Blüten zurück; zumindest beginnen sie, zu jener Zeit zu erscheinen, während sie bei anderen wiederum warten, bis die Blüten abgefallen sind. Die grünen Blüten hängen in dichten Büscheln an langen Fasern, wodurch sie dem Baum einen gefälligen Charakter verleihen und aus einiger Entfernung wie Laub aussehen. Zumeist sind sie blassgrün, doch an einigen Bäumen zuweilen auch strohfarben. Anders als viele blütentragende Bäume blüht der Zuckerahorn nicht in jungen Jahren. Robinie, Felsenbirne, überhaupt die Obstbäume usw. blühen, sobald sie drei oder vier Fuß hohe Sträucher sind, der Zuckerahorn und der Rote Ahorn hingegen müssen stattliche Bäume sein, ehe sie blühen. Rund ums Dorf sind mehrere bekanntlich zwanzig Jahre alt, und sie haben noch immer nicht geblüht.

Gewiss handelt es sich bei den amerikanischen Ahornen, zumindest bei den größeren Arten: Zucker-, Roter und Silberahorn, um sehr schöne Bäume. Ein gesunder, üppiger Wuchs ist charakteristisch für sie; wenn man ihnen erlaubt, sich frei zu entfalten, sind ihre Äste und ihr Stamm von regelmäßiger, rundlicher Gestalt und äußerst selten deformiert, fast ausnahmslos mit einem mehr oder weniger ausgeprägten leichten Aufwärtsdrang. Die Rinde der jüngeren Bäume und die Äste der älteren ist oft sehr schön mit Flecken oder Kreisen von klaren, mal helleren, mal dunkleren Grautönen gesprenkelt – manchmal fast so weiß wie bei den zierlichen Birken. Die dem Norden zugewandte Seite der Zweige ist bei uns im Allgemeinen stärker gefleckt als die gen Süden gerichtete. Diese Bäume sind zudem sehr sauber, frei von lästigem Ungeziefer und Insekten. Einige haben ein hübscheres Laub: große Blätter von lebhaftem, tiefem Grün, von schöner Form, glatt und glänzend und überaus zahlreich. Denn ihnen ist eigentümlich, dass sie jedes Jahr viele kleine Triebe hervorbringen, jeder mit Blättern wohlbedeckt. Wenn sie im Winter kahl sind, erkennt man, dass ihr feines Geäst bedeutend dicker ist als das vieler anderer Bäume. Zu diesen Vorzügen kommen ihre frühe Blüte im Frühling und ihre herrlich leuchtenden Farben im Herbst. Der europäische Ahorn ist vollkommen anders, er belaubt sich erst nach der Ulme und ist noch später dran als die Esche; in unserem Teil der Welt gehört es zu den weiteren Vorzügen des Ahorns, dass er zu den frühen Bäumen des Waldes zählt.

Mit Ausnahme der eschenblättrigen Art, einem Baum des Westens, findet man sämtliche Ahorne in unserem Bezirk. Der hierzulande manchmal zwanzig Fuß hohe Streifenahorn, ein kleiner Baum von anmutigem, luftigem Wuchs, der die schönsten Blüten dieser Sippe trägt und über den man sagt, die Elche seien ganz versessen auf seine jungen Triebe, der Berg- bzw. Ährenahorn, ein Strauch mit aufrechten Blüten, der in dichten Trupps wächst, der Rote Ahorn, der Silberahorn, der Zuckerahorn und der Schwarze Zuckerahorn – sie alle zählen zu unserm Baumbestand. Und abgesehen vom strauchartigen Bergahorn liefern sie alle den süßen Saft, allerdings nicht so freigebig wie der gewöhnliche Zuckerahorn. In unserer Gegend hat der größte Baum dieser Art angeblich einen Durchmesser von drei Fuß und erreicht im Waldwachstum eine Höhe von sechzig bis achtzig Fuß. Die gewöhnlichen Ahorne des Landes erreichen dagegen selten mehr als achtzehn Zoll im Durchmesser und vierzig bis fünfzig Fuß Höhe. (In England gedeiht der Zuckerahorn nicht; er wächst selten zu mehr als fünfzehn Fuß Höhe heran. Der Silberahorn dagegen ist in Europa sehr erfolgreich.)

Dienstag, 9. Mai — Gegen Abend spazierten wir eine angenehme Stunde unter einem milden, bewölkten Himmel nahe der Brücke herum; die Vögel schienen sich dort zu unserer speziellen Unterhaltung versammelt zu haben, wurden in Wahrheit aber zweifellos von den Insekten am Wasser angezogen. Es war die größte Zusammenkunft, die wir in diesem Frühling sahen, und einige aus der Gruppe waren für uns von besonderem Interesse. Dutzende Schwalben (Rauchschwalbe, Amerikanische Rauchschwalbe, Sumpfschwalbe) segelten in endloser Bewegung um uns herum, sie flogen bald unter, bald über der Brücke, oftmals so dicht, dass wir sie fast hätten berühren können. Einen Steinwurf entfernt saß ein Phoebetyrann ruhig auf einem Ahornzweig und schenkte uns, als wir auf und ab gingen, von Zeit zu Zeit ein Lied. Diese Vögel haben die Angewohnheit, in geringer Entfernung zu ihrem Nest stets auf demselben Ast zu sitzen, und sind bekannt dafür, an Brücken zu nisten. Natürlich waren auch Wanderdrosseln da, sie sind zu dieser Jahreszeit immer in Sicht; Spatzen schlichen sich ins Gebüsch hinein und wieder hinaus, während die Goldzeisige und Hüttensänger kamen und gingen. All dies war uns bekannt; unsere besondere Aufmerksamkeit erregte seiner Neuheit wegen ein kleines Vogelpaar, welches die Blüten des Roten Ahorns umflatterte. Die gelbe, rote und braune Zeichnung ihres Gefieders und die eigentümlich raschen, ruhelosen Bewegungen zwischen den Zweigen waren neu fürs uns. Eine halbe Stunde lang waren die beiden Vögel in Sichtweite, und mehrere Male standen wir sehr nahe bei den Ahornen, wo sie speisten. Einer flog davon, indes der andere blieb und immer näher kam, von Ast zu Ast, von Baum zu Baum, bis er den Zaun erreicht hatte, an dem wir standen. Wir waren ganz erpicht darauf, zu entdecken, um welchen Vogel es sich handelte, denn unter solchen Umständen ist es eine Qual, diese Frage nicht beantworten zu können. Wir vermuteten zunächst, dass sie Fremdlinge auf dem Weg nach Norden waren, da um diese Zeit viele solche durchreisenden Gäste nordwärts ziehen und unterwegs nur hier und dort ein wenig verweilen. Es ist jedenfalls nicht ungewöhnlich, dass solche Vögel als Paar reisen, und diese beiden schienen zusammen zu sein, denn nachdem einer zum Fluss hinab geflogen war, zeigte der andere ein starkes Bestreben, dieselbe Richtung einzuschlagen, als könnte sich der Beginn für einen Nestbau dort befinden. Er setzte zum Abflug an, bemerkte uns dann,

Purpurgimpel

hielt inne; wir standen ganz still auf unserem Spaziergang, und der Vogel blieb eine Minute oder länger auf seinem Ast sitzen. Dann regte er sich erneut und flog in die Richtung, die unseren Weg kreuzte; als das törichte Bürschlein ein, zwei Meter geflogen war – das brachte ihn direkt zu uns, wo wir den Vogel mit einem Sonnenschirm leicht hätten schlagen können –, verließ ihn jedoch der Mut: Er flatterte auf der Stelle bzw. stand im Wind, wie die Seeleute sagen, wechselte dann unbeholfen die Richtung und flog zu demselben Ast zurück, von dem er aufgebrochen war. Ein für einen Vogel ungewöhnliches Manöver; seltsamerweise wiederholte sich dieser Vorgang noch zweimal, da er ganz versessen darauf schien, seinem Gefährten hinab zum Fluss zu folgen, obwohl er sich fürchtete, so nah an derart Schrecken erregenden Kreaturen, wie wir sie darstellten, vorbeizufliegen. Wieder hob er ab, wieder hielt er inne und flatterte unmittelbar vor uns, wieder kehrte er zu seinem Ast zurück. Dummes kleines Ding, er hätte leicht über uns hinwegsegeln können statt so nahe vorbei oder statt auf dem Ast zu sitzen, wo wir ihn ein Dutzend Mal hätten erschießen können, falls uns boshafterweise danach gewesen wäre. Er benahm sich so merkwürdig, dass wir uns des Vorwurfs der Hypnose schuldig gemacht hätten, wenn wir Schlangen oder Hexen gewesen wären. Dann hob er zum dritten Mal ab und flog so schnell wie möglich an uns vorüber, gewiss mit fürchterlichem Herzpochen wegen der kühnen Tat; schließlich gelang es ihm, die Brücke zu überqueren, und wir verloren ihn zwischen den Gebüschen am Ufer aus dem Blick. Während er auf dem Zweig saß und vor allem, als er zweimal mit ausgestreckten Flügeln vor uns flatterte, sahen wir seine Gefiederzeichnung sehr deutlich: Sie kam der eines Sumpfwaldsängers näher als der eines jeden anderen Vogels, von welchem wir eine Abbildung erhalten konnten. Es ist ein Vogel des Südens, den man so weit im Norden wohl nicht beim Brüten erwartet hätte, und es wäre durchaus möglich, dass die Fremdlinge zu einer anderen Art gehören. Der Sumpfwaldsänger, heißt es, sei jedenfalls ganz versessen auf Ahornblüten, und diese beiden fanden wir, wie sie von Baum zu Baum hüpfend sich an den Ahornblüten gütlich taten.

Kaum war der hübsche Fremdling fortgeflogen, da stieg ein großer tollpatschiger Eisvogel vom Fluss auf, passierte die Brücke und schrie voller Überraschung, als er entdeckte, dass sich ein Mensch in größerer Nähe als angenommen befand. Auch er flog den Fluss hinunter. Dann landete eine Meisenbande im Erlengebüsch. Ihnen folgte ein hübsches Goldhähnchenpaar mit rubinrotem Scheitel, das zu den kleinsten ihrer Art gehört. Und während all diese unbedeutenderen Vögel uns umflatterten, kam ein wirklich großer Habicht aus der Richtung des Sees und kreiste eine Zeit lang über einem Kiefernhain im benachbarten Feld. Wir verfügten nicht über die Bildung, um herauszufinden, um welche Art von Habicht es sich handelte; doch alle anderen Vögel dieser zahlreichen Schar – Wanderdrosseln, Spatzen, Rubingoldhähnchen, Hüttensänger, Goldzeisig, Phoebetyrann, Meise, Eisvogel und der vermeintliche Sumpfwaldsänger – waren für Amerika typische Arten.

Donnerstag, 11. Mai — Schwarz-weiße Baumläufer im Gesträuch; es sind sehr hübsche, wohlgestaltete Vögel. Ein großer Schwarm Purpurgimpel auf dem Rasen. Dieser attraktive Vogel kommt aus dem hohen Norden, wenn Unwetter aufziehen, und überwintert, abhängig vom Charakter der Jahreszeit, in verschiedenen Teilen der Union. Meist bleibt er bis Mitte Mai im Umland von Philadelphia und New York. Dennoch ist bekannt, dass einige wenige den Sommer in unseren nördlichen Bundesstaaten verbringen; und wir bemerken, nachdem wir sie oft in den Wäldern angetroffen und im Juni und Juli manchmal in den Gärten des Dorfs beobachtet haben, dass eine gewisse Anzahl auch an unserem See bleibt. Ihre Köpfe und Kehlen sind jetzt vielmehr dunkelrot als purpurn, was sich als Vorteil erweist, wenn sie im frischen Gras fressen und ihnen die Sonne auf die hellen Köpfe scheint. Dennoch war mehr als die Hälfte der Schar braun, wie üblich, den jungen Männchen und Weibchen fehlte die Rotfärbung. Im Frühling ernähren sie sich von den Blüten der blühenden Bäume; an diesem Nachmittag jedoch fraßen sie die Kerne der verfaulten Äpfel, die überall in den Obstgärten herumliegen.

Spaziergang in den Wäldern. Die Rote Heckenkirsche steht in vollem Blatt und voller Blüte; sie ist einer unserer frühesten Sträucher. In diesem Bundesstaat wachsen mehrere Arten aus der Familie der Geißblattgewächse. Das in unseren Gärten weitverbreitete Trompeten-Geißblatt ist eine in New York beheimatete Pflanze, die man im Süden bis nach Carolina findet. Die duftende, ebenfalls kultivierte Heckenlilie trifft man in vielen Wäldern dieses Staates an; das Gold-Geißblatt wächst in den Catskill Mountains; des Weiteren befinden sich eine Art mit grünlich-gelben Blüten und das Haarige Geißblatt mit blassgelben Blüten und großen Blättern unter unseren Pflanzen. Von der Heckenkirsche gibt es drei im Norden übliche Arten, die eine trägt rote, die andere violette, die letzte blaue Beeren. Die Erste findet man hier in jedem Wald; es heißt, eine beinahe identische Pflanze gebe es in der Tatarei.

Freitag, 12. Mai — Die Espen sind belaubt und sehen herrlich aus am Hügel, ihre zitternden Blätter zählen zu den frühesten, die in den milden Frühlingslüften spielen, da ihre behaarten Samen als Erste im Jahr davonfliegen. Im Augenblick sind sie im Wald so weitverbreitet wie die Distelwolle auf den Feldern später im Frühling; oft sieht man sie in kleinen Streifen entlang der Straße liegen, wo sie einem Schneestaub gleichen. Einige wählerische Vogelarten benutzen diese Wolle als Polsterung für ihr Nest – zum Beispiel der Kolibri. Wir haben die große Tackamahac- oder Balsam-Pappel gesucht und uns nach ihr erkundigt; man findet sie am Niagara und am Lake Champlain, unsere Farmer jedoch scheinen sie nicht zu kennen. Dieser Baum ist von einigem Interesse, weil er seine Höhe länger als jedes andere Gehölz behält, je weiter er sich dem Pol nähert; ein Großteil des Treibholzes im arktischen Meer gehört zu dieser Spezies. An der Nordwestküste soll sie besonders groß werden, dort erreicht sie eine Höhe von einhundertsechzig Fuß und einen Durchmesser von zwanzig Fuß!

Samstag, 13. Mai — Noch immer regnerisch, trotz einiger Versuche aufzuklaren. Zuletzt regnete es sehr viel mehr als gewöhnlich. Heute Nachmittag fegte eine starke Böe das Tal hinab und trieb den strömenden Regen gegen die Hügel, während die Kiefern und Hemlocktannen auf den Bergkuppen ihre Arme wild herumwarfen; sogar die kahlen Robinien beugten sich vorm Wind. Schaumkronen wälzten sich mit größerer Kraft als üblich über unseren friedlichen See; Gartenwege und Straßen waren in Sekundenschnelle überflutet, Teiche entstanden in jeder Senke des Rasens; das Wasser ergoss sich buchstäblich auf uns, als käme es aus einem anderen Gefäß als den Wolken. Hoffen wir, dies ist der letzte Schauer, denn es verlangt einen danach, wieder draußen in den Wäldern zu sein.

Montag, 15. Mai — Schöner Tag. Lange Fahrt und Wanderung in den Hügeln und Wäldern. Wie viel ist draußen geschehen, während wir im Dorf gefangen waren! Die Blätter entfalten sich rasch, das Laub vieler Rotahorne

Sumpfwaldsänger

ist vollständig ausgebildet und eingefärbt, obwohl es noch nicht die volle Größe erreicht hat. Die alten Kastanien und Eichen sind in Bewegung, die Blätter der Letzten treten ganz blassrosa hervor, ein wenig Aufputz für jene, die man schwerlich für die Häuptlinge des Waldes gehalten hätte, aber so war es schon zu Chaucers Zeiten:

Jeder Baum streckt von den Gefährten gerückt
Seine starken Äste, die mit neuem Laub bestückt
Springen hervor in das Sonnenlicht ganz kühn,
Einige sehr rot und einige in frohem, hellem Grün.

Viele Bäume öffnen ihre Blattknospen mit einem warmen Ton im Grün, entweder braun, rosa oder hellviolett. Jetzt sind die Blätter der Felsenbirne von dunkelrotem Braun, ein starker Kontrast zu den weißen, hängenden Blüten. Einige schmale Eichenblätter, vor allem jüngerer Bäume, sind tief karmesinrot; der Zuckerahorn ist blass, der Rote Ahorn dagegen von schierem Grün, als hätte er seine ganze Farbe an die Blüten abgegeben; die Bergahorne sind tief bunt, die Deckblätter und einige Blätter des Streifenahorns dagegen vollständig rosafarben. Stets grün scheinen die Ulmen und auch die Buchen zu sein; die Schwarzbirke ist zunächst rotrot gefärbt, andere Birken sind völlig grün. Esche und Hickory sind hellgrün. Die Zartheit und Vielfalt der Grüntönungen, bezaubernd in einem Frühling wie wir ihn kennen, soll hauptsächlich zum gemäßigten Klima gehören. In tropischen Ländern sind die nicht durch Deckblätter geschützten Knospen viel dunkler; auch in arktischen Regionen sollen die jungen Blätter von dunkler Färbung sein.

Überall öffnen sich die Blumen – auf den Feldern, an den Wegesrändern, an den Zäunen und im stillen Wald. Welchen Pfad man auch nimmt, man geht nicht weit und entdeckt einige frische Blüten. Dies ist allenthalben ein köstlicher Augenblick, doch in den Wäldern ist das Erwachen des Frühlings stets besonders schön. Der eisige Winterschlaf im kalten Klima ist im Wald besonders markant; jetzt aber sehen wir, dass Leben und Schönheit in jedem Ding erwachen: Unterschiedliches Blattwerk hüllt jeden nackten Zweig in zarte Gebinde, die blassen Moose sind wiedererweckt, tausend Jungpflanzen erheben sich über die verdorbenen Gräser des Vorjahrs in fröhlicher Folge, zehntausend duftende Blumen stehen in bescheidener Schönheit da, während alles eine Zeit lang trüb und leblos war.

Dienstag, 16. Mai — Warmer, bewölkter Tag. Das Wetter klart nur allmählich auf, die Luft jedoch ist herrlich, ganz mild und lind. Wir schlenderten fort vom Dorf, über stille Felder am Fluss, wo einen Wiesenhänge und Baumsäume von der Welt abschotten. Süße Ruhe, nichts regt sich, nur der Fluss zieht langsam vorbei und ein paar einsame Vögel huschen leise hin und her wie Friedensboten. Beinahe unnötig der Sonnenschein, um die Schönheit des Mai zu erhöhen. Einen weiteren Zauber wirft an diesem Abend der Schleier des bewölkten Himmels über die Anmut der Jahreszeit. In solchen Stunden zeigt sich dem unwürdigen Menschen in vergönnter Zärtlichkeit die unermessliche Güte, die unendliche Weisheit des Himmlischen Vaters, die vollkommen unbegreiflich wäre, dem Verstand allein ganz unvorstellbar, erinnerte man sich nicht an die Gnaden der letzten Jahre, an die eindeutigen Beweise der Erfahrung.

Als wir über die Felder heimkehrten, entdeckten wir eine alte Kiefer, ihrer gesamten Länge nach im Gras hingestreckt; sie muss hier seit Jahren gelegen haben, allmählich vor sich hin rottend, denn sie war vollständig faul und in viele Teile zerfallen, jedoch so, dass ihre gesamte Strecke der gekrümmten Bodenoberfläche folgte. Wir vermaßen sie mit einem Sonnenschirm und ermittelten eine Höhe von über hundert Fuß, obwohl ein Stück der Spitze fehlte. Ihr Durchmesser betrug ohne Rinde etwas weniger als zwei Fuß.

Mittwoch, 17. Mai — Angenehmes Wetter. Bei unserem Morgengang vorm Frühstück fanden wir viele Reisstärlinge, die auf den Wiesen spielten und im Flug ihr flüssiges, glucksendes Potpourri sangen, das uns bald hier, bald dort zu Ohren kam. Diese Vögel bauen ihr Nest auf dem Boden im Gras oder Getreide, sitzen allerdings oft in den Bäumen. Sie gehören zu den wenigen Vögeln der Umgebung, die im Flug singen, fast ausschließlich Wiesen bewohnen und selten ins Dorf kommen. Wir sahen auch Goldwaldsänger, deren Gelb tiefer ist als jenes der Goldzeisige; ihre Gestalt ist aber nicht so wohlgeformt.

Viele junge Blätter sprenkeln jetzt die Bäume, die Zweig *und* Laub sehen lassen. Die Wälder sind vollkommen grün; die Geschwindigkeit, mit der sich die Blätter zwischen Sonnenauf- und Sonnenuntergang oder in nur einer Nacht entfalten, ist wirklich wunderbar! Die langen, anmutigen Kätzchen hängen von den Birken herab, und die schlankeren Büschel stehen auch an den Eichen in Blüte. Die Buchen sind später dran als die meisten Bäume des Waldes, doch kommen hier und da bereits einige Blätter und Blüten hervor. Es ist eine allgemeine Regel, dass die Bäume, welche ihre Blätter im Herbst am längsten behalten, die ersten im Frühling sind; Buchen stellen eine eklatante Ausnahme dar. Sie wahren ihr vertrocknetes Laub hartnäckig den Winter hindurch und strecken das neue Blattwerk erst heraus, nachdem viele ihrer Gefährten vollständig begrünt sind. Die *Comptonia* oder Farnmyrte blüht, die brauen, kätzchenartigen Blüten duften beinahe ebenso stark wie die Blätter; es ist bei uns der einzige Farn mit verholzten Zweigen.

Neun Uhr abends. — Die Frösche halten an ihrem energischen Bass fest, tatsächlich geben sie jetzt oft die beste Stimme des Konzerts. Zu dieser Jahreszeit sind die frühen Morgen- und die späten Abendstunden bei den Vögeln nicht die musikalischsten Augenblicke; die Familienpflege hat begonnen, und heute Abend gab es hinterm Haus beim Kiefernwäldchen allerhand Kinderstuben. Es war unterhaltsam, die Eltern heimfliegen zu sehen und dem Familiengespräch zu lauschen; da war eine Menge Gezwitscher und Geflatter, ehe sich Gatte und Gattin im Nest niederließen, sie schienen einander die verschiedensten Auskünfte über den Haushalt mitteilen zu müssen, und die kleinen Nestlinge verschafften sich ziemlich deutlich Gehör. Man vernahm auch ein wenig Geschimpfe vonseiten einiger Wanderdrosselmütter. Währenddessen steigt der ruhige, volle Bass der Frösche mit einer Kraft aus den Niederungen, die Aufmerksamkeit verlangt und alles andere als unangenehm ist. Es erinnert einen an die Oboe eines Orchesters.

Donnerstag, 18. Mai — Die Veilchen nun in Hülle und Fülle überall in den grasbedeckten Feldern und zwischen dem vertrockneten Laub des Waldes; viele wachsen in charmanten kleinen Büscheln, die bereits einfache Blumensträuße sind. Man findet sie auf diese Weise unter den denkbar schönen Umständen, die gelben, die blauen und die weißen. Dies ist eine hübsche Gewohnheit vieler unserer frühen Blumen, dass sie sozusagen in kleinen Schwesternschaften wachsen; wir stellen uns die Veilchen selten als Einzelgängerinnen wie die Rose oder die Lilie vor, wir denken sie uns in Gruppen, eine leiht ihre Anmut der anderen, inmitten ihrer Blätterbüschel.

Es gibt viele verschiedene Varietäten, Botaniker zählen in diesem Landesteil etwa fünfzehn Sorten, und von ein, zwei Ausnahmen abgesehen, kann man sie wohl alle in unserer Nachbarschaft antreffen. Es gibt acht verschiedene Arten von blauen, gelben oder grauen, die Farben changieren oft recht eigenwillig; drei weitere sind wiederum weiß und eine ist zweifarbig bzw. dreifarbig; die blauen und die violetten Veilchen sind die größten. Von diesen sind einige sehr schön, mit jedem Liebreiz an Farbe und Form, den man sich von einem Veilchen nur wünschen kann, keine jedoch duftet. Das scheint seltsam, aber so ist es: Bei all der taufeuchten Frische und Schönheit ihrer Art fehlt ihnen dieser Zauber der Veilchen aus der alten Welt. Doch auch wenn diese Blume keinen Duft besitzt, sie ist zu gefällig und zu bekannt, als dass man an ihr etwas beanstanden könnte. Selbst die europäischen Veilchen duften nicht immer; es heißt, in einigen Frühjahren verlören sie ihren Wohlgeruch vollständig – zumindest das englische Veilchen, was man auf die Trockenheit dieser Jahreszeit zurückführt.

Unsere gelben Arten sind ein herrlicher Frühlingsschmuck und weitverbreitet, wenngleich nicht so zahlreich und groß wie die violetten. Eine Art, die früheste, wächst in kleinen Verbänden von hellen, goldenen Blüten, welche oft vor den Blättern draußen sind. Eine andere ist bedeutend größer und wächst allein.

Eh' die Felder sich wieder grün bekleiden,
Süße Blume, lieb' ich es, bei kahlen Weiden
Dich zu treffen, wenn dein schwacher Duft
Allein steht in der unberührten Luft.

Die weißen Veilchen sind ziemlich klein, doch seltsamerweise duftet eine Art, auch wenn der Geruch nicht so exquisit ist wie bei den europäischen Veilchen; die süße weiße Art wird zuweilen bis zum August gepflückt. Bei der dreifarbigen handelt es sich um eine große, einzeln stehende Pflanze, die mir als duftend bekannt ist, obwohl sie das nicht immer zu sein scheint. In den Prärien des Westens sollen die Veilchen einen leichten Duft haben, während andere Blumen in diesem Landesteil generell nicht duften.

Freitag, 19. Mai — Schönes, helles Wetter. Die Apfelbäume stehen in Blüte, sie haben sich letzte Nacht im Mondlicht geöffnet; gestern hat nicht einer geblüht, jetzt befindet sich der gesamte Obsthain in voller Pracht. Die Pirole sind den ganzen Morgen über die frischen Blüten gerannt und haben dabei miteinander mit ihren klaren, vollen Stimmen geschwatzt. Erfreulicher Spaziergang am Abend. Wir liefen hinab zur Großen Wiese hinter Mill Island; der Wald, der sie säumt, war geschmückt mit den weißen Blüten von Wildkirsche und Felsenbirne, Wildpflaume und Erlenblättrigem Schneeball, die sämtlich bei uns verbreitet sind. Die Abendluft duftete herrlich auf dem weiten Feld, allerdings konnten wir die Quelle des Geruchs nicht genau ausmachen, da er an keiner Stelle stärker als an einer anderen war – es war vielmehr ein Gemisch aus allen Frühlingsaromen. Die Felsenbirne duftet schwach, ungefähr wie der Weißdorn.

Wir fanden zahlreiche weiße Waldlilien; die Gestalt der Kronblätter bei den größeren Arten verleiht ihnen eine Bedeutsamkeit, die keine andere der frühen Blumen für sich beanspruchen kann. Es gibt mehrere Varietäten, die ganz launenhaft im Hinblick auf Farbe und Form sind; einige erreichen die Größe von Lilien, andere nicht einmal die Hälfte davon; viele sind reinweiß, andere dunkel, wieder andere blassrosa oder lila angehaucht, während eine Art mit weißen Blättern um das Innere herum ein kräftiges karmesinrotes Muster trägt. Bei der einen hängen die Blüten, bei einer andere direkt daneben stehen sie aufrecht. Die Botaniker bezeichnen sie als *Trillium*, doch eine Landfrau sagte mir am nächsten Tag, sie seien allesamt ›Elchblumen‹. Indessen hat jede Art ihren eigenen wissenschaftlichen Namen: Manche nennt man Nachtschatten, andere Dreizipfellilien; beide Namen gehören streng genommen zu völlig unterschiedlichen Pflanzen. Die echte englische Dreizipfellilie ist ein Arum *(Arum maculatum*, Gefleckter Aronstab). Der Unterschied bei ihren Früchten ist beträchtlich. Den Blüten, welche für den landläufigen Betrachter gleich aussehen, folgen Beeren von zweierlei Ausprägung: Die einen ähneln in Farbe und Größe den Hagebutten der Apfelrose, obwohl sie spitz zulaufen; die anderen tragen dunkle, violette Früchte, stark geriffelt, doch von rundlichem Charakter. Von diesen habe ich einige gesehen, die die Größe von Kirschen hatten. Obwohl vom Wuchs her sehr ähnlich, unterscheiden sich die Blätter, Kronblätter und das Innere erheblich, eine völlig simple Erklärung für das, was einem zuerst einzigartig vorkommt. Heute Abend fanden wir nur die weißen Blumen, die an den Feldrainen wachsen.

Selten trifft man sie jenseits der Wälder, da sie vorm Ackerbau fliehen; dann sehen sie aus, als wären sie soeben aus dem Wald getreten, um einen Blick auf die Welt zu werfen.

Der Rand eines alten Waldes ist ein guter Standort für Blumen. Der Boden ist im Allgemeinen üppiger als üblich, während die Sonne mit größerer Kraft einstrahlt als tiefer drinnen im schattigen Bereich. Zur richtigen Jahreszeit kann man hier fast sicher eine Blütenfülle finden. An solchen Stellen treffen wir auch auf eine gemischte Gesellschaft von Pflanzen, die man mit Interesse zur Kenntnis nimmt. Die wilden Einheimischen der Wälder wachsen gerne hier, während viele Fremdlinge, die übers Meer eingeschleppt wurden, sich allmählich aus den bestellten Feldern und Gärten heranschleichen, bis die europäischen Gräser und die heimischen Wildblumen auf derselben Böschung Seite an Seite stehen.

Diese fremden Eindringlinge sind kühn und robust, sie verdrängen die hübscheren Heimischen. Ältere Menschen, die mit dem Land vertraut sind, haben oftmals bemerkt, dass unsere Wildblumen sehr viel weniger verbreitet sind als vor vierzig Jahren. Einige Arten verringern sich rapide. Blumen, die wir heute vergeblich suchen, sind uns von Leuten beschrieben worden, die wir unbedingt für verlässlich halten. Die seltsame Kannenpflanze soll weiter verbreitet gewesen sein, der Frauenschuh wuchs früher in Hülle und Fülle sogar innerhalb der heutigen Stadtgrenzen. Beide sind jetzt selten, es ist ein echter Glücksfall, sie zu finden. Man sagt, auch die duftende Azalee habe in damaligen Zeiten die Hügellehnen bunt gefärbt, an Stellen, an denen man sie heute nur vereinzelt findet.

Samstag, 20. Mai — Spottdrosseln kreischen über dem Grundstück. Sie sind schon ein Weilchen hier und stehlen sich unbemerkt an uns heran. Wie überall sonst, sind sie auch hier weitverbreitet und lieben die menschliche Gesellschaft. In einem benachbarten Garten hat ein Vogelpaar mehrere Jahre in Folge ein Nest gebaut und wurde völlig furchtlos und zutraulich; es war offenbar stets zufrieden, wenn der Gartenbesitzer nach seiner Gewohnheit zur Arbeit erschien, begrüßte ihn mit einem Lied und flatterte, solange er blieb, dicht neben ihm herum. Im letzten Jahr zog die Familie fort, doch wir sehen Spottdrosseln an ebenjener Stelle, ganz wie daheim. Wahrscheinlich ist es dasselbe Paar.

Montag, 22. Mai — Die Apfelblüten duften nun bezaubernd; von allen Obstbäumen hier im Norden haben sie gewiss den herrlichsten Duft.

Die späten Waldbäume belauben sich nun: die Schwarznüsse, die Weißen Walnüsse, die Färberbäume, die Hickories, die Eschen und die Robinien. Bäume mit Fiederblättern scheinen später dran zu sein als andere. Die Robinie öffnet immer zuletzt ihre Blätter; wenn sie sich zu zeigen beginnen, sind ihnen einige andere, die dasselbe Blattmerkmal mit ihnen teilen, nur um etwa eine Woche vorausgeeilt. Die Quellen fließen nun alle wunderbar hell und stark. Heute die Aussaat von Mais.

Mittwoch, 24. Mai — Angenehm warm. Die Wälder können nun als belaubt gelten, obwohl die Blätter noch immer eine zartgrüne Farbe aufweisen und einige nicht voll entwickelt sind. Die in unseren Wäldern so zahlreichen Ahornbäume haben indes bereits ihr tiefes, üppiges Sommergrün erreicht. An den Hemlocktannen sind die jungen Triebe aufgebrochen, jeder Zweig ist mit zartem Grün bedeckt, ein Dutzend Mal heller als das andere Laub. Diese köstlichen, lichten Farbtupfer schmücken den Baum in höchstem Maße und verleihen ihm den halben Sommer hindurch eine besondere Schönheit, denn sie nehmen nur sehr langsam einen dunkleren Ton an. Der Unterschied des Grüntons zum Vorjahreswuchs ist bei den Hemlocks beträchtlicher als bei jedem anderen Nadelbaum, der mir in diesem Augenblick einfällt, sei es Fichte, Balsamtanne oder Rotfichte.

Hemlocktannen sind in diesem Landesteil weitverbreitet, imposante immergrüne Bäume, die neben Eichen, Eschen und Ulmen zu den höchsten des Waldes zählen. Oft stößt man auf Tannen von achtzig Fuß Höhe. Kürzlich vermaßen wir beim Gang in den Wald eine, die frisch gefällt war, sie wies eine Höhe von einhundertundvier Fuß und einen Durchmesser von drei Fuß zwei Zoll ohne Borke auf. Als junge, nur wenige Fuß große Sträucher sind sie wunderschön, vor allem, wenn bedeckt mit dem zarten Grün frischer Frühlingstriebe; ihre waagerechten Äste, die oft über den Boden streichen, scheinen kein anderes Ziel im Blick zu haben, als schöne Gebüsche zu bilden; darin unterscheiden sie sich allemal von den jungen Kiefern, die von Anfang an entschlossen aufwärts wachsen, womit sie ihr Bestreben verraten, so früh wie möglich zu Bäumen zu werden. Die Nadeln der Hemlocktanne sind im Allgemeinen sehr dunkel und glänzen, in Doppelreihen liegen sie flach an den Zweigen. Die jüngeren Zweige hängen oft in losen Büscheln herab und der gesamte Baum ist mal mehr, mal weniger mit kleinen, überaus schmucken Zapfen besprenkelt. Ältere Hemlocks wachsen nicht selten unregelmäßig, hier und dort stehen tote Äste hervor, behangen mit lang herunterbaumelnden Flechten, die ihnen ein ehrwürdiges Aussehen verleihen. Insgesamt sind sie die am stärksten bemoosten Bäume, die wir hier haben.

Bäume von sechzehn Zoll Durchmesser werden jetzt in unserer Gegend für einen Dollar pro Stück verkauft; wenn sie noch stehen, für hundert. Stehende Kiefern verkaufen sich für fünf Dollar, obwohl sie oft Bauholz im Wert von vierzig Dollar produzieren. Angeblich haben Stachelschweine eine Vorliebe für die Blätter und Rinde der Hemlocktannen.

Freitag, 25. Mai — Wunderbarer Tag. Die Blumen blühen im Pulk. Mit jedem Tag wird unser Frühjahrskranz größer und prächtiger. Die Herzblättrige Schaumblüte *(Tiarella cordifolia)* mischt sich in hellen, luftigen Horsten mit blauen und gelben Veilchen. Der Zwerghartriegel öffnet sich; noch sind seine Kelche grün, doch schon bald werden sie zu reinem Weiß verblassen. Hier und dort sieht man die elegante, silbrige Sternblume; an ihrer Seite die hohe, schlanke Bischofskappe, indes warme, rosafarbene Baldgreise zwischen den Moosen liegen. Jede dieser Blumen ist von Interesse für jene, die ihre Bekanntschaft machen wollen.

Wer hätte beim ersten flüchtigen Blick gedacht, dass der kaum eine halbe Handspanne große Zwerghartriegel ein Cousin ersten Grades des Hornstrauchs ist, der sich der Würde des Baumes rühmt? Er ist eine überaus knauserige Pflanze, die aus ihren äußeren Kelchblättern – die bei den meisten Pflanzen grün sind – weiße Blüten erzeugt; sind diese abgefallen, verwandelt sie das gesamte Innere zu Früchten. Überall, wo wir jetzt eine dieser schlichten weißen Blüten in ihrem Wirtel aus breiten grünen Blättern sehen, werden wir im August eine Traube ziemlich dicker scharlachroter Beeren finden. Ich habe einmal sechzehn von ihnen an einem Büschel gezählt, die aussehen wie Korallenbeeren. Obwohl jede Pflanze für sich steht, verteilt sie sich sehr großzügig im Wald, eine winterharte Pflanze, die bis weit in den Norden wächst, überall dort, wo man Kiefern antrifft.

Die Sternblume bzw. der Siebenstern *(Trientalis americana)* ist bemerkenswert elegant, sie besitzt eine erlesene sternförmige Blüte von reinstem Weiß, die wie ein Edelstein in einer Blätterfassung liegt, von schöner Struktur und fein geschliffen. Manche Leute nennen sie ›Schirmkraut‹ oder ›Winterkraut‹, eine Beleidigung für die Pflanze und für den gesunden Menschenverstand, ist sie doch eine der zierlichsten Blumen des Waldes und hat überhaupt nichts zu schaffen mit Schirmen, Kräutern oder dem Winter. Sie ist kein Immergrün, ihre Blätter verwelken selbstverständlich im Herbst; und kein Schirm im ganzen Land ist jemals mit ihr in Berührung gekommen. Gescheitere Menschen bezeichnen sie als ›Sternblume‹, wenn sie die anmutige, silberhelle Blüte im Wald neben dem Veilchen wachsen sehen, und das sollte jeder Betrachter tun.

Die Herzblättrige Schaumblüte wächst vielerorts auf Erdwällen in den Wäldern oder in deren Nähe. Sie ist ihres lichten, luftigen Charakters wegen eine sehr hübsche Blume, und die Landleute verwenden ihre breiten, veilchenförmigen Blätter zu medizinischen Zwecken; sie legen sie, frisch gepflückt, auf Verbrühungen und Brandwunden. Natürlich versagen sie nie, wie all solche Hausmittelchen, sondern ›wirken auf wundersame Weise‹, das heißt, sie funktionieren wie jahrhundertealte Zaubersprüche. Nur die Blätter werden auf diese Weise genutzt, und wir kennen Leute, die beteuern, dass sie ihnen sehr zugute gekommen sind.

Die schlanke Bischofskappe bzw. der Fransenbecher oder Falsche Alraunenwurzel – der falsche Name einer Blume gefällt keinem – hängte ihre winzigen weißen Kelche an einen hohen, schlanken zweiblättrigen Stiel; ein hübsches, anspruchsloses kleines Ding, das seine schwarzen Samen sehr früh im Lenz verstreut. Sie ist eine von den Pflanzen, die wir mit Nordasien gemeinsam haben.

Die Wenigblättrigen Polygala oder ›Baldgreise‹ gehören in Wahrheit zu den fröhlichsten Blumen, die wir haben; da sie niederwüchsig sind, viele ihrer geflügelten Blüten beisammen, stellt man sich vor, sie wären sattlila oder tiefrote Schmetterlinge, die sich im Moos ausruhen. Es handelt sich um helle, fröhliche Blümchen, die man selten vereinzelt sieht, sondern in besonderer Geselligkeit. Zwillingsblüten wachsen oft an demselben Stiel, und bisweilen findet man mindestens vier oder fünf; wir haben schon ein Dutzend oder achtzehn Blüten in einem Strauß von drei bis vier Stielen gepflückt. An den Waldrändern, am Wegesrand und auf einigen Feldern wachsen sie hier in Hülle und Fülle; vor ein oder zwei Tagen fanden wir sie, mit Löwenzahn vermischt, auf einer Wiese am Flussufer. Besonders gerne wachsen sie zwischen Moosen, die vorteilhafteste Stelle, die sie sich aussuchen konnten, da die warmen Farben ihrer Blüten sich vom dunklen, vollen Untergrund leuchtend abheben. Wie schön diese köstliche, ursprüngliche Anmut der Blumen in all ihren Gewohnheiten und Haltungen ist! Sie wissen nichts von der Eitelkeit und ihren trivialen Mühen und Triumphen. In unbewusster, spontaner Schönheit leben sie ihr freudespendendes Leben, dabei ist es den Menschen ganz unmöglich, ihrer Vollkommenheit irgendetwas hinzuzufügen. Diese angeborene Anmut kann man insbesondere bei ihrem Wachstum beobachten; da steckt eine Geschlossenheit, eine Tauglichkeit im individuellen Charakter jeder Pflanze, die man nicht nur in der Gestalt, im Blatt oder im Stiel genaustens ausfindig machen kann, sondern auch in der gewählten Stelle und dem übrigen Beiwerk ihres kurzen Daseins. Ebendies verleiht den Feld- und Waldblumen einen Charme, der jenen der Gartenblumen übertrifft. Gehst du in dem Monaten Mai und Juni hinaus auf die Felder und Haine in deiner Nähe, dann siehst du dort tausend liebliche Pflanzen, die von der gütigen Hand der *Vorsehung* ausgesät wurden und nun inmitten gewöhnlichen Grases blühen, in rauen Felsspalten, an rinnenden Quellen und auf derben, zotteligen Böschungen, mit einer Freiheit und einer einfachen, schlichten Anmut, welche die Gärtner zur Verzweiflung bringen müssen, da sie von der Kunst in all ihrer Raffinesse nicht zu imitieren sind.

Samstag, 26. Mai — Zauberhafter Tag; wir spazierten im Wald. Als wir zufällig ein Stück vermoderten Holzes von einem toten Baumstamm abbrachen, fanden wir darin eine eingerollte Schlange; sie schien lethargisch zu sein, denn sie bewegte sich nicht – wir dagegen schon, wir zogen uns sofort zurück, denn es lag uns nicht daran, nähere Bekanntschaft mit diesem Geschöpf zu machen.

In unserer Gegend gibt es nicht viele Schlangen; auch wenn sie gelegentlich unseren Weg kreuzen, sieht man sie selten auf den Feldern oder im Wald. Am weitesten verbreitet sind die harmlosen, kleinen Strumpfbandnattern und dann und wann eine Schwarzotter. Es ist noch nicht lange her, als zwei Arbeiter beim Bau der Straße an den *Cliffs* einen Stamm anhoben, um ihn fortzuschaffen; eine große Schwarzotter schoss hervor, überrascht darüber, dass sich ihre Wohnung bewegte, es hieß, sie solle drei bis vier Fuß lang gewesen sein. Aber ich habe nie gehört, dass jemand in dieser Gegend von einer Schwarzotter verletzt wurde; die meisten dieser Kreaturen sind völlig harmlos – allerdings sind zwei der sechzehn Arten, die man in diesem Staat findet, tatsächlich giftig, der Kupferkopf und die Klapperschlange.

Auf einem Berg in unserm Landkreis, dem Crumhorn, strotzte es früher von Klapperschlagen, und man sagt, sie seien auch heute noch dort anzutreffen, doch leider sind diese Reptilien von träger Natur, weshalb sie selten den Ort verlassen, der zu ihren Gewohnheiten passt und an dem sie im Allgemeinen sehr zahlreich sind. Ein Fall ist dokumentiert – Dr. De Kay zitiert ihn –, bei dem drei Männer auf den Tongue Mountain am Lake George stiegen, um Klapperschlagen zu jagen; innerhalb von zwei Tagen vernichteten sie elfhundertundvier dieser giftigen Geschöpfe! Man hat sie ihres Fetts wegen gefangen, das zu einem guten Preis verkauft wird.

An diesem Nachmittag fanden wir einen sehr hübschen, kleinen Schmetterling, rosa und gelb; er schien noch ganz jung zu sein, kaum im Vollbesitz seiner Kräfte. Wir hätten es bedauert, seine soeben erst begonnene frohe Laufbahn zu stören und ließen ihn so unversehrt, wie wir ihn vorgefunden hatten.

Montag, 28. Mai — Bewölkt. Ruderten vergnügt auf dem See. Vom Wasser aus betrachtet sieht das Land reizend aus, bedeckt mit den Blumentrophäen des Mai. Viele Bäume in den Obsthainen und Gärten stehen noch in Blüte, während die wilden Kirschen und Pflaumen vielerorts übers Wasser hängen. Der Abend war vollkommen ruhig, kein Hauch rührt den See auf, und das sanfte Frühlingsgepräge der Hügel und Felder, hell vor frischem Grün, hat sich übers Gewässer geschlichen. Schwalben flitzen geschäftig umher. Wir begegneten etlichen Booten; eines voll kleiner Mädchen in bunten Sonnenhüten, das von einem älteren Burschen gerudert wurde, machte beim Vorbeifahren einen fröhlichen Eindruck. Wir gingen an Land und pflückten den ungewöhnlichen Feuerkolben, von den Bauern auch ›Indianerrübe‹ genannt, außerdem Veilchen und einen Zweig der Wildkirsche.

Dienstag, 29. Mai — Von allen Vogelarten, die in den Wonnemonaten neben unserem Weg herumflitzen, ist keine ein derart wünschenswerter

Nachbar wie der Hauszaunkönig. Er kommt früh im Frühling, geht spät im Herbst und ist jederzeit bereit, ein Lied für einen zu singen. Morgens, mittags oder abends, im Mondschein oder unter einem bewölkten Himmel – er singt aus reiner Herzensfreude. Die Hauszaunkönige sind hübsche kleine Geschöpfe von angenehmer Farbe und zierlichster Gestalt. Mehrere Sommer hing ein Nest unter der Traufe eines niedrigen Dachs, das wenige Fuß über unser Fenster vorspringt, und viele Male saß unser winziger Freund auf der schwankenden Ranke einer Jungfernrebe, um sein süßestes Lied zu singen, während das Gespräch drinnen verstummte, damit man ihm lauschen konnte. In diesem Frühjahr warteten wir ängstlich auf seine Rückkehr – vergebens. Falls er sich in der Gegend befindet, dann baut er sein Nest nicht länger an derselben Stelle.

Neben ihrer Schönheit und sanften Stimme verfügen die Zaunkönige über allerhand Vorzüge. Es handelt sich um amüsante, fröhliche Geschöpfe, die zudem sehr treuherzig sind. Die Eltern behandeln einander überaus zuvorkommend und sind freundlich gegenüber ihrer Familie, die groß ist, da während eines Sommers zweimal Nachwuchs aufgezogen wird. Im Gegensatz zu anderen Vögeln verstoßen sie ihre Kinder nicht, sondern haben ein Auge auf die erste Schar, während sie sich auf die jüngere vorbereiten. Die Jungvögel wiederum sind nicht begierig darauf, abzuhauen und herumzustreuen; alle leben den Sommer über in kleinen Familienverbänden, und im Herbst sieht man sie oft zu acht oder zehnt die Hagebutten der Dornbüsche fressen, für die sie eine besondere Vorliebe haben.

Der Zaunkönig ist außerdem ein großer Baumeister. Wie die berühmte ehemalige Gräfin Bess of Shrewsbury scheint er zu glauben, er sei dazu verdammt, auf Teufel komm raus zu bauen. Während seine Gefährtin dasitzt, baut er oft mehrere unnütze Nester allein zur eigenen Befriedigung; dabei singt er ständig und erzählt vermutlich seiner geduldigeren Gefährtin, welche Halme er aufpickt und wo er sie findet. Ist er noch nicht verkuppelt und trifft als Erster ein, baut er sich zunächst ein Haus und sucht dann nach einer Gattin. Bedauerlich, dass die Zaunkönige, unsere sympathischen kleinen Freunde, nicht wie die europäischen Zaunkönige, die nie fortziehen und das ganze Jahr über singen, bei uns überwintern. Ja, von dem halben Dutzend Arten, die uns besuchen, ist es der Winterzaunkönig, der in der kalten

Jahreszeit in einigen Teilen des Staates verweilt; wir bekommen ihn jedoch nicht zu Gesicht, nachdem der Schnee gefallen ist, allenfalls stellt er sich als weniger musikalisch heraus als der sommerliche Vogel. Unser gewöhnlicher Hauszaunkönig singt besser als der europäische, aber im Winter fliegt er nach Süden und singt in Mexiko und Südamerika auf Spanisch. Es ist überaus bemerkenswert, dass dieser weitverbreitete Vogel, der Hauszaunkönig, in Louisiana unbekannt sein soll, obwohl er jedes Jahr von Norden nach Süden zieht, doch Mr. Audubon berichtet uns, dies sei der Fall.

Die Fußblätter oder Maiäpfel stehen in Blüte. Zweifellos sind dies ansehnliche Pflanzen, weil ihre prächtigen weißen Blüten der Seerose nicht unähnlich sind. Manche Leute – vor allem Jungs – essen ihre Früchte, den meisten Menschen schmecken sie jedoch fade. Diese weitverbreitete Pflanze wächst entlang unserer Zäune und auf etlichen Wiesen, es heißt auch, man könne eine andere Varietät im Hügelland Zentralasiens finden. Mir gefällt es, solchen Zusammenhängen nachzugehen, die weit voneinander getrennte Länder und Völker verbinden, denn sie erinnern uns daran, dass die Erde unser aller gemeinsame Heimat ist.

Donnerstag, 30. Mai — In diesem Frühjahr sprudeln die Quellen über. Einige rinnen die Hügellehnen hinab, viele andere funkeln im offenen Sonnenlicht der Wiesen. Zu unserem Glück fließen sie hier frei dahin. Schnell vergessen wir eine Wohltat, mit der wir gesegnet wurden, bis wir von anderen Böden erfahren, zudem noch solchen innerhalb der eigenen Landesgrenzen, auf denen ein durstiger Reisender und sein erschöpftes Tier es für einen Glücksfall halten, wenn sie am Ende ihrer täglichen Mühsal einen reinen, erholsamen Schluck vorfinden.

Dies ist ein ausgesprochenes Quellenland. Mineralwässer von starker medizinischer Qualität liegen überall im Umkreis von zwanzig Meilen um den See verstreut. Auch im Dorf selbst gibt es einige, sie haben jedoch eine mindere Wirkung. Weiter entfernte Quellen wurden lange ihrer medizinischen Eigenschaften wegen genutzt – sie schmecken scheußlich und senden einen unerträglichen Schwefelgestank empor, sind jedoch kühl und klar. Nicht weit entfernt vom See gibt es auch eine Salzquelle, die angeblich die östlichste Solequelle in diesem Teil des Landes sein soll, etwa achtzig Meilen von der großen Saline in Onondaga entfernt.

Ein Teil unseres Wassers ist hart, mit einer Spur jenes Kalks, durch welchen es den Weg an die Oberfläche findet; es gibt jedoch viele andere mit all den guten Eigenschaften, die die wählerischste Hausfrau sich beim Kochen oder beim Bleichen des Leinens nur wünschen kann. Oft sieht man, wie das Wasser in der Nähe der Türen der Farmhäuser aus einem Holzrohr in einen Trog fällt, der aus einem Baumstamm ausgehöhlt wurde – die gröbste Art von Brunnen. Solche Anlagen sind auch entlang der Straße zum Wohle des Reisenden und seines Viehs hier und dort aufgestellt worden.

Bei einem Spaziergang trifft man gerne auf eine Quelle. An diesem Nachmittag befand sich selten *keine* in unserem Blickfeld. Wir zählten über ein Dutzend verschiedene Quellköpfe im Umkreis von einer Meile. Die eine füllte einen klaren, sandigen Teich zu ebener Erde im Gras, in der Nähe des Flussufers; eine andere lag in einem kleinen Felsbecken im Wald, gesäumt vom Laub des Vorjahrs; eine weitere fiel in ganzem Ausmaß über eine düstere Klippe und benetzte dabei weiträumig den Fels, der im Winter stets von einer Eisblumenschicht bedeckt ist. Mehr als eine befand sich zwischen den Baumwurzeln, andere wiederum begleiteten uns auf der Straße, indem sie sprudelnd klar in den Gräben nebenher rannen. Sie alle umgibt eine stille Schönheit, die einem stets Vergnügen bereitet. Die Anmut in ihrer Reinheit, ihrer Schlichtheit beruhigt den Geist; und vielleicht ist keine unter den tausend Stimmen der Erde so mild bescheiden, so demütig und gleichzeitig so fröhlich wie die Stimme der freundlichen Quellen auf ihrem Weg zur Auffüllung unseres täglichen Bechers.

Steht man im schattigen Wald an diesen entfesselten Quellen, denkt man natürlich an den roten Mann; Erinnerungen an sein verschwundenes Volk verweilen hier in deutlichen Umrissen länger als anderswo. Wir waren uns sicher, dass der tapfere Indianer auf der Jagd oder auf dem Kriegspfad an jeder Quelle in diesen Hügeln zehntausend Mal gekniet hat, um seinen Durst zu löschen, und dass die wilden Geschöpfe, gleichermaßen seine Feinde und Gefährten, der braune Puma, der plumpe Bär, das scheue Reh und der heulende Wolf, dass sie alle im Wandel der Jahreszeiten in den vergangenen Weltaltern dieses klare Wasser geschlabbert haben. Ja, es wäre sogar möglich, dass es an entlegenen Orten in den Hügeln dieser Gegend noch immer Quellen gibt, unberührt vom weißen Mann und seinen Horden, an denen der Wilde und das Raubtier die Letzten waren, die dort tranken. Während diese Erinnerungen uns bedrücken, scheinen die flackernden Schatten des Waldes die Gestalt wilder Tiere anzunehmen, welche erst kürzlich über diese Hügel streunten; und wir sind halbwegs überzeugt davon, dass die scheue Ricke oder der gewiefte Puma sich abermals nähern, um aus der Quelle vor unsern Füßen zu trinken – wir hören das Knacken eines trockenen Zweigs oder das Rascheln des Laubs, und wir brechen auf, als erwarteten wir, den bemalten Krieger zu sehen, bewaffnet mit Feuersteinpfeilen und Steintomahawks, der durchs Unterholz in unsere Richtung gleitet. Erst gestern haben solche Wesen den Wald bevölkert, Wesen, denen ebenso viel Leben durch die Adern rann wie uns selbst und die ihren täglichen Schluck aus den Quellen tranken, die wir jetzt unser eigen nennen; gestern waren sie hier, heute findet sich unter uns kaum noch eine Spur ihrer Existenz.

Freitag, 31. Mai — Wir wanderten durchs Gebüsch in der Hoffnung, eine geöffnete Rose zu finden, unsere Suche war jedoch fruchtlos. Letztes Jahr hatten einige von der frühen Sorte im Mai geblüht, der gegenwärtige Frühling ist jedoch recht saumselig. Bei uns gehören die Rosen selten zu dieser Jahreszeit, wir sollten unseren Sommer wohl auf das Öffnen der Rosen datieren. Die Büsche hatten allerdings nie mehr Knospen als jetzt, und einige beginnen, ihre Farbe zu enthüllen; die meisten sind indessen noch immer dicht in ihre gefransten Kelche eingeschlossen. Später im Jahr sind wir wählerischer – wir lehnen die volle Blüte zugunsten einer halb geöffneten Knospe ab, doch in diesem Augenblick gieren wir danach, unsere Augen an einer Rose zu laben – einer echten, perfekten Rose – mit all ihren Schönheiten, die sich dem Licht öffnen, mit all ihren seidigen Blütenblättern, die sich im Überfluss rings um ihr duftendes Herz entfalten.

SOMMER

Freitag, 1. Juni — Das gesamte Land ist in diesem Moment grüner als zu jeder anderen Jahreszeit. Die Erde ist vollständig mit zartem Grün von unterschiedlichen Schattierungen bedeckt; die Obstbäume haben ihre Blüten abgeworfen, und die Plantagen und Gärten sind grün. Im Wald ist frisches Blätterwerk gewachsen, die Wiesen sind noch ungefärbt von den Blumen, und die jungen Kornfelder sehen noch grasbewachsen aus. Diese frische Grünfärbung des Landes ist sehr beeindruckend und überaus flüchtig, bald vergeht sie in die wärmere Färbung des Hochsommers.

Die Zedernseidenschwanzvögel waren sehr lästig zwischen den Obstblüten und suchen noch immer die Gärten heim. Da sie sich immer im Schwarm bewegen, außer für eine sehr kurze Zeit, in der sie mit ihren Jungen beschäftigt sind, hinterlassen sie auf jedem Baum, den sie angreifen, ihre Spuren, ob in Früchten oder Blüten. Wir sahen sie letzte Woche, wie sie die Blütenblätter verstreuten, um an das Herz der Blüte zu gelangen, was natürlich die junge Frucht zerstörte. Auf diese Weise sind sie ihre eigenen Feinde, denn keine Vögel sind größere Fruchtfresser als sie selbst. Sie sind sogar so unersättlich, dass sie, wenn sie eine Beere gefunden haben, die ihnen schmeckt, sich selbst töten können, weil sie zu viele von ihnen auf einmal fressen.

Es gibt zwei eng verwandte Arten dieses Vogels, sehr ähnlich in der Gesamterscheinung und im Charakter, eine Art kommt aus dem hohen Norden, während die andere in den Tropen zu finden ist. Beide treffen sich jedoch in den entlegenen Gegenden unseres eigenen Landes auf einer gemeinsamen Basis. Die größere Art – der Seidenschwanz – ist gut bekannt in Europa, obwohl er unregelmäßig fliegt, weshalb in früheren Zeiten seine Sichtung von abergläubischen Leuten als Vorbote einer Katastrophe angesehen wurde. Bis vor Kurzem galt dieser Vogel auf dem westlichen Kontinent als unbekannt; aber nähere Beobachtungen zeigen, dass er hier gefunden wurde und sich innerhalb unseres eigenen Staates vermehrt. Allgemein ähnelt er stark dem Zedernseidenschwanz, obwohl er entschieden größer und in einigen Punkten anders ausgeprägt ist. Er brütet sehr weit im Norden, in arktischen Ländern. Beide Vögel sind verziert und haben einen einzigartigen Anhang an ihren Flügeln, kleine rote, wachsartige Spitzen am Ende der sekundären Schwungfedern. Diese variieren in ihrer Anzahl und sind nicht bei allen zu finden, aber sie sind besonders. Die Gewohnheiten der beiden Arten sind in vielerlei Hinsicht ähnlich: sie sind beide Beerenfresser, sehr gesellig in ihrer Lebensweise und besonders liebevoll in ihrem Verhalten zueinander. Sie drängen sich so dicht wie möglich zusammen, dass ein halbes Dutzend oft nebeneinander auf demselben Ast sitzt, sie liebkosen und füttern einander aus reiner Freundlichkeit. In der alten Welt wurden sie Schwätzer genannt, aber eigentlich sind sie sehr leise Vögel, obwohl sie verspielt und lebhaft sind, was die Leute vielleicht dazu gebracht hat, zu glauben, sie seien geschwätzige Geschöpfe.

Der Seidenschwanz ist eher selten, sogar in Europa; dennoch wird angenommen, dass ein kleiner Schwarm diesen Frühling in unserer Nachbarschaft verbracht hat. Bei zwei verschiedenen Gelegenheiten bemerkten wir scheinbar sehr große Zedernvögel, ohne die weiße Linie um die Augen, jedoch mit einem weißen Streifen auf den Flügeln; aber beide Male waren sie im Dickicht, weshalb wir sie nicht beobachten und nicht ohne Zweifel bestätigen konnten, dass es sich um den Seidenschwanz handelte.

Die Zedernvögel kennt jeder, sie sind im ganzen Land sowie in Mexiko reichlich verbreitet. Im Frühling und Herbst werden sie auf den Märkten der größeren Städte für zwei oder drei Cent das Stück verkauft.

Samstag, 2. Juni — Wolkiger Morgen, gefolgt von einem bezaubernden Nachmittag. Wir nahmen eine Nebenstraße, die uns über die Hügel zu einer wilden Stelle führte, wo es in einer Entfernung von zwei bis drei Meilen nur ein bewohntes Haus gibt. Das Haus steht an der Grenze eines düsteren Sumpfes, von dem man den Wald weggeschnitten hatte, und zwei oder drei verlassene Blockhütten entlang der Straße lassen die Dinge noch trostloser erscheinen. Wir genossen den Spaziergang, umso mehr wegen seines wilden und rauen Charakters, der sich so sehr von unseren alltäglichen Streifzügen unterschied. Wir passierten mehrere schöne Quellen an den Grenzen des nicht eingezäunten Waldes und sahen verschiedene interessante Vögel. Einen schönen Goldspecht, eine hübsche Waldmeise und einen sehr zarten kleinen Streifenwaldsänger, Letzterer ist selten und gänzlich auf den Wald begrenzt. Er hüpfte gemächlich zwischen den blühenden Zweigen einer Wildkirsche umher, sodass wir eine hervorragende Gelegenheit hatten, ihn zu beobachten, denn an dieser wilden Stille hielt er nicht Ausschau nach menschlichen Feinden, und so näherten wir uns unbemerkt und stellten uns hinter einen Busch. Diese drei Vogelarten sind alle typisch für unseren Teil der Welt.

Die groben Zäune um mehrere Felder in diesen neuen Ländern wurden hübsch mit dem kanadischen Veilchen eingefasst, weiß und fliederfarben; auch die Spalten und Hohlräume mehrerer alter Baumstümpfe waren mit diesen Blumen reich geschmückt; man sieht nicht oft so viele auf einen Haufen. Auf einem dieser Veilchen fanden wir eine hübsche farbige Spinne, eine von der Art, die auf Blumen lebt und deren Farbe annimmt; aber diese war ungewöhnlich groß. Ihr Körper hatte die Größe einer ausgewachsenen Erbse und war von leuchtendem Zitronengelb; ihre Beine waren ebenfalls gelb, und überhaupt war es eine der auffälligsten farbigen Spinnen, die wir seit Langem gesehen haben. Scharlachfarbige oder rote, die noch größer werden, findet man in der Nähe von New York. Aber noch in ihrem lustigsten Aspekt sind diese Kreaturen abstoßend. Es gibt einem die abschreckende Vorstellung von der düsteren Einsamkeit eines Gefängnisses, wenn wir uns daran erinnern, das Spinnen tatsächlich von Männern gestreichelt wurden, die von der besseren Gesellschaft ausgeschlossen waren. Sie sind bei uns ein weitverbreitetes Insekt und deshalb viel ärgerlicher als jedes andere, das hier zu finden ist. Einige von ihnen, mit riesigen schwarzen Körpern, sind von beeindruckender Größe. Sie bewohnen Keller, Scheunen, Kirchen und tauchen gelegentlich in bewohnten Räumen auf. Es gibt eine schwarze Spinnenart mit einem angeblich einen Zoll langen Körper und doppelt so langen Beinen, die im Palast von Hampton Court in England gefunden wurde. Dieser gehörte, wie wir uns erinnern, dem Kardinal Wolsey, weshalb man die dortigen Spinnen ›Kardinäle‹ nennt, da einige Leute sie als typisch für das Gebäude ansehen. Eine riesige Spinne mit ihrem verworrenen Netz und ihren Schlingen wäre nebenbei kein schlechtes Emblem für einen Höfling und Diplomaten wie es Kardinal Wolsey ist. Er hat sicherlich »mit seinen Händen in Königspaläste gegriffen« und dort seinen Anteil an Unheil angerichtet.

Als vor etwa zwei oder drei Jahrhunderten die Menschen von der alten Welt auf der Suche nach Gold auf diesen Kontinent kamen, galt es seltsamerweise als Zeichen des Erfolgs, wenn sie auf Spinnen trafen! Es ist schwierig zu sagen, warum sie diese Phantasie so geschätzt haben; aber laut dem altehrwürdigen Hakluyt wurden die Erwartungen von Martin Frobisher und seiner Gruppe stark überschritten, als sie auf der Suche nach Gold auf Cumberland Island landeten und dort eine große Anzahl von Spinnen fanden, »die, wie viele behaupten, Zeichen eines großen Vorrats an Gold sind«. Sie haben sich eingebildet, dass auch in der Nähe von Mineralien reichlich Quellen vorhanden seien, sodass wir in diesem Land große Hoffnungen auf Minen hegen – wenn wir wollen.

Montag, 4. Juni — Das Thermometer zeigt am Mittag 28 Grad Celsius im Schatten, weshalb wir am Abend spazieren gingen. Die Getreidefelder sind jetzt geschmückt mit Vogelscheuchen, und es ist amüsant, die verschiedenen Vorrichtungen zu diesem Zwecke zu sehen. Für gewöhnlich hängen Zinnstücke aufrecht an Stöcken; Linien aus weißer Schnur kreuzen das Feld in Abständen in Nähe des Bodens, die Krähen sollen besonders scheu vor einem derartigen Geflecht sein; andere Felder werden von einer Reihe kleiner wirbelnder Windmühlen beschützt. Ein großes Feld, an dem wir vorbeikamen, gehörte offensichtlich einem Mann, der enorme Mittel zur Verfügung hatte für eine Reihe von Erfindungen; keine zwei waren gleich: An einer Stelle stand so groß wie im echten Leben der übliche Mann aus Stroh, hier stand eine Blechpfanne auf einer Stange, dort flatterte ein Laken in voller Breite in der Brise, hier hing ein Strohhut an einem Stock, dort ein alter Dreschflegel, in einer Ecke ein zerbrochener Gusseisentopf der in der Sonne funkelte und im rechten Winkel dazu war ein Tamburin. Es musste schon eine mutige Krähe sein, die wagt ein solches Lager anzugreifen. Es ist seltsam, wie schnell diese Kreaturen herausfinden, wo Mais angebaut wird. Zu dieser Jahreszeit sind sie für zwei oder drei Wochen sehr lästig, bis das Getreide seinem Samen entwachsen ist und Wurzeln geschlagen hat. Sie scheinen keine anderen Körner anzugreifen; jedenfalls sieht man Vogelscheuchen nie auf anderen Feldern. Die Streifenhörnchen oder Erdhörnchen sind auch sehr bösartig in den Maisfeldern; der Blauhäher folgt gelegentlich diesem schlechten Beispiel. Im Herbst greifen zusätzlich die Königsvögel das reife Getreide an, sodass der Mais viele Feinde hat.

Dienstag, 5. Juni — Die verschiedenen Sorten des Salomonsiegels – allesamt elegante Pflanzen – stehen jetzt in voller Blüte. Der weise König Israels muss seinen Stempel auf viele Wurzeln in den westlichen Wäldern gedrückt haben; denn die Blumen dieser Gattung wachsen zahlreich hier, besonders das Duftsiegel, das zweiblättrige Salomonsiegel und die Clintonia mit gelben, lilienartigen Blüten und großen blauen Beeren. Das getupfte Schattenblümchen bzw. der Perlenrubin ist eine unserer weitverbreiteten Waldpflanzen, sehr ähnlich der europäischen, obwohl die Blüten größer sind. Es ist einzigartig langsam im Fortschritt seiner Frucht. Die Beerentraube bildet sich Anfang Juni, braucht aber den ganzen Sommer, um zu reifen; zuerst sind sie grün und undurchsichtig wie Wachs; dann, im Juli, werden sie rot gesprenkelt; im August breiten sich die Flecken aus, und die ganze Beere ist rot; und später noch im September nimmt sie eine schöne rubinrote Farbe an und ist fast durchsichtig; in diesem Zustand haben wir sie dann erst am 1. Dezember gesehen. Das Duftsiegel durchläuft fast den gleichen Prozess, aber seine Frucht wird häufiger gesprengt, und der Name Perlenrubin ist hier auf die kleinere zweiblättrige Pflanze beschränkt. Das hübsche kleine Maiglöckchen, eine ganz bezaubernde Gartenblume, wächst wild in den Southern Alleghanies, findet sich aber nicht unter den Pflanzen dieser nördlichsten Kammlinie.

Wir gingen in einem schönen Wäldchen spazieren, wo das Holz nur teilweise gerodet worden war, sodass viele schöne Bäume stehen blieben, vermischt mit den Baumstümpfen längst gefällter Bäume. Die moosigen Wurzeln dieser vermoderten, alten Stümpfe sind erstklassige Orte für die frühen Blumen; man findet oft die Reste einer alten Eiche oder Kiefer oder Kastanie, umschlossen von einer schönen Begrenzung aus Moos und Blumen, die auf eine Art und Weise vermischt sind, wie es die Kunst nicht kann. Während vieler aufeinanderfolgender Frühlinge hatten wir die Angewohnheit, die Blumen dabei zu beobachten, wie sie sich auf den moosigen Hügelchen entfalteten. Wie gewöhnlich sind sie jetzt zierlich mit Blüten gespickt, denn der Boden ist an solchen Stellen besonders reichhaltig. Wir amüsierten uns damit, die verschiedenen Blumenarten zu zählen, die auf einigen dieser kleinen Hügelchen wachsen. In einem Fall fanden wir fünfzehn verschiedene Pflanzen, zusätzlich zu den Gräsern, in einem eng gefassten Kreis um die anschwellenden Wurzeln, sechs oder acht Fuß breit; in einem anderen Fall zählten wir achtzehn Varianten; ein weiterer zeigte zweiundzwanzig; und ein vierter hatte sechsundzwanzig Arten. Die Grundlage besteht normalerweise aus Moos in drei oder vier Varianten und Schattierungen, alle sehr schön und vermischt mit den silbrigen Blättern der Silberimmortelle. Veilchen, blau, weiß und gelb, wachsen dort, neben rosigen Kreuzblumen, Schaumblüten, Bischofskappen oder Mitella, Sternblumen, Erdbeeren, Dalibarda, Schattenblumen, echten Rebhuhnbeeren, Scheinbeeren, doldigem Wintergrün, Wintergrün, gewöhnlichem Blutweiderich, Amerikanischen Maiblumen, Unschuld, Berg-Astern verschiedener Arten, vielleicht die Coptis oder Goldfaden genannten, und drei oder vier Farnen. Das sind die Pflanzen, die man oft in diesen wilden Blumenstraußflecken um die alten Baumstümpfe herum in den halbverblühten Wäldern findet. Natürlich blühen sie nicht alle zur gleichen Zeit; aber zur Blütezeit des Frühlings kann man manchmal fast ein Dutzend Arten im selben Moment blühen sehen. Dies sind alles einheimische Pflanzen, die sich wie aus Zuneigung um die Wurzeln der gefällten Waldbäume sammeln.

Mittwoch, 6. Juni — Es ist ein angenehmer Teil der Eleganz des Mai-Monats in gemäßigtem Klima, dass sich wenige der gröberen Unkräuter während dieser Zeit zeigen; oder besser gesagt, sie erscheinen an diesem frühen Tag nicht in ihrem wahren Charakter. Sie sind natürlich zuallererst sehr lästig für Gärtner, drängen sich jedoch nicht der allgemeinen Aufmerksamkeit auf. Die Saison rückt aber mit großer Geschwindigkeit voran, und die rohen Pflanzen beginnen bereits sich in den Formen zu zeigen, in denen wir sie kennen. Die Klette und Nessel und Distel etc. wachsen reichlich unter Zäunen und an Abfallstellen; Vogelmiere und Portulak etc. sprießen so frei und so kühn in den Wegen und Beeten hervor, dass es die Hauptaufgabe des Monats ist, Krieg gegen sie zu führen.

Donnerstag, 7. Juni — Wir spazierten auf Hannah's Height und sammelten Azaleen im Überfluss. Sie sind jetzt in voller Blüte und sehr schön –

uns ist bekannt, dass sie gewöhnlich schon drei Wochen früher blühen. Unsere holländischen Vorfahren nannten diese Blume »Pinxter Blumejies«, da sie üblicherweise um den Pfingstsonntag herum blühen. Unter diesem Namen traten sie jährlich beim großen Feiertag der Schwarzen in Erscheinung, der in alten Kolonialzeiten in Albany und New Amsterdam stattfand. Die Azaleen sind dieses Jahr sehr üppig, und ihre tief rosafarbenen Büschel scheinen die schattigen Wälder zu erhellen. Wir hatten Glück, wir fanden eine kleine Schar des Stängellosen Frauenschuhs in voller Blüte. Häufig ist die Jahreszeit vorüber, ohne dass wir einen gesehen haben, aber heute Nachmittag haben wir nicht weniger als achtzehn der purpurnen Art, der *Cypripedium acaule* der Botaniker, gesammelt. Der kleine Gelbe, der große Gelbe und der auffallende rosafarbige Frauenschuh wurden hier ebenfalls gefunden, sie werden jedoch alle seltener.

Samstag, 9. Juni — Bezaubernder Tag. Angenehmes Rudern über den See, der bei diesem warmen Wetter sehr einladend aussieht. Die Aussicht ist immer erfreulich: Hügel und Wälder, Bauernhöfe und Haine, die von einer schönen Wasserfläche umgeben sind. Es gibt gewiss kein natürliches Objekt unter all denen, die eine Landschaft ausmachen, das unsere Zuneigung so sehr gewinnt wie das Wasser. Es ist ein unerlässlicher Bestandteil der Aussichten, mit weitgehend unterschiedlichem Charakter. Berge bilden ein auffallenderes und imposanteres Merkmal; sie geben einer Gegend einen majestätischen Charakter, der ohne sie nicht existieren kann. Aber nicht einmal die Berge, mit all ihren großartigen Privilegien, können den Geist gänzlich befriedigen, wenn sie von Wildbächen, Wasserflächen oder Seen isoliert sind. Wenn wiederum an einem vertrauten Ort nur ein stiller Bach durch eine Wiese fließt, wird das Auge oft unbewusst in diese Richtung blicken und mit Interesse am bescheidenen Bach verweilen. Berücksichtigt man ferner, dass die Gewässer selbst zum höchsten Grad an Schönheit fähig sind, um ihre Erhabenheit zu steigern, braucht es dafür nicht die Hilfe eines fremden Elements.

Unser eigener Hochlandsee kann keinen Anspruch auf Erhabenheit erheben: Er hat keinen weiten Umfang und die Hügel ringsum weisen keine besondere Höhe auf. Dennoch findet sich in den verschiedenen Teilen dieses Bildes eine Harmonie, die ihm viel Wert verleiht und die stets ein lebhaftes

Gefühl der Freude hervorruft. Die Hügel stellen eine bezaubernde Szenerie dar für den See zu ihren Füßen; sie sind weder so hoch, dass sie die Wasserfläche schmälern, noch so niedrig, dass sie zahm und gewöhnlich wären. Eine üppige Bewaldung schwillt auf den Kämmen, die ihnen den Charme einer Waldlandschaft verleiht, und reichlich Ackerbau fügt ihnen die verschiedenen Vorteile der Zivilisation hinzu. Die klaren, friedlichen Wasser des Sees liegen unterhalb der Berge, hier fließen sie in eine kleine, stille Bucht, dort umrahmen sie eine baumbestandene Landzunge, füllen deren breites Becken, ohne als Marsch oder Sumpf auf die Ufer überzugreifen.

Und dann das Dorf, mit seinen Gebäuden und Gärten, die das flache Ufer nach Süden bedecken, reizend gelegen. Das Wasser breitet sich davor aus, eine Bergkette erhebt sich zu beiden Seiten, welche fast gänzlich bewaldet sind, teilweise auch bebaut, während jenseits davon ein Hintergrund ist, der durch nähere und fernere Höhen variiert. Die kleine Stadt, obgleich wichtiges Merkmal der Ansicht, ist kein aufdringliches, sondern steht im richtigen Verhältnis zu den umliegenden Objekten. Sie hat eine fröhliche, florierende Perspektive, ist jedoch ländlich und anspruchslos, es ahmt die Hast und Unruhe der Städte nicht nach. Und sicherlich kann man mehrere Meilen weit reisen, ohne ein hübscheres am Wasser gelegenes Dorf zu finden.

Eine Ansammlung von Häusern ragt stets unmittelbar aus dem Wasser auf. Die flüssige Ebene mit ihrem regsamen Mienenspiel bildet einen herrlichen Kontrast zu den massig aufgetürmten Gebäuden mit ihrem verschachtelten Umriss, welche den Anblick einer Stadt ausmachen, wenn sie sich auf natürliche Weise dem Auge insgesamt darbieten, da sich der Geist unbewusst an den konträren Merkmalen dieser Hauptgegenstände der Landschaft erfreut, die die Schönheit des jeweils anderen verstärken und zugleich abschwächen.

Montag, 11. Juni — Warmer Tag, mit sanftem, diesigem Sonnenschein – diese Atmosphäre ist immer schon am schönsten in einem hügeligen Land, das alle Entfernung so herrlich überschattet, vom nächsten bewaldeten Hügel bis zur weitesten Höhe. Wir gingen zu den Klippen und entdeckten eine sehr hübsche Aussicht. Die Wälder befinden sich in großer Schönheit, das Blattwerk ist sehr reich, ohne etwas von seiner Frühlingsfrische verloren zu haben. Die Hemlocktanne ist immer noch deutlich mit ihren hellen und

Schwarzkehl-Nachtschwalbe

dunkleren Grüntönen der unterschiedlichen Wachstumsjahre markiert. Anstelle der verwelkenden Veilchen sprießen jetzt überall die jungen Schösslinge der Waldbäume empor. An einigen der kleinen Buchen und Espen, die ein oder zwei Jahreszeiten gewachsen sind, fanden wir die neuen Blätter in zartem Rosa oder Rotton, was bei Bäumen auffallend ist, die sonst keine Spur dieser Farbe zeigen, selbst im Herbst ist ihr hellster Farbton meist gelb.

Dienstag, 12. Juni — Schöner Tag. Die Rosen öffnen sich endlich, sie sind vierzehn Tage später als im letzten Jahr. Heute Morgen waren wir begeistert, ein paar Mai-Rosen in voller Blüte zu finden; bis zum Abend werden sich andere entfaltet haben – morgen werden sich viele mehr geöffnet haben –, und in wenigen Tagen werden die Dorfgärten dicht bevölkert sein von Tausenden dieser edlen Blume. Wie großzügig sich die Blumen über das Antlitz der Erde verstreut haben! Eines der perfektesten und entzückendsten Werke der Schöpfung – es gibt noch keine andere Form der Schönheit, die so weitverbreitet ist. Reichlich in verschiedenen Klimazonen vorhanden, auf unterschiedlichen Böden – nicht wenige hier, um die Traurigen aufzumuntern, einige wenige dort, um die Guten zu belohnen –, zahllos in ihrer Menge, unendlich in ihrer Vielfalt, das Geschenk unermesslicher Wohltätigkeit – wo immer Menschen leben mögen, dort wachsen die Blumen.

Donnerstag, 14. Juni — Die Schwarzkehl-Nachtschwalben sind jetzt jeden Abend von einigen bestimmten Punkten am Rande des Dorfes zu hören. Sie kommen hier etwa in der ersten Maiwoche an und setzen ihre besondere nächtliche Note bis zum letzten Juni fort: »musikalischste, melancholischste« Nachtklänge, die in unserer Region bekannt sind. Von einigen Häusern am Ufer des Sees und in der Nähe des Flusses sind sie jede Nacht zu hören – vermutlich kommt das Geräusch jenseits der bewaldeten Hügel über das Wasser; sie sollen hohe und trockene Lagen bevorzugen. Gelegentlich, aber nicht sehr häufig, kommen sie ins Dorf, und wir haben sie gehört, als sie auf unserem eigenen Grund gewesen sein müssen. Es ist vielleicht nur natürlich, dass ein nachklingender Schatten des Aberglaubens mit diesem einzigartigen Vogel verbunden ist – so oft gehört, so selten gesehen. Tausende von Männern und Frauen in diesem Teil der Welt haben von ihrer Kindheit bis ins hohe Alter, jeden Sommer eines langen Lebens, den leisen Wehklagen gelauscht, ohne den Vogel auch nur ein einziges Mal gesehen zu haben. Diese Vögel werden bald aufhören, ein Ständchen zu singen; nach der dritten Juniwoche hört man sie selten, darin ähneln sie der Nachtigall, die nur einige Wochen im Mai und Juni singt; Anfang September ziehen sie gen Süden. Vor vierzig Jahren sollen sie viel zahlreicher gewesen sein als heutzutage.

Freitag, 15. Juni — Sehr warm, verschiedene Wetterlagen im Tagesverlauf. Bewölkter Morgen, strahlender Mittag und am Nachmittag ein plötzlicher Schauer. Es regnete eine Stunde lang heftig, mit Donner und Blitz. Dann klarte es wieder auf, und wir hatten einen bezaubernden Abend. Wir sahen etliche Kolibris – sie mögen besonders die Abendstunden. Man kann sie gewiss, jetzt gegen Sonnenuntergang, um ihre Lieblingspflanzen herumflatternd finden. Oft sind mehrere unter den Blumen desselben Strauches, sie verraten sich, obwohl sie nicht zu sehen sind, durch das Zittern der Blätter und Blüten. Sie lieben besonders die Gold-Johannisbeere – von all den Frühblühern ist sie bei ihnen die beliebteste. Da ist etwas in der Form dieser röhrenförmigen Blüte, ob klein oder groß, die zu ihren langen, schlanken Schnäbeln passt; möglicherweise ist das der Grund, wieso die Bienen keinen einfachen Zugang zum Honig finden und mehr in ihnen hinterlassen als in offenen Blüten. Der Lilie schenkt der Kolibri nur eine flüchtige Anerkennung und scheint die große Tigerlilie den anderen Sorten vorzuziehen. Die Rose besucht er selten, er wird diese stattliche Blüte jederzeit für ein Köpfchen des gemeinen Rotklees verlassen, an dem er sich besonders erfreut. An Sommerabenden haben wir die Kolibris oft beobachtet, wie sie über die Wiesen flatterten, von einem Kleebüschel zum nächsten, sich einen Moment auf dem hohen Halm eines Wiesen-Lieschgrases ausruhend, um dann wieder zum frischen Klee zu fliegen – die anderen Blumen interessierten sie kaum, und häufig fuhren sie so bis zur allerletzten Dämmerung im selben Feld fort. Die Lust der kleinen Kreaturen, sich auf einen toten Zweig zu setzen, ist sehr ausgeprägt – man sieht sie selten anderswo landen. Im letzten Sommer gab es zufällig einen toten Zweig am höchsten Punkt einer Robinie, in Sichtweite des Hauses, welcher für einige Wochen ein beliebter Sitzplatz für sie war. Möglicherweise war es derselbe Vogel, oder dasselbe Paar, das ihn frequentierte, jedoch verging kaum ein Tag, ohne dass dort eine winzige Kreatur ihrer Art gesehen wurde. Vielleicht war in der Nähe ein Nest, aber sie bauen so schlau, dass ihr Nest wie ein gewöhnliches Moos- oder Flechtenbüschel aussieht, wodurch sie selten entdeckt werden, obwohl sie oft um die Gärten herum und in keiner allzu großen Höhe bauen.

Auch wenn sie so zierlich sind, sind sie frech und furchtlos, kämpfen sehr gut, wenn nötig, und gehen überhaupt ziemlich sorglos und selbstbewusst umher. Sie fliegen viel häufiger ins Haus als jeder andere Vogel, manchmal von Pflanzen oder Blumen angezogen, oft scheinbar zufällig oder mit der Absicht, auszukundschaften. Die Landleute haben ein Sprichwort – wenn ein Kolibri durch ein Fenster hereinfliegt, dann bringt er eine Liebesbotschaft für jemandem im Haus. Gewiss eine kühne Sache, denn Amor hätte sich selbst keinen zierlicheren *Avant-Boten* wünschen können. Unglücklicherweise ist der Trick, durch ein Fenster hineinzufliegen, oft ein sehr ernster und tödlicher für die armen kleinen Kreaturen selbst. Welches Glück es Romeo und Julia aus der Nachbarschaft auch bringen mag, die Vögel zittern für gewöhnlich an der Zimmerdecke herum, bis sie völlig benommen und erschöpft sind – es sei denn, sie werden erwischt und in Freiheit gelassen, ansonsten zerstören sie sich bald auf diese Weise. Wir haben mehrfach erlebt, dass sie tot in wenig benutzen Räumen gefunden wurden, die zum Lüften geöffnet worden waren und die sie so unbemerkt betreten konnten. Sie sind in ihrer Beschaffenheit nicht so zart, wie man annehmen sollte. Mister Wilson bemerkt, dass sie in diesem Land viel zahlreicher sind, als es der Zaunkönig in England ist. Es ist bekannt, dass wir in diesem Teil des Kontinents nur eine Variante haben, es gibt eine weitere in Florida und noch ein paar mehr an der Pazifikküste, eine reicht bis in den Norden zum Nootka Sound. Sie überwintern in den Tropen und sollen ihre längeren Reisen zu zweit machen, was so aussieht, als hätten sie sich wie einige andere Vögel fürs Leben gepaart.

Samstag, 16. Juni — Es ist warm. Um fünf Uhr zeigt das Thermometer 26 Grad Celsius im Schatten. Lange Talfahrt gegen Abend. Die Farmen sehen sehr schön aus: das junge Korn, das in der Brise weht, ist köpfig, aber noch nicht gefärbt; die Wiesen werden mit ihren eigenen Blüten überlaufen, der rote Wiesen-Sauerampfer, der goldene Hahnenfuß, Gänseblümchen und Klee erscheinen der Reihe nach, bis das ganze Feld kunterbunt ist. Die Ernten sehen weitgehend wirklich sehr gut aus, sie versprechen dem Landwirt einen guten Ertrag für seine Arbeit. In niedrigem Gelände über den Bächen blühen jetzt die Schwertlilien in Hülle und Fülle, und die Akazien stehen immer noch an vielen Ufern in Blüte.

Es gibt eine Überlieferung, dass während des Unabhängigkeitskriegs die langen Dornen der Akazien gelegentlich von den amerikanischen Frauen als Stecknadeln verwendet wurden, da man keine im Land fabrizierte; wahrscheinlich handelte es sich um die Hahnensporn-Weißdorn-Variante, die die längsten und schmalsten Dornen trägt und jetzt blüht. Der befremdliche Zustand der Kolonien machte Entbehrungen dieser Art zu einem großen zusätzlichen Übel dieses denkwürdigen Kampfs – fast alles in Form von Notwendigkeiten und Luxusgütern kam aus der alten Welt. Mehrere einheimische Pflanzen schickten sich an, den Platz des verbotenen *Lapsang Souchong* und *Wuyi-Tees* einzunehmen: der »New Jersey Tee« zum Beispiel, ein hübscher Busch, und der »Labrador Tee«, eine niedrige, immergrüne Pflanze mit hübschen weißen Blüten. Sicherlich war es nur gerecht, dass die Frauen ihren Anteil an Entbehrungen in Form von Anstecknadeln und Tee bekamen – wenn Washington und seine tapfere Armee halb bekleidet, halb bewaffnet, halb verhungert und nie bezahlt waren. Die Soldaten dieses bemerkenswerten Krieges, sowohl Offiziere als auch Fußvolk, liefen oft umher und sahen, wenn sie nicht wie ihre Frauen buchstäblich die Dornen des Akazienbaumes nutzten, aus wie Spensers Bild der *Verzweiflung*:

Seine Kleidung, nichts als zerlumpte Kleider,
War mit Dornen zusammengesteckt und geflickt.

In manchen Bauernhäusern, wo viel gestrickt und gesponnen wird, sieht man gelegentlich den blattlosen Zweig einer Akazie in einer Ecke hängen, mit Garnknäuel auf jedem Stachel: eine ziemlich rustikale Vorrichtung. Wir haben neulich einen gesehen, den wir sehr bewunderten.

Montag, 18. Juni — Die Wildrosen blühen. Wir haben drei Arten von ihnen: die frühblühende Eschen-Rose mit rötlichen Zweigen, die hier selten vor der ersten Juniwoche blüht; die Glanz-Rose mit einigen großen Blüten, und die große, vielblütige Sumpf-Rose, die spät im Sommer blüht. Sie sind weitverbreitet bei uns und haben, obwohl die Bescheidensten ihrer Art, eine ganz eigene Anmut: Es ist gewiss die besondere Bescheidenheit der

Wildrose, welche die Gartenrose so nicht besitzt. Wir sind sehr glücklich, die Wildrosen rings um unseren Lieblingsplatz zu haben – sie sind nicht überall zu finden. M. de Humboldt erzählte, dass er während seiner Reisen in Südamerika nie eine gesehen hat, nicht einmal in den höheren und kühleren Regionen, wo andere Dornenbüsche und Pflanzen eines gemäßigten Klimas weitverbreitet sind.

Dienstag, 19. Juni — Wir schlenderten über die Wege, genossen die duftenden Wiesen und die wogenden Kornfelder an den Grenzen des Dorfes. Eine Wiese in der Nähe scheint mehr Vergnügen zu bereiten als ein Kornfeld. Das Korn sollte man aus einiger Entfernung betrachten, damit es zur vollen Geltung gelangt, wo man mit fortschreitender Jahreszeit die Veränderung in seiner Farbe bemerken kann; wo man das Lichtspiel genießen kann, wenn die Sommerwolken dort ihre Schatten werfen, oder die Brisen, die einander über den wogenden Rasen jagen. Es ist wie ein Stück schattierte Seide, welches der Verkäufer ein wenig vom Stock dreht, damit man die Wirkung besser einschätzen kann. Eine Wiese hingegen ist eine köstliche, farbenfrohe Stickerei, die man aus der Nähe betrachten muss, um all ihre Vorzüge zu begreifen, je näher, desto besser.

Von etwa hundertfünfzig Gräsern scheint etwa ein Fünftel fremden Ursprungs zu sein, aber wenn wir ihre Bedeutung für den Landwirt und das Ausmaß des kultivierten Bodens berücksichtigen, den sie jetzt bedecken, müssen wir sie von einem anderen Standpunkt betrachten. Vermutlich zählen die heimischen Gräser insofern kaum mehr als eins zu vier in unseren Wiesen und Ackerflächen. Der Klee, obwohl sorgfältig eingebürgert, ist die am meisten importierte Pflanze: Der flaumige Hasen- oder Ackerklee, die weitverbreitete rötliche Variante, der Zick-Zack-Klee und der Feld-Klee wurden allesamt eingeführt. Die Frage ist hinsichtlich des Weißklees nicht klar entschieden, aber meist wird er – glaube ich – als einheimisch betrachtet, obwohl einige Botaniker diesen Punkt bezweifeln. Der Büffel-Klee, der im westlichen Teil dieses Staates vorkommt und noch weiter westlich verbreitet ist, ist die einzige zweifellos einheimische Variante, die wir besitzen.

Mittwoch, 20. Juni — Sehr warmer Tag, das Thermometer zeigt um drei Uhr 34 Grad Celsius im Schatten. Die Robinien parfümieren das Dorf, man nimmt ihren Duft im Inneren, im ganzen Haus, wahr.

Donnerstag, 21. Juni — Extrem warm, das Thermometer zeigt 33 Grad Celsius. Erfreulicherweise weht eine angenehme westliche Brise durch diese warmen Tage. Am Abend sind wir im Dorf spazieren gegangen und sahen einen alten Nachbarn von fünfundsiebzig Jahren bei der Gartenarbeit, wie er seine Dutzend Getreidehügel umhackte und seine Gurkenranken jätete.

Man liebt einen Garten immer, die Arbeit nimmt dort ihre angenehmste Gestalt an. Von den ersten Frühlingstagen bis zu den letzten Tagen im Herbst bewegen wir uns zwischen wachsenden Pflanzen, bunten Blumen und freudigen Früchten – und es gibt beim Licht jeder Sonne eine hübsche Veränderung zu bemerken. Auch der schmalste Bauerngarten sieht angenehm aus für diejenigen, die entlang der Hauptstraße kommen und gehen. Es ist schön, hin und wieder beim Spazierengehen anzuhalten und über den Lattenzaun solcher kleinen Gärten zu schauen und zu bemerken, was dort vor sich geht.

Jede Familie baut als wichtigsten Bedarf Kartoffeln, Kohl und Zwiebeln an. Indianisches Getreide und Gurken hält man ebenfalls für unentbehrlich; Amerikaner aller Schichten essen genauso viel Mais wie ihre indianischen Vorläufer. Und die Gurken – sie werden bei jeder Mahlzeit benötigt, an der ein echter Yankee teilnimmt, im Sommer als Salat, im Winter eingelegt. Manchmal sehen wir Männer in den Dörfern, die sie unreif essen wie Äpfel.†

Blumen werden im Bauerngarten selten vergessen, der breiteste Gang ist von ihnen gesäumt, und es gibt weitere unter den niedrigen Fenstern des Hauses. Dann die Feuerbohne, welche so eng mit Kindheitserinnerungen an den Helden Jack und seine wunderbaren Abenteuer* verbunden ist, als könnten sie noch heute im Bauerngarten gedeihen. Und es scheint, als wäre die Bohne aus einer Schote der gleichen Pflanze gefallen, die in Kinderreimen gefeiert wird, denn sie besitzt eine große Tendenz zum Klettern, was üblicherweise gefördert wird, indem man sie über ein Fenster ranken lässt. Die strebsame Bohne reicht selten höher als ein niedriges Dach, auch ist ihr Wachstum nicht immer üppig genug, um das Fenster zu beschatten, denn sie teilt diese Aufgabe oft mit einer Prunkwinde. Der Plan dieser Blatt-Jalousien

* *Jack and the Beanstalk* (dt. »Hans und die Bohnenranke«) ist ein Märchen, das auf eine Erzählung aus dem Jahr 1734 zurückgeht. Von den vielen verschiedene Versionen ist die wohl bekannteste und am meisten verbreitete erst 1890 von Joseph Jacobs in *English Fairy Tales* veröffentlicht worden. (Anm. d. Übers.)

ist hübsch, aber sie sind zu oft in starren und geraden Linien ausgebildet – eine poetische Idee, *besonders herausgeputzt.* Häufig sehen wir ein Häuschen mit einer Tür in der Mitte und ein Fenster auf jeder Seite; die Ranken, die auf diese Weise über die Fensterrahmen gezogen wurden, verleihen ihm ein sonderbares Aussehen, gewissermaßen ein Haus mit grüner Brille. Wenn Hopfenranken zum Schutz der Fenster verwendet werden, was oft der Fall ist, lässt sich die Pflanze nicht so leicht zügeln, da sie ihre üppigen Zweige rechts und links auswirft – sie versorgt sich selbst.

Johannisbeeren sind die einzigen Früchte, die man in den kleinen Gärten unserer Nachbarn sieht, sogar die Stachelbeeren sind nicht gebräuchlich. Sowohl Himbeeren als auch Erdbeeren wachsen hier wild in solch einer Fülle, dass nur wenige Leute sie anbauen. Übrigens sind sowohl die schwarze als auch die rote Johannisbeere einheimische Pflanzen, die schwarze Johannisbeere ist in diesem Staat keinesfalls selten und ähnelt den in den Gärten angebauten Varianten sehr. Die wilde rote Johannisbeere ist hauptsächlich auf die nördlichen Teile des Landes beschränkt und genau die, welche wir anbauen. Sowohl lila als auch grüne Stachelbeeren sind ebenfalls wild in unseren Wäldern zu finden.

Samstag, 23. Juni — Heller, warmer Tag, das Thermometer zeigt 32 Grad Celsius. Von Westen weht ein zarter Wind. Angenehmer Spaziergang am Abend. Wir begegneten einer Gruppe von Kindern, die mit wilden Blumen aus dem Wald kamen. Im Mai oder Juni trifft man oft kleine Leute, die Blumen oder Beeren von den Hügeln mit nach Hause bringen. Und wenn man anhält, um mit ihnen zu plaudern, bieten sie einem üblicherweise einen Teil ihres Blumenstraußes oder der Rebhuhn-Beeren an, Letztere mögen sie ebenso wie die Vögel, und die jungen aromatischen Blätter essen sie auch. Aber obwohl ihnen die Blumen gefallen, kennen die kleinen Kreaturen ihre Namen nicht. Das ist eine Schande, aber wir haben sie oft gefragt, wie sie diese oder jene Blüte in ihren Händen nennen. Sie konnten selten eine Antwort geben, es sei denn, es handelte sich um eine Rose oder ein Veilchen oder etwas Ähnliches, das jedem geläufig ist. Aber auch die Älteren sind in dieser Hinsicht gewöhnlich genauso unwissend wie jene Kinder. Häufig, wenn wir die erste Bekanntschaft mit den Blumen aus der Umgebung machten, fragten wir die erwachsenen Leute – die vielleicht in vielen Angelegenheiten gelehrter waren – nach den gebräuchlichen Namen der Pflanzen, die sie ihr ganzes Leben lang gesehen haben müssen, und wir fanden heraus, dass sie nicht klüger waren als die Kinder oder wir selbst. Es ist wirklich überraschend, wie wenig der Landbewohner über solche Themen weiß.

Es ist wahr, dass die gebräuchlichen Namen unserer Wildblumen bestenfalls in sehr unbefriedigendem Zustand sind. Einige sind falsch nach europäischen Pflanzen benannt worden, die unterschiedliche Eigenschaften haben. Sehr viele haben einen Namen hier, einen anderen ein paar Meilen weiter, und wieder andere haben sogar noch gar keinen englischen Namen. Sie finden sich allein in botanischen Werken unter langen, schwerfälligen lateinischen Bezeichnungen, nicht wirklich alltagstauglich – genau wie die Pflanzen unserer Gärten, die Hälfte davon ist nur unter langatmigen, vielsilbigen lateinischen Wörten bekannt, die ängstliche Menschen auszusprechen fürchten. Aber so ärgerlich das im Garten ist, schlimmer ist es auf den Feldern. Was hat eine tote Sprache in alltäglichen Anlässen mit den lebenden Blüten der heutigen Zeit zu tun? Warum sollte eine fremde Zunge ihre ungehobelten, komplizierten Silben auf das einfache Unkraut am Wegesrand sprudeln lassen? Wären diese schwierigen Wörter auf Wissenschaft und dicke Bücher begrenzt, würde man sich nicht mit den harten und schwülstigen auseinandersetzen. Aber das ist längst nicht der Fall, sodass sich das Übel über die Wälder und Wiesen ausbreitet, bis es tatsächlich unsere gemeinsame Sprache verdreht und die hilflosen Blüten verunglimpft, sie in *lächerliche Affektiertheit* verdreht. Die Rose kann glücklich sein, dass sie vor langer Zeit benannt wurde; hätte sie riskiert, bis in unsere Tage zu leben, an einem Fluss in der Prärie oder auf einer entfernten Insel im Meer, wäre sie sicherlich Tom, Dick oder Harry auf Griechisch oder Latein genannt worden.

Bevor die Menschen von der Wissenschaft überflutet wurden, zu einer Zeit, als noch Einfachheit in der Welt herrschte, behandelte man die Blumen in dieser Hinsicht viel besser. Ihnen wurden in alten Zeiten schöne, natürliche Namen gegeben, als wären sie von einer ländlichen Gesellschaft – rotbäckigen Mädchen und fröhlichen Burschen – an einem angenehmen Frühlingsmorgen des Maitages gerufen worden. Viele dieser alten Namen waren durchaus einfach und rustikal, wie etwa Ochsenauge, Hahnenfuß, Schlüsselblume, Butterblume, Frohkraut, die auf jeder Wiese wuchsen,

Nelke oder ›Krönung‹, nach dem Brauch, sie in Blumenkränzen zu tragen. Letztere wurde auch ›Wein-Beigabe‹ genannt, da sie in Wein hinzugegeben wurde, um den Geschmack zu verbessern – ein Brauch, der anscheinend früher in England vorherrschte. Die alten Griechen hatten eine ähnliche Sitte, das erzählt uns Abbé Barthelemi, indem sie Rosen und Veilchen in ihre Weinfässer gaben, in der Absicht, ihre Weine zu aromatisieren. Mag dieser alte Brauch nicht die Herkunft des gebräuchlichen französischen Ausdrucks »Weinbouquet« beweisen?

Es gab wiederum andere Namen, die den Pflanzen in den guten alten Zeiten gegeben wurden, welche einen Hauch von bizarrem Humor zeigen, etwa Seifenkraut, Kuckucks-Lichtnelke, Kornblume, Löwenmäuler, Fingerhüte und Eisenhut. Andere trugen Namen, die zeigen, dass es Liebende in den Feldern gegeben haben muss – wie die Süßdolde, Bartnelke, Mädchenauge, Garten-Stiefmütterchen. Auch bloße Personennamen, wie man sie heute so oft vergibt, wurden damals viel besser gehandhabt, beispielsweise Ruprechts Kraut, Grüner Heinrich, Nostalgie-Edelrose Marietta und Bertram. Nach solchen Namen, müssen wir uns da nicht gründlich schämen für Bezeichnungen wie Steinsamen, Salzmelden, amerikanische Buchnera, Netzblatt, Engelstrompete, Purpurglöckchen, Blumenbinse, Spaltblume und so viele mehr, die nach Belieben zusammenpassen? Namen, die sich bemerkenswert gut eignen für Krokodile, Klapperschlangen und Skorpione, aber, wie man meinen würde, kaum passen zu den zarten Blumen des Feldes. Es gibt eine kleine, schlichte Blüte, die der ganzen Welt bekannt ist, weil man sie in verschiedenen Ländern hoch verehrt. *La Marguerite* wurde vermutlich zuerst in den Liedern irgendeines liebenden Troubadours benannt, vielleicht eines edlen Waffenbruders, der Blanka von Kastilien so süß besang:

Ach! Wenn ich die Kraft hätte,
Ihre Schönheit zu vergessen, ihre Redlichkeit
Und ihren sehr sanften Blick,
Dann würde mein Martyrium enden!

Wir können es uns gut vorstellen, dass es ein ritterlicher Dichter gewesen sein muss, der als Erster den Reiz dieser einfachen Blume erkannte und ihren Namen und ihr Abbild mit dem seiner Geliebten vermischte, als er sang: »So süß ist die Margerite!« Solange Ritter die Waffen und Lanzen im Namen der Damen trugen, solange war *la Marguerite* eine beliebte Blume der Ritterlichkeit, die von allen »tapferen Rittern« geehrt wurde. Ritter und Knappen trugen ihren Ruhm über das Meer ins gute alte England, auch über die Alpen und Pyrenäen – in Spanien heißt es *la Margarita*, in Italien *la Margherettina*. Die Italiener haben übrigens auch einen weiteren wirklich rustikalen Namen dafür, *la pratellina*, das kleine Feld. Und jetzt, da die alten Türme feudaler Schlösser einstürzen und selbst die monumentalen Statuen der Ritter und Damen dort, wo sie in den Kirchen liegen, zu Staub zerbröseln, findet man noch heute den Namen *la Marguerite* auf den Lippen der Bauernmädchen Frankreichs. Man kann sehen, wie sie die Liebe ihrer Verehrer an den Blütenblättern dieser Blume messen, indem sie sie abziehen, eine nach der anderen, und bei jedem fallenden Blatt wiederholt sagen: *ein wenig, viel, leidenschaftlich, überhaupt nicht*. Das letzte Blättchen entscheidet die allerwichtigste Frage durch die Begleitung des Wortes: Ach!, da es sich manchmal als *überhaupt nicht* erweist! Sonderbarerweise ist diese Blume der Liebe und Ritterlichkeit in Deutschland, dem Land der Rührseligkeit und Vergissmeinnicht, zu – wie sollen wir sagen – ›Gänseblume‹ degradiert worden, Gänse-Blüte! So lautet zumindest einer der Namen, wir beeilten uns jedoch, es mit einem anderen zu benennen, ›Maßliebe‹ oder Liebesmaß: wahrscheinlich nach dem gleichen Einfall, an den Blütenblättern zu ziehen, um die Herzen der Verehrer zu testen. In England war das sächsische Gänseblümchen schon immer ein großer Favorit bei den ländlichen Dichtern und den Landleuten, unabhängig von seinen ritterlichen Ehren, als *la Marguerite*. Wie wir alle wissen, erfreute sich Chaucer [*Legend of Good Women*, The Daisy] an ihr. Er stand vor Sonnenaufgang auf, ging fort und warf sich auf die Erde, um das Gänseblümchen zu beobachten –

Um diese Blume so jung zu sehen, so reinweiß,
------------ bis es sich öffnete
Überm schmalen, sanften, süßen Gras.

Nun, kann man glauben, dass das Gänseblümchen, wenn man es *Caractacussia* oder *Chlodovigia* genannt hätte, von ritterlichen Troubadouren und Minnesänger in allen Ecken des feudalen Europas besungen worden wäre? Können Sie sich vorstellen, dass Chaucer diese Blume, »so jung, so reinweiß«, unter dem Namen *Sirhumphreydavya* oder *Sirwilliamherschellia* oder *Doctorjohnsonia* entzückt hätte? Nein, ganz bestimmt nicht! Indes können wir sicher sein, wenn das Gänseblümchen, die *douce Marguerite*, einen solchen Namen getragen hätte, dass Chaucer darüber mit den Fingern geschnippt hätte. Weder Gänseblümchen noch Schlüsselblume noch Schneeglöckchen sind auf den Feldern der neuen Welt zu finden, an ebenso süßen und hübschen Blüten fehlt es hier allerdings nicht, und es ist eine wahre Schande, sie unzutreffend zu benennen. Aber wenn wir wünschen, dass unsere Nachfahren eine natürliche, ungekünstelte Freude an Blumen haben, sollten wir über Namen für die Blumen verfügen, welche die Mütter und Kindermädchen den Kindern beibringen können, ehe sie ›in der Botanik‹ sind. Wenn wir wünschen, dass amerikanische Dichter unsere einheimischen Blumen so süß und einfach besingen, wie man das Gänseblümchen, Veilchen und Schöllkraut zu Zeiten von Chaucer und Herrick bis zu Burns und Wordsworth besungen hat, dann müssen wir darauf achten, dass sie natürliche, angenehme Namen erhalten.

Dienstag, 26. Juni — Der Ahornblättrige Schneeball blüht, und da er verbreitet ist, sehen die weißen Blüten im Wald sehr fröhlich aus. Diese Blütensträucher, die in schattigen Hainen leben und blühen, werden kaum jemals von Sonnenstrahlen berührt, sind aber nicht weniger schön unterm gedämpften Licht, das sie umspielt. Der Ahornblättrige Schneeball wird, wie andere aus derselben Familie, auch Pfeilholz genannt – wahrscheinlich sind seine Zweige und Stiele zu irgendeinem Zeitpunkt in der Geschichte der Waffen zum Einsatz gekommen, um Pfeile herzustellen. Wir haben nie gehört, ob die Indianer das Holz auf diese Weise verwendet haben.

Wenn man nach Hause kam, war es ein hübscher Anblick, die Frauen und Kinder zu sehen, wie sie, über die Wiesen verstreut, wilde Erdbeeren pflückten. Diese köstliche Frucht ist hier sehr reichlich vorhanden, wächst überall, in den Wäldern, entlang der Straßenrändern und auf jeder Wiese. Zu unserem Glück nehmen die wilden Erdbeeren in kultivierten Ländern eher zu als ab. Sie sind noch verbreiteter unter den fremden Gräsern der Wiesen als innerhalb des Waldes. Die zwei Sorten, die von Botanikern unterschieden wurden, kommen beide um unseren See herum vor.

Mittwoch, 27. Juni — Die Felder, die an dieses stille Stück Straße angrenzen, zählen zu den ältesten in unserer Nachbarschaft und gehören zu einer der ersten Farmen, die in der Nähe des Dorfes gerodet wurden. Sie sind in bester Ordnung, und wenn man sie sich ansieht, könnte man sogleich glauben, dass diese Ländereien seit ewigen Zeiten kultiviert wurden. Aber das zählt ohnehin schon zum Charakter des ganzen Tales – ein Fremder, der sich entlang der Landstraße bewegt, schaut sich vergebens nach etwaigen auffälligen Anzeichen eines neuen Landes um; während er in ununterbrochener Folge von Hof zu Hof geht, ist die Erscheinung der ganzen Region lächelnd und fruchtbar. Wahrscheinlich gibt es keinen Teil der Erde innerhalb der Grenzen eines gemäßigten Klimas, der sobald das Aussehen eines alten Landes angenommen hat wie unser Heimatland. In dieser Hinsicht ist sehr viel auf den fortschrittlichen Stand der Zivilisation in der gegenwärtigen Zeit zurückzuführen; viel auf den aktiven, intelligenten Charakter der Menschen und auch ein wenig auf die natürlichen Eigenschaften des Landes selbst. Es gibt keine kargen Gebiete in unserer Mitte, keine Wüsten, die dem Anbau trotzen, sogar unsere Berge sind leicht bebaut – viele von ihnen sind bis zu ihrem Gipfel kultivierbar –, während die unfruchtbarsten unter ihnen mehr oder weniger bedeckt sind mit Vegetation in ihrem natürlichen Zustand. Alles in allem waren die Umstände sehr zu unseren Gunsten.

Als wir heute Nachmittag die ebenen Felder ringsum betrachteten, war es einfach, innerhalb der wenigen Meilen, die in diesem Moment in Sicht waren, Landparzellen in weitgehend unterschiedlichen Zuständen auszumachen. Dort drüben zum Beispiel trat eine Öffnung im Wald auf, die eine neue Lichtung im noch rohen Zustand markiert, schwarz mit verkohlten Stümpfen und Abfall. Erst im letzten Winter wurde das Holz an dieser Stelle gefällt und der Boden zum ersten Mal für den Sonnenschein freigemacht, nachdem ihn die alten Wäldern für einen unendlichen Zeitraum, länger als man sagen kann, beschattet hatten. Auch hier, auf einer nahen Erhöhung, lag eine Flecken, den man nicht nur gerodet, sondern auch eingezäunt hatte, um ihn zu bestellen. Die verfallenen Stämme und der verstreute Unrat wurden auf Haufen gesammelt und verbrannt. Wahrscheinlich wird diese Stelle bald gepflügt werden, aber es kommt häufig vor, dass man das Holz vom Land rodet und dieses dann in rohem Zustand, als wildes Weideland, belässt. Das ist eine gleichgültige Art der Landwirtschaft, bei der weder dem Boden noch dem Holz irgendeine Aufmerksamkeit zuteil wird – aber in solchem Zustand befindet sich mehr Land um uns herum, als man annehmen würde. Wieder in einer anderen Richtung liegt ein neues Ackerland, das in den letzten Wochen zum ersten Mal gepflügt und besät wurde. Die jungen Maispflanzen, die gerade ihre glänzenden Blätter emporgeschossen haben, werden die erste Ernte sein, die dort jemals gewachsen ist. Und wenn sie geerntet wurden, wird sich dies Korn als die ersten Früchte erweisen, die die Erde dem Menschen aus diesem Boden erbracht hat, nachdem er Tausende von Sommern brachlag. Viele andere Felder in Sichtweite haben gerade die übliche Wechselwirtschaft durchlaufen und zeigen, was der Boden in verschiedenster Art leisten kann, während die Höfe vor uns seit der frühesten Geschichte unseres Dorfes bewirtschaftet wurden und zu jeder Jahreszeit im letzten halben Jahrhundert ihren Beitrag an Gras und Getreide erbracht haben. Für jemanden, der vertraut ist mit dem Land, ist es sicher ein Vergnügen, derart die landschaftliche Geschichte der Umgebung entfaltet zu sehen, indem man den andauernden Schritten der Kultivierung auf den Bauernhöfen in Sichtweite folgt.

Die Kiefernstümpfe sind wahrscheinlich das einzige Anzeichen neuen Landes, das von einem Fremden bemerkt würde. In den ersten Jahren der Nutzbarmachung sind sie ein wirklicher Schandfleck, aber nach einer Weile, wenn die meisten von ihnen verbrannt oder entwurzelt wurden, sieht ein grauer Baumstumpf hier und da zwischen dem Gras eines ebenen Feldes nicht sehr verkehrt aus – es erinnert einen an die kurze Geschichte des Landes. Wenn sie entwurzelt sind, werden die Stümpfe zu Haufen zusammengezogen und verbrannt. Häufig werden sie aber auch als Zäune verwendet, Seite an Seite aufgestellt, ihre Wurzeln ineinandergreifend, und stellen so die wildeste und beeindruckendste Barriere um ein ruhiges Feld dar, die man sich nur vorstellen kann. Diese derben Zäune sind in unserer Nachbarschaft weitverbreitet, und da sie besonders sind, mag man sie sehr. Es heißt, dass sie viel länger halten als andere Holzzäune und sechzig Jahre lang in gutem Zustand bleiben.

Es gibt jedoch auch sanftere Spuren, die dieselbe Geschichte der jüngsten Kultivierung erzählen: Immer wieder kommt es vor, dass man auf unseren

Höfen zwischen üppigen, ausgeglichenen, wohlbestellten Feldern zu einem niedrigen Ufer oder einer kleinen Ecke gelangt, einem Landstreifen, der noch nie bebaut wurde, obwohl er zu allen Seiten von reifenden Ernten östlicher Körner und Gräser umgeben ist. Man erkennt solche Orte anhand der hübschen einheimischen Pflanzen, die dort wachsen. Es war erst vor Kurzem, dass wir anhielten, um uns eine solche Stelle auf einer schönen Wiese unweit des Dorfes zu betrachten – gepflegt und gleichmäßig, als wäre sie in den Tagen Adams bearbeitet worden. Ein Pfad, den Arbeiter und das Vieh angelegt hatten, führt quer übers Feld, man tritt bei jedem Schritt auf Wegerich, dieses gewöhnliche Wegekraut der alten Welt. Diesem Pfad folgend, kommen wir zu einem kleinen Rinnsal, das jetzt trocken und grasig ist, obwohl es zweifelsohne einmal das Bett einer beachtlichen Quelle war. Dessen Ufer sind mehrere Fuß hoch, und es ist voll einheimischer Pflanzen; auf einer Seite steht ein Dornenbaum, dessen Morgenschatten auf Gräser und Kleeblätter fällt, die von jenseits der Meere hergebracht wurden, während er am Nachmittag auf den Indianer-Schlangenwurzeln und Elchblumen liegt, den Stechwinden und Cahoshes, die hier seit Ewigkeiten blühen, als allein das Auge des roten Mannes sie erblickte. Sogar innerhalb der Grenzen des Dorfes kann man noch Stellen am Ufer des Flusses finden, die nicht vom Pflug unterbrochen sind, die uns der Bodenlorbeer, die Leberblümchen und die Kreuzblumen in jedem Frühling nennen. In älteren Gegenden wären diese Kinder des Waldes längst von allen Wiesen und Dörfern verschwunden, denn der Pflug wäre tausendmal über jedes Viertelmorgen eines solchen Bodens gefahren.

Donnerstag, 28. Juni — Gewitterschauer bei Sonnenaufgang, es regnete bis zum Nachmittag kontinuierlich weiter. Der Schauer wurde dringend benötigt, und jedermann ist voller Freude über die reichliche Versorgung. Wir gingen am Nachmittag spazieren, obwohl der Himmel noch immer bewölkt war und drohend. Wir waren gezwungen, der Landstraße zu folgen, denn die Wälder troffen feucht und das Gras war verfilzt nach dem starken Regen. Aber unser Spaziergang erwies sich als sehr angenehm. Die Aussicht unter einem nüchternen Himmel war noch immer schön. Das Dorf spiegelte sich im klaren, grauen Wasser, als hätte es an diesem trägen Nachmittag nichts anderes zu tun, als seinem eigenen Abbild im See zuzulächeln, während das Tal dahinter, die hochgelegenen Bauernhöfe von Highborough gegenüber, die bewaldeten Hügel über uns alle reich waren an üppigem Grün und regnerischer Frische des Junis. Zahlreiche Krähen waren geschäftig, einige flogen schwerfällig über uns hinweg, während sich andere auf den verdorrten Hemlocktannen direkt am Rande des Waldes niedergelassen hatten. Sie sind diesem östlichen Hügel sehr zugetan, er ist zu jeder Jahreszeit ihr Lieblingsplatz. Zahlreiche der kleineren Vögel flatterten ebenfalls herum, sehr beschäftigt und sehr musikalisch nach diesem regnerischen Morgen. Zu solchen Zeiten richten sie unter den Würmern und Insekten eine große Verwüstung an, und man glaubt, dass sie einen stillen Abend nach einem regnerischen Tag süßer besingen als in anderen Augenblicken. Einige Stieglitze, Zaunkönige, Singammern und Hüttensänger schienen sich selbst zu übertreffen, als sie sich auf den Geländern der Zäune oder auf dem Unkraut am Straßenrand niedergelassen hatten.

Es rührte sich kaum ein Lufthauch. Der Wald lag in stiller Ruhe nach dem wohltuenden Schauer, und große Regentropfen sammelten sich in Gruppen auf den Pflanzen. Die Blätter der verschiedenen Arten nehmen das Wasser sehr unterschiedlich auf: Einige sind vollständig überströmt, zeigen vom Stiel bis zur Spitze eine glatte, grün versiegelte Oberfläche, bei anderen liegt die Flüssigkeit in flachen, durchsichtigen Tropfen, welche die smaragdgrüne Färbung des Blattes, auf dem sie ruhen, annehmen, während die Rose und die Heckenkirsche kugelförmige diamantenartige Tropfen tragen, die von Dichtern besungen und von Feen getrunken werden. Ebenso trägt der Klee, der zwischen den Gräsern aufstieg, die Kristalle so reizend wie die Königin des Gartens. Natürlich ist es die unterschiedliche Beschaffenheit der Blätter, welche diesen sehr angenehmen Effekt hervorruft.

Freitag, 29. Juni — Die Wein-Rose steht jetzt in voller Blüte. Es ist einer der angenehmsten Sträucher der ganzen weiten Welt. Bei uns ist sie nicht so weitverbreitet wie in den meisten älteren Landkreisen. Sie wächst vorzugsweise in Abständen entlang der Straßenränder und auf Feldern, die an die Landstraßen grenzen. Man sieht sie niemals in den Wäldern bei den wilden Rosen und anderen Dornensträuchern. Die Frage nach ihrem Ursprung wird, so glaube ich, von Botanikern als erledigt angesehen, und obwohl sie in den meisten Teilen des Landes ganz und gar eingebürgert ist, können wir sie nicht als heimisch bezeichnen.

Jener alte, würdige Kapitän Gosnold, der erste Engländer, der einen Fuß auf Neuengland gesetzt hatte, landete schon 1602 auf Cape Cod. Dann fuhr er weiter nach Buzzards Bay und schlug sein Quartier eine Zeit lang in der größten Bucht der Elizabeth-Inseln auf, wo man das erste Gebäude, das in diesem Teil des Kontinents von englischen Händen errichtet wurde, zusammengefügte. Ziel seiner Reise war es, eine Ladung der Sassafraswurzelrinde zu beschaffen, die damals hohes Ansehen für medizinische Zwecke genoss und einen wertvollen Handelsartikel darstellte. Im Bericht seiner Reise erwähnt er neben dem Sassafrasbaum, den er dort im Überfluss fand, auch andere Pflanzen, die er beobachtet hatte: den Stechapfel, die Heckenkirsche, die Platterbse, Erdbeeren und Himbeeren und Weinreben – alle zweifellos einheimisch. Aber er nennt auch die Zaun- bzw. Wein-Rose und das Jakobs-Greiskraut – beide werden im Allgemeinen als auf diesem Kontinent eingebürgert angesehen. Vielleicht hatte der würdige Kapitän seinen Kopf so voller Sassafraswurzeln, dass er sich wenig um den Rest der Vegetation kümmerte, und er könnte die Wildrose mit der Zaun-Rose und eine andere Pflanze mit dem Jakobs-Greiskraut verwechselt haben. Bei der Platterbse handelt es sich vielleicht um eine unserer Gemeinen Wicken.

Einige der schönsten Wein-Rosen der Welt wachsen wild an den Straßenrändern rund um Fishkill am Hundson. Sie besitzen eine Vorliebe für die Nähe zu Zedern, die dort üblich sind. Und indem sie sich an diese Bäume klammern, klettern sie ungeübt über sie, bis zu einer Höhe von zwanzig oder mehr Fuß. Wenn sie blühen, ist die Wirkung sehr schön, ihre sternartigen Blüten ruhen dann auf dem Laub der Zedern, welches normalerweise dunkel und ernst ist.

Samstag, 30. Juni — Bezauberndes Wetter. Wir kamen heute Abend von unserem Spaziergang mit den Dorfkühen nach Hause. Etwa fünfzehn oder zwanzig von ihnen streiften entlang der Straße umher und gingen aus eigenem Antrieb nach Hause, um gemolken zu werden. Viele dieser guten Geschöpfe haben den Sommer hindurch kein geregeltes Weideland, sondern müssen entlang der Straßenränder und in den nicht eingezäunten Wäldern nach Nahrung suchen. Sie gehen morgens hinaus, ohne dass sich jemand um sie kümmert, und finden bald darauf den besten Futterplatz – üblicherweise folgen sie dieser besonderen Straße, die auf beiden Seiten lange Abschnitte von offenen Wäldern hat. Wir begegnen selten beliebig vielen von ihnen auf anderen Straßen. Sie grasen gerne im Wald, wo sie zweifelsohne die jungen Bäume verletzen, weil sie die zarten Ahorntriebe besonders mögen. Gegen Abend wenden sie ihre Köpfe gen Zuhause, ohne dass nach ihnen geschickt wurde, und gehen zuweilen in einem gleichmäßigen Tempo, ohne anzuhalten; zu anderen Zeiten trödeln sie und knabbern im Vorübergehen. Unter denen, denen wir heute Abend folgten, waren mehrere alte Bekannte, wahrscheinlich gehörten sie alle verschiedenen Häusern an – nur zwei von ihnen hatten Glocken. Als sie ins Dorf kamen, gingen sie alle zu den Türen ihrer Besitzer, einige wendeten sich in die eine Richtung, einige in die andere.

Montag, 2. Juli — Klar und kühler. Angenehme Fahrt nachmittags am Seeufer. Die Mittsommerblumen beginnen sich zu öffnen. Die gelbe Nachtkerze, die lila Pracht-Himbeere, das auffällige Schmalblättrige Weidenröschen mit seiner Pyramide aus lila Blüten, die roten und gelben Lilien. Wir beobachteten auch einen hübschen Ährigen Erdbeerspinat mit seinen sonderbaren fruchtähnlichen, purpurfarbenen Köpfen. Diese Blume ist in neuen Ländern im westlichen Teil des Staates nicht ungewöhnlich und vermutlich einheimisch, obwohl sie der europäischen Art genau gleicht. Den Weg, den wir heute Nachmittag passierten und wo wir den Erdbeerspinat fanden, wurde erst vor Kurzem durch den Wald geschlagen.

Beobachteten viele Vögel. Die Stieglitze waren wie gewöhnlich in kleinen Schwärmen, und die Karmingimpel flogen mehr als einmal über unsere Straße hinweg. Streitsüchtige Königstyrannen saßen auf den Büschen und Pflanzen am Ufer und beobachteten vielleicht die Wildbienen, denn sie sollen diese ebenso gierig verschlingen wie die des Bienenstocks. Ich sah einen weiteren Vogel, dem man nicht oft begegnet, einen Schnäpperwaldsänger. Im Unterschied zum europäischen Gartenrotschwanz, der oft in der Nähe von Häusern baut, ist der amerikanische Vogel sehr scheu und wird nur im Wald gesehen. Der eine, den wir heute Abend beobachteten, huschte in einem jungen Wäldchen an den Rändern eines Baches umher. Sein rotes und schwarzes Gefieder und sein tänzelnder Schwanz kamen hier und da unter dem Laub zum Vorschein.

Dienstag, 3. Juli — Wir hatten seit mehreren Wochen einen Besuch bei Farmer B— geplant. Unsere gute Freundin, seine Stiefmutter, hatte uns sehr herzlich eingeladen, den Tag mit ihr zu verbringen. Demnach machten wir uns morgens, nach dem Frühstück, auf den Weg und fuhren zur kleinen Siedlung von B— Green, wo wir gegen Nachmittag ankamen. Hier erwartete uns ein überaus herzlicher und einfacher Empfang, und wir verbrachten einen sehr angenehmen Tag. Wie schön es in einem Bauernhaus aussieht! Es ist immer viel Interessantes und Anständiges mit einer schönen Arbeit verbunden – jede nützliche oder harmlose Beschäftigung des Menschen. Wir achten manches Handwerk wegen seiner Nützlichkeit, wir bewundern andere wegen ihres Einfallsreichtums, aber es scheint natürlich, einen Bauernhof oder einen Garten über die meisten Werkstätten hinaus zu mögen.

Aus dem Fenster des Zimmers, in welchem wir saßen, überblickten wir den ganzen Hof von Herrn B—: das Weizenfeld, das Maisfeld, den Obstgarten, das Kartoffelbeet und das Buchweizenfeld. Der Farmer selbst war mit seinem Wagen und seinen Pferden, einem Jungen und einem Mann, auf einer Heuwiese unterhalb des Hauses beschäftigt. Etliche Kühe weideten auf der Wiese und etwa fünfzig Schafe knabberten am Hang. Wir wurden auf ein Waldstück auf der Anhöhe hingewiesen, welches das Haus mit Brennmaterial versorgt. Wir sahen dort keine immergrünen Pflanzen, die Bäume waren hauptsächlich Ahorn, Birke, Eiche und Kastanie – bei uns, rund um den See, umfasst jeder Wald auch Hemlocktannen und Kiefern.

Als unsere gute Freundin herausfand, dass wir uns für ländliche Angelegenheiten interessierten, bot sie an, uns alles zu zeigen, was wir sehen wollten, und all unsere vielen Fragen zu beantworten, mit dem süßen, alten Lächeln, das typisch für sie war. Sie zeigte uns den kleinen Garten, der Kartoffeln, Kohl, Zwiebeln, Gurken und Bohnen enthielt. Eine Reihe von Johannisbeersträuchern war dort die einzige Frucht, und in einer Ecke wuchsen Katzenminze und eine weitere Minzsorte. Unseren Farmern sind ihre Gärten in der Regel sprichwörtlich egal. Dort gab es außer den Apfelbäumen des Obstgartens keine Früchte. Es ist überraschend, dass Kirschen, Birnen und Pflaumen, die alle geeignet sind für unser hügeliges Klima in diesem Landkreis, nicht mehr Aufmerksamkeit erhalten. Sie bringen eine erstrebenswerte Rendite für die Kosten und die Mühen ein, welche erforderlich sind, um sie zu pflanzen und zu pflegen.

Herr B— bewirtschaftete seinen Hof nur mit zwei Pferden, er hielt keine Ochsen. Ein halbes Dutzend Hühner und einige Gänse waren das einzige Geflügel im Hof – die Eier und Federn wurden im Herbst zum Laden nach B— Green gebracht oder manchmal bis in unser eigenes Dorf. Sie hielten vier Kühe; früher hatten sie eine viel größere Molkerei gehabt, aber unsere Gastgeberin hatte bereits die siebzig erreicht und war zudem die einzige Frau im Haus – sie sagte, die Melkarbeit für vier Kühe sei so viel, wie sie gerade gut erledigen könne. Das sollte man meinen! Denn sie kochte, backte, wusch, bügelte und putzte auch alles für die dreiköpfige Familie, neben einem Anteil, der aus Nähen, Stricken und Spinnen bestand.

Während unsere liebenswürdige Gastgeberin in gastfreundlicher Absicht etwas Schönes zum Tee vorbereitete, wurden wir eingeladen, uns im kleinen Wohnzimmer umzusehen, um darin ›Bauernhof- Gepflogenheiten‹ zu erkennen. Es war Salon und Gästezimmer zugleich. In einer Ecke stand ein Bettgestell aus Ahorn mit einem großen prallen Federbett darauf und zwei winzigen Kissen in gut gebleichten Bezügen am Kopfende. Die Wände des Zimmers waren weiß getüncht, die Holzarbeiten ungestrichen, aber so gründlich gereinigt, dass sie eine Art Politur und Eichenfarbe angenommen hatten. Vor dem Fenster hingen bunte Papiervorhänge. Zwischen den Fenstern stand ein Tisch, und darüber hingen ein kleiner Spiegel und eine grün-gelbe Aquarellzeichnung – das Geschenk eines Freundes. Auf der einen Seite stand ein Sekretär aus Kirschholz, auf diesem lag die Bibel, und dass ihre heiligen Seiten gründlich studiert worden waren, konnte das tägliche Leben unserer Freundin bezeugen. Neben der Bibel lag ein Buch mit religiösem Charakter aus der methodistischen Presse und das *Leben des Generals Marion*. Der Kaminsims war mit Pfauenfedern und goldglänzenden Messingleuchtern verziert, im Kamin selbst lagen frische Spargelzweige. Auf der einen Seite stand ein offener Geschirrschrank, der ordentlich platzierte Tassen und Untertassen enthielt, ein hübsches Salzfässchen, zudem mehrere Stücke gesprungenen und zerbrochenen Porzellans von höchster Qualität, welche mehr zur Zierde als zum Gebrauch aufbewahrt wurden.

Als unsere liebe Gastgeberin kam und ging, ihre Zeit vorurteilslos aufteilte zwischen ihren Keksen und ihren Gästen, fragten wir sie um Erlaubnis, ihr zu folgen und bei ihr zu sitzen, während sie bei der Arbeit war – wir bewunderten die Küche ebenso wie den Rest ihrer ordentlichen

Behausung. Es war der größte Raum im Haus und der am meisten genutzte, er war genauso ordentlich wie jede andere Ecke unter diesem Dach. Der Schornstein war nach altem, bewährtem Brauch sehr groß; ringsherum war er geschmückt mit Bügeleisen, Besen, Bürsten, Haltern und Kochutensilien, jedes an seinem richtigen Platz. Im Winter nutzen sie einen Ofen zum Kochen, und bei sehr kaltem Wetter brennen zwei Feuer, eins im Schornstein, das andere im Ofen. Die Wände wurden weiß getüncht. Es gab viele Holzarbeiten im Zimmer – Vertäfelung, Anrichten und sogar die Zimmerdecke war aus Holz –, und alles war dunkelrot gestrichen. Die Decke der Bauernküche, besonders wenn eine unverputzte wie diese, ist oft ein hübscher ländlicher Anblick, eine Art Vorratskammer, wo allerlei Dinge an Haken oder Nägeln hängen, die man in die Balken gehämmert hatte: Bündel getrockneter Kräuter, Schnüre mit roter Paprika und getrockneten Äpfeln hängen in Girlanden, Werkzeuge verschiedenster Art, Taschen verschiedenster Art und Größe, goldene Ähren des reifen Saatguts, Fläschchen mit Arznei und Geheimmitteln für Mensch und Tier, einige Kordeln und Bindfäden, Garnstränge und braune Fäden, die gerade gesponnen wurden, und schließlich ein Reihe Zeitungen. Beim Fenster hing ein Tintenfass und ein gut gelesener Almanach, witzig und weise wie immer. Seit ein oder zwei Jahren wurde eine Ausgabe des Almanachs ohne die üblichen Vorhersagen hinsichtlich des Windes und des Sonnenscheins gedruckt, erwies sich aber als völliges Scheitern. Einen Almanach, der nichts über das Wetter im nächsten Jahr aussagte, wollte niemand kaufen, und es wurde als angebracht befunden, diese wichtigen Vorhersagen bezüglich zukünftigen Schnees, Hagels und Sonnenscheins des Landkreises wieder einzuführen. Die öffentliche Meinung forderte es.

Ein großes Spinnrad mit einem Korb Kratzwolle stand in einer Ecke, wo er abgestellt worden war, als wir ankamen. In der Familie wurde häufig gesponnen – man verwendete alles Garn für Strümpfe, für Flanelle, für die Kleidung der Männer, für die bunten Wollkleider der Frauen, und alle Fäden für die groben Handtücher wurden im Haus von unserer Gastgeberin, ihrer Enkelin oder einer zu diesem Zweck angestellten Nachbarin gesponnen. Früher gab es sechs Stieftöchter in der Familie; damals wurde zu Hause nicht nur alles gesponnen, sondern auch gewebt und gefärbt. Sie müssen bemerkenswerte Frauen gewesen sein, diese sechs Stieftöchter – wir hörten einige großartige Berichte über ihr Spinnen und Weben. Tatsächlich war fast die gesamte Kleidung der Familie, für Männer wie für Frauen, und alles in Form von Bettzeug und Handtüchern, das im Haushalt Verwendung fand, hausgemacht. Sie schafften nur einige wenige Kurzwaren an: Hüte und Schuhe, einige leichte Stoffe für Mützen und Kragen, eine kleine Schleife und ab und zu ein bedruckter Baumwollstoff schien alles zu sein, was sie kauften. Dies erachtete man nicht als außergewöhnlich, denn es ist die gebräuchliche Lebensweise in vielen Bauernfamilien. Man hat berechnet, dass eine junge Frau, die spinnen und weben kann, sich für zwölf Dollar im Jahr, einschließlich der Kosten für das Rohmaterial, mit Leichtigkeit und Bequemlichkeit im Hinblick auf alles Notwendige selbst einkleiden kann. Der tatsächliche Zuschuss für Kleidung, die die Behörden des Landkreises den Töchtern der Bauern gewährten, indes der Besitz ungeteilt blieb, betrug fünfzehn Dollar. Und diese Schätzung enthielt wohl alles, was zur Behaglichkeit nötig ist, sowohl Winter- als auch Sommerkleidung. Die Gattinnen und Töchter unserer Bauern sind oft sehr bemerkenswerte, bescheidene Frauen – vielleicht sollte man sagen, dass sie es meistens sind, bis sie von zu Hause fortgehen. Bei den jungen Mädchen in unseren Dörfern ist der Umstand ein ganz anderer: Sie sind oft extravagant wild in ihren Kleidern und ebenso ruhelos darin, der Mode zu folgen, wie es die reichsten feinen Damen im Land sind. Sie geben oft alles, was sie verdienen, für Kleidung aus.

Es wurden uns sehr hübsche Wollschals gezeigt, die von den Stieftöchtern unserer Freundin nach schottischen Mustern gefertigt worden waren. Mehrere Familien schottischer Emigranten hatten sich seit etwa dreißig Jahren in der Nachbarschaft niedergelassen und ihre Freunde mit den Mustern verschiedener Plaids ausgestattet, ob diese aus dem Hoch- oder Tiefland stammten, konnten wir nicht sagen. Einige ihrer geköperten Flanelle sind bemerkenswert gut in Qualität und Farbe, neigen aber dazu, beim Waschen einzulaufen. Die Schotten färben sehr geschickt in Scharlachrot, Orange, Grün, Blau und Lila. Aus Ahornblättern erhalten sie ein schönes Grau für Strümpfe, aber die meisten ihrer Färbemittel kaufen sie in den Dörfern, da Farbstoffe ein wichtiger Teil des Warenbestandes all unser Land-Apotheker sind. Das meiste Gesponnene und Gewebte war aus Baumwolle oder Wolle – die Kleidung und die Bettwäsche bestand vollständig aus Baumwolle oder Wollmaterialien. Für Handtuchstoffe, Sackleinwände, Bauernkittel und Beinkleidern für die sommerliche Arbeitskleidung der Männer verwendete man eine ziemliche Menge Werg. Von Zeit zu Zeit wurde ein wenig Flachs angebaut, insbesondere für die Herstellung von Leinen, hauptsächlich für einige feinere Handtücher und Tischdecken, den Luxus des Haushalts.

Die Nahrung der Familie sowie ihre Kleidung war fast ganz das Erzeugnis der eigenen Farm – sie handelten nur wenig mit Lebensmittelhändlern oder Schlachtern. Im Frühling wurde ein Kalb getötet, im Herbst ein Schaf und ein paar Schweine ab und zu, in anderen Jahreszeiten bekamen sie ein Stück frisches Fleisch von einem Nachbarn, der ein Rind oder einen Hammel geschlachtet hatte. Sie aßen zudem selten ihr Geflügel, die Hühner wurden hauptsächlich wegen ihrer Eier und die Gänse wegen ihrer Federn gehalten. Das tägliche Stück Fleisch war gepökeltes Schweinefleisch aus dem Schweinefass, sie hielten für gewöhnlich auch etwas gepökeltes Rindfleisch in Salzwasser, entweder aus ihrer eigenen Herde oder ein Stück, das man durch den Handel mit einem Nachbarn beschaffte.

Das Brot wurde aus eigenem Weizen hergestellt, ebenso waren der Maiskuchen und der Pfannkuchen aus dem Maismehl und Buchweizen ihres Anbaus. Butter und Käse aus ihrer Molkerei standen zu jeder Mahlzeit auf dem Tisch, dreimal am Tag. Pasteten wurden sehr häufig gegessen, entweder aus Äpfeln, Kürbissen, getrockneten Früchten oder grobem Hackfleisch. Gelegentlich gab es Kuchen ohne Fleisch zum Abendessen, Puddings jedoch waren selten. Yankee-Farmer essen im Allgemeinen mehr Gebäck als Pudding. Brei und Milch waren eine gebräuchliche Speise. Sie aßen nur wenige Eier, diese waren dem Verkauf vorbehalten. Ihr Gemüse bestand fast gänzlich aus Kartoffeln, Kohl und Zwiebeln, mit frischem Mais und Bohnen zur rechten Jahreszeit und gebackenen Bohnen mit Schweinefleisch im Winter. Essiggurken wurden zu jeder Mahlzeit auf den Tisch gestellt. Ihr Zucker und ihre Melasse wurden aus Ahorn produziert, wobei man nur ein wenig weißer Zucker für Besuch oder Krankheit aufbewahrte. Sie tranken Apfelwein aus ihrem eigenen Obstgarten. Die Hauptluxusgüter des Haushaltes bestanden aus Tee und Kaffee, die beide von den »Lagerhäusern« beschafft wurden, obwohl bezweifelt werden kann, ob der Tee jemals China gesehen hat; wie vieles von dem, was im Land getrunken wird, kam es wahrscheinlich aus dem Ertrag der Farm.

Während wir mit unserer freundlichen alten Gastgeberin über diese Dinge und andere persönlicherer Art sprachen, trafen mehrere Besucher ein – wahrscheinlich kamen sie diesmal weniger, um die Herrin des Hauses zu sehen, als ihre Wagenladung fremder Gesellschaft. Wie dem auch sei, wir hatten das Vergnügen, mehrere neue Bekanntschaften zu machen und einige sehr schöne goldene Perlenkette um ihre Hälse zu bewundern – ein Schmuckstück, das wir schon lange nicht mehr gesehen hatten. Eine andere Mode war weniger erfreulich. Wir beobachteten, dass einige der Frauen in dieser Nachbarschaft ihre Haare so kurz abgeschnitten hatten, wie Männer sie tragen, ein Brauch, der unnatürlich erscheint. Trotz ihrer siebzig Jahre und des Rheumas hatte unsere Gastgeberin ihr dunkles Haar glatt gekämmt und ordentlich unter einer schönen, nach methodistischem Muster gefertigten Musselinhaube aufgerollt. Sie war niemand, der etwas Unweibliches tat, obwohl die Mode ganz B— Green bestimmte.

Da wir eine lange Fahrt vor uns hatten, waren wir gezwungen, am frühen Nachmittag Abschied zu nehmen von unserer ehrwürdigen Freundin, mit jenen Gefühlen echter Aufmerksamkeit und Achtung, die nur die Guten und Aufrechten erregen. Nach einem so angenehmen Tag hatten wir eine bezaubernde Heimfahrt, die sogar den langen und langsamen Aufstieg zum Briar Hill einschloss. Die Vögel saßen auf den Geländern und Büschen und sangen uns fröhlich auf unserem Weg. Als wir am Wirtshaus in dem kleinen Dörfchen Old Oaks anhielten, um die Pferde zu tränken, fanden wir eine Reihe leerer Wagen und Kutschen vor, die am Haus standen; sie kündigten eine ländliche Fröhlichkeit zu Ehren des Vorabends des ›Vierten‹ an. Eine Geige war aus einem der oberen Zimmer zu hören, und kaum hatten wir angehalten, traten ein paar Jünglinge in Festtagskleidung zu dem Wagen und boten an, uns beim Aussteigen zu helfen, »vorausgesetzt, dass die Damen zum Tanz gekommen sind«. Als wir sie über ihren Fehler aufklärten, waren sie sehr höflich, entschuldigten sich und drückten ihr Bedauern aus. »Wir hatten gehofft, die Damen würden zum Ball kommen.« Wir bedankten uns bei ihnen, waren aber auf dem Weg nach —. Eine weitere halbe Stunde über eine vertraute Straße brachte uns in das Dorf, in das wir gerade bei Sonnenuntergang hineinfuhren.

Wasser-Ringelblume

Mittwoch, 4. Juli — Warm und angenehm. Die Sonne wurde, wie üblich an diesem Tag, durch großartiges Kanonenfeuer, Glockengeläute und Fahnenhissen eingeführt. Viele Leute vom Lande sind im Dorf, alle in Feiertagskleidung. Hin und wieder sind Festtage sehr angenehm; es tut gut, zu sehen, wie jeder sauber und fröhlich ist. Es ist wirklich ein heiteres Schauspiel, zu solchen Zeiten die Familiengruppen in Wagenladungen ins Dorf einfahren zu sehen – alt und jung, Väter, Mütter, Söhne, Töchter und Säuglinge. Sicherlich sind wir Amerikaner sehr an Zusammenkünften aller Art interessiert, solch eine Gelegenheit wird von unseren guten Leuten nie verschwendet.

Mittags gab es die übliche Prozession: ein Gebet, die Verlesung der Unabhängigkeitserklärung, eine Rede und ein Festessen. Auch die Kinder der Sonntagsschule hatten ihre eigene Unterhaltung. Häufig gibt es zu Ehren des Tages ein großes Picknick mit Tanz am See, aber dieses Jahr gab es nichts dergleichen. Am Nachmittag schienen sich die Dinge etwas hinzuziehen. Wir trafen einige der Landleute, die im Dorf umhergingen und in einem ziemlich bedenklichen Zustand der Freude dreinblickten. Gegen Abend jedoch wurden wir durch den Aufstieg eines Papierballons und von Feuerwerk belebt, Raketen, Schlangen, Feuerbälle, und obwohl es nicht sehr bemerkenswert war, gingen alle hin, um es sich anzusehen.

Donnerstag, 5. Juli — Schöner Tag. Die Robinien in großartiger Pracht. Ihr Laub erreicht niemals seine volle Größe, ehe die Blüten nicht abgefallen sind; dann wächst es nach – die Blätter werden größer und üppiger, sie nehmen ihr eigentümliches Blaugrün an. Die unteren Zweige einer Gruppe junger Robinien vor der Tür fegen jetzt sehr schön über das Gras. Diese Bäume sind nie gekappt worden; ist nicht die allgemeine Praxis, eine Robinie zu stutzen, ein Fehler, außer man wünscht sich an einer bestimmten Stelle einen hohen Baum? Nur wenige unserer Bäume werfen ihre Zweige so dicht über den Boden aus, dass sie den Rasen auf diese Weise fegen – und wo immer dies natürliche Gewohnheit ist, ist die Wirkung sehr angenehm.

Montag, 9. Juli — Großartiges, warmes Wetter. Das Thermometer zeigt 27 Grad Celsius im Schatten. An diesem Nachmittag ruderten wir über die Blackbird Bay und folgten dem schattigen Westufer in einiger Entfernung. Gelandet und Wildblumen gesammelt: das Echte Mädesüß, die Echte

Seidenpflanze, die Klematis und die Alleghany-Rebe, *adlumia*. Dies ist die Jahreszeit, in der die Kletterpflanzen blühen, sie sind gewöhnlich später dran als ihre Nachbarn. Die Alleghany-Rebe mit ihren blassrosa Blüten und sehr zarten Blättern ist mancherorts sehr verbreitet, ebenso die Waldrebe. Wir beobachteten auch mehrere Ranken der Erdbirne, *Apios americana*, obwohl ihre hübschen purpurnen Blüten noch nicht erschienen sind.

Mittwoch, 11. Juli — Die Kastanien blühen und sehen wunderschön aus. Wenn sie in Blüte stehen, sind sie einer unserer üppigsten Bäume, und da sie rings um den See verbreitet sind, sind sie zu dieser Jahreszeit sehr dekorativ für das Land – sie sehen aus, als trügen sie einen doppelten Sonnenkranz um ihre Blumenhäupter. Auch die Sumachs blühen; ihre regelmäßigen gelblichen Ähren zeichnen sich vor jedem Dickicht ab.

Die Heuerntearbeiter waren heute Abend nach Sonnenuntergang auf vielen Höfen fleißig. Es gibt bei uns in den Heuwiesen weniger Mähgeräte als in der alten Welt. Vier Männer räumen oft ein Feld, auf dem in Frankreich oder England vielleicht ein Dutzend Männer und Frauen beschäftigt wären. An diesem Abend kamen wir an einem Mann vorbei, der sein Heu mit einem Pferde-Rechen einbrachte. Als wir das Tal hinunterliefen, hatte er gerade mit seiner Aufgabe begonnen; als wir anderthalb Stunden später zurückkamen, hatte er mithilfe dieser Vorrichtung seine Arbeit fast erledigt.

Freitag, 13. Juli — Sehr warm. Das Thermometer zeigt 33 Grad Celsius im Schatten an, mit viel Wind aus Südwesten. Obwohl es sehr warm war und die Kraft der Sonne groß, war das Wetter doch nicht drückend. Wir hatten ständig gute Luft, oft eine ziemliche Brise. Am Abend fuhren wir das Tal hinunter. Die frisch geschorenen Wiesen sehen schön aus, späte Holunderbüsche, die jetzt mit weißen Blüten beladen sind, säumen sie an vielen Stellen. Die frühere Art, welche im Mai blüht und weiter verbreitet ist in den Wäldern, lässt bereits ihre roten Beeren reifen.

Gegen acht Uhr gab es eine einzigartige Erscheinung am Himmel: Ein dunkler Bogen, sehr deutlich gezeichnet, überspannte das Tal von Osten nach Westen, an dem Punkt beginnend, wo die Sonne gerade untergegangen war, während der Himmel zur selben Zeit wolkenlos zu sein schien. In einem Moment wurden zwei andere, schwächere Bögen sichtbar, der Hauptbogen war vielleicht eine halbe Stunde zu erkennen, bis er langsam mit der

Dämmerung verblasste. Keiner aus unserer Gruppe erinnerte sich, so etwas jemals gesehen zu haben. In abergläubischen Zeiten wäre dies zweifellos mit irgendeiner öffentlichen Katastrophe verbunden gewesen.

Montag, 16. Juli — Eher kühler, das Thermometer zeigt 26 Grad Celsius. Schöner Tag. Im Wald spazieren gewesen. Wir fanden viele Philadelphia- bzw. Waldlilien, wie gewöhnlich einzeln verstreut. Sie wachsen gerne in Wäldern und Hainen und sind oft unter Farnen zu finden. Die Kanadische resp. gelbe Lilie blüht ebenfalls und wächst auf niedrigeren und offeneren Böden. Etwas Wiesenland am Rande eines unserer Bäche liegt jetzt in prächtigen Farben dieser hübschen Blumen. Die sehr auffällige Martagon- oder Türkenbund-Lilie gehört auch zu unserer Nachbarschaft. Letzten Sommer fand man eine edle Pflanze – eine Pyramide von zwanzig roten Blüten an einem Stängel – an einer sumpfigen Stelle auf dem Hügel bei den Klippen. Habe einen wunderschönen Strauß dieser orangefarbenen Lilie, zusammen mit den Blättern der Farnmyrte und den weißen Blüten des duftenden frühen Wintergrüns, mit nach Hause gebracht.

Dienstag, 17. Juli — Wir schweiften über Mill Island und durch die Wälder dahinter. Man erzählte uns, dass einige Jahre, nachdem das Dorf seinen Anfang genommen habe, Mill Island ein beliebter Zufluchtsort für die Indianer gewesen sei, die zu der Zeit häufig in Gruppen zu der neuen Siedlung gekommen und monatelang zusammen dort verblieben seien. Die Insel war damals mit Wald bedeckt, und sie scheinen diesen als ihr Lager gewählt zu haben, statt anderer Stellen. Möglicherweise war es ein Zufluchtsort für ihre Fisch- und Jagdpartien, als das Land noch eine Wildnis war. Jetzt kommen sie selten und dann nur einzeln oder in Familien und flehen um die Erlaubnis, eine Hütte aus Ästen oder Brettern bauen zu dürfen, damit sie ihr Handwerk als Korbflechter betreiben können. Sie lagern nicht länger auf der Insel selbst, denn die Eiche bei der Brücke ist fast der einzige Baum, der dort steht, und sie lieben noch immer den Wald; aber drei von den vier Familien, die in den letzten zehn Jahren hier gewesen sind, haben die benachbarten Haine zu ihrem Rastplatz gewählt.

Es gibt ohnehin viele Teile dieses Landes, in denen noch nie ein Indianer gesehen wurde. Es gibt Tausende und Hunderttausende der weißen Bevölkerung, die noch nie einen roten Mann gesehen haben. Aber dieser unser Grund und Boden liegt innerhalb der ehemaligen Grenzen der Sechs Nationen, und ein Rest der großen Irokesen-Stämme verweilt noch immer an ihren alten Orten und kreuzt gelegentlich unseren Weg. Die erste Gruppe, die wir zufällig sehen, macht uns einen eigentümlichen Eindruck, wenn sie, der die Merkmale ihres wilden Volkes noch immer anhaften, inmitten einer zivilisierten Gemeinschaft erscheint; und wenn man bedenkt, dass das Land, über das sie nun als Fremde inmitten von Fremden wandern, noch vor Kurzem ihr eigenes war – das Erbe ihrer Väter –, ist es unmöglich, sie ohne ein Gefühl besonderen Interesses zu betrachten.

Wir standen eines Sommernachmittags am Fenster, als drei einzelne Gestalten, die sich dem Haus näherten, plötzlich unsere Aufmerksamkeit fixierten. Mehr als ein Mitglied unseres Haushalts hatte noch nie einen Indianer gesehen, und unwissend, dass sich welche in der Nachbarschaft befanden, war ein zweiter flüchtiger Blick nötig, uns davon zu überzeugen, dass diese Besucher dem roten Volk angehören mussten, welches wir schon seit langer Zeit begierig gewesen waren, zu sehen. Sie kamen langsam auf die Tür zu, gingen einzeln und schweigend, eingehüllt in Decken, barhäuptig und barfuß. Ohne anzuklopfen oder zu sprechen, betraten sie mit lautlosen Schritten das Haus und standen schweigend neben der offenen Tür. Wir begrüßten sie freundlich, und sie erwiesen sich als Frauen des Oneida-Stammes; sie gehörten einer Familie an, die am Tag zuvor im Wald gelagert hatte mit der Absicht, ihre Körbe im Dorf zu verkaufen. Von sanftmütigem Gesichtsausdruck, mit zarten Formen und leisen Stimmen, hatten sie viel mehr Besonderheiten der Roten an sich, als man bei einem Stamm vermuten würde, der seit Langem an den Verkehr mit den Weißen gewöhnt ist, und ein Teil von ihnen war mehr als halb zivilisiert. Nur eine der drei konnte Englisch sprechen, und sie schien dies nur mit Mühe und Zurückhaltung zu tun. Sie trugen Kleider aus blauem Baumwollstoff, grob geschnitten, grob zusammengenäht und so kurz, dass man ihre mit Perlen versehenen Baumwoll-Beinkleider erkennen konnte. Ihre Köpfe waren gänzlich unbedeckt, ihre glatten schwarzen Haare hingen locker um ihre Schultern, und obwohl zu jener Zeit Hochsommer herrschte, waren sie eng in grobe weiße Decken eingehüllt. Wir fragten nach ihren Namen. »Wallee« – »Awa« – »Cootlee« – war die Antwort. Von welchem Stamm? »Oneida« lautete die Erwiderung mit leiser und melancholischer

Stimme, wie der Ton der Schwarzkehl-Nachtschwalbe, die den Vokalen einen weichen italienischen Klang gibt und vier Silben dem Wort. Sie waren zart beschaffen, hatten die übliche Größe amerikanischer Frauen, und ihre Gesichtszüge waren gut, ohne hübsch zu sein. Um ihre Hälse, Arme und Fußknöchel trugen sie Schnüre aus billigem Schmuck, Zinnmedaillen und grobe Glasperlen, dazu ein paar Blechreste, den Abfall irgendeiner Blechhandlung, an der sie verbeiliefen. Eine, die Großmutter, war Christin, die anderen beiden waren Heiden. Es lag etwas Erschreckendes und sehr Schmerzliches darin, zu hören, wie sich diese armen Geschöpfe in unserer eigenen Gesellschaft und unter unserem eigenen Dach zu Heiden erklärten! Sie schenkten den Gegenständen ringsum sehr wenig Aufmerksamkeit, bis die Jüngste der drei einen kleinen chinesischen Korb auf einem Tisch neben sich bemerkte. Sie erhob sich schweigend, nahm den Korb in die Hand, untersuchte ihn sorgfältig, stieß einen einzigen Freudenruf aus und wechselte dann ein paar Worte mit ihren Begleiterinnen in ihrer eigenen wilden, aber wohlklingenden Sprache. Sie schienen alle gegenüber diesem Exemplar chinesischen Einfallsreichtums von Ehrfurcht ergriffen zu sein. Sie baten wie üblich um Brot und Aufschnitt, und es wurde ihnen fröhlich ein Vorrat gegeben, dazu etwas Kuchen, der sie scheinbar sehr wenig kümmerte. In der Zwischenzeit war ein Bote zu einem der Läden des Dorfes geschickt worden, wo Spielzeug und Klimperkram für Kinder verkauft wurde, und er kehrte mit einer Handvoll kupferner Ringe und Broschen, Zinnmedaillen und Stücken glänzender Bänder zurück, die wir unseren Gästen präsentierten. Die einfachen Geschöpfe sahen sowohl sehr erfreut als auch überrascht aus, obgleich ihr Dank nur kurz war und sie auch jetzt noch die wahre indianische Etikette – alle Emotionen zu beherrschen – beibehielten. Sie waren tatsächlich sehr schweigsam und nicht willens, zu sprechen, sodass es nicht leicht war, viele Informationen von ihnen zu erlangen; aber ihre ganze Erscheinung war so viel indianischer, als wir es erwartet hatten, während ihre Manieren so sanft und weiblich waren, so frei von allem Groben und Unhöflichen inmitten ihrer ungebildeten Unwissenheit, dass uns ihr Besuch überaus erfreulich schien. Später am Tag gingen wir zu ihrem Lager, wie sie ihren Rastplatz immer nennen; hier fanden wir mehrere Kinder und zwei Männer der Familie. Letztere waren offensichtlich vollblütige Indianer, denen jedes Merkmal ihres Volks aufgeprägt war; aber von »Mut« leider auch hier keine Spur. Beide hatten diesen schweren, sinnlichen, geistlosen Ausdruck, den Stempel der Lasterhaftigkeit, der auf dem menschlichen Antlitz so schmerzlich zu sehen ist. Sie hatten die Decken abgelegt und waren mit zerlumpten Mänteln, Plunderhosen und Biberfellen aus der abgelegten Kleidung ihrer weißen Nachbarn ausgestattet, jedoch mit dem auffälligen Zusatz von Zinnstücken, die mit denen der Squaws übereinstimmen. Einige dieser Fetzen waren um ihre Hüte gebunden, andere an ihrem Oberkörper und in den Knopflöchern befestigt, wo die großen Männer der alten Welt Diamantstern und Ehrenabzeichen tragen. Sie schnitzten Bögen und Pfeile aus Eschenholz für die Dorfjungen, und keiner von ihnen sprach mit uns – entweder verstanden sie unseren Begleiter nicht oder wollten ihn nicht verstehen, als er sie auf Englisch ansprach. Die Frauen und Kinder saßen auf dem Boden, mit ihren Körben beschäftigt, die sie sehr ordentlich machten, auch wenn die Muster allesamt einfach waren. Sie färbten die Eschenstreifen meist mit Farben, die sie in den Dörfern bei den Apothekern kauften, und verwendeten für den gleichen Zweck nur hin und wieder die Säfte von Blättern oder Beeren, wenn diese Saison haben und leicht zu beschaffen sind.

Seit dem Besuch der Squaws der Oneida waren mehrere andere Gruppen im Dorf. Gleich in der nächsten Saison erschien eine Familie aus drei Generationen vor der Tür und behauptete, eine erbliche Bekanntschaft mit dem Hausherrn zu haben. Sie waren viel weniger wild als unsere ersten Besucher, hatten die Decke vollständig abgelegt und sprachen sehr gut Englisch. Der Anführer und Stammvater der Gruppe trug einen niederländischen Namen, den ihm wahrscheinlich einige seiner Freunde in den Mohawk Flats gegeben hatten; darüber hinaus war er berechtigt, ›Reverend‹ davor zu setzen, da er methodistischer Geistlicher war – Rev. Mr. Kunkerpott. Ungeachtet dessen war er ein vollblütiger Indianer mit regelmäßigem, kupferfarbenem Teint und hohen Wangenknochen; die Umrisse seines Gesichtes waren ausgesprochen romanisch, und sein langes graues Haar hatte eine Welle, die bei seinem Volk selten ist; der Mund, an dem der wilde Ausdruck gewöhnlich am stärksten ausgeprägt ist, war klein, mit freundlichem Ausdruck. Insgesamt war er eine seltsame Mischung aus methodistischem Prediger und indianischem Häuptling. Sein Sohn machte einen viel wilderen Anblick als er selbst – ein stiller, kalt aussehender Mann; und der Enkel, ein Junge von zehn oder zwölf Jahren, war die ungehobeltste, schelmischste Gestalt, die wir je gesehen haben. Er trug einen langschößigen Mantel, der zweimal zu groß war für ihn, mit Stiefeln der gleichen Größe – und auf Letztere schien er besonders stolz zu sein, er betrachtete sie von Zeit zu Zeit mit ziemlicher Genugtuung, während er dahinschwankte. Das Gesicht des Knaben war sehr wild, er selbst barhäuptig, mit einer ungewöhnlichen Menge langer schwarzer Haare, die ihm über Kopf und Schulter fielen. Während der Großvater sich über alte Zeiten unterhielt, lenkte sich der Junge damit ab, auf einem Bein herumzuwirbeln – ein Kunststück, das in seinen Stiefeln fast unmöglich schien, das er aber dennoch mit bemerkenswerter Geschicklichkeit bewerkstelligte, indem er sich mit ausgestreckten Armen im Kreis drehte – seine großen schwarzen Augen starrten dümmlich vor sich hin, sein Mund stand offen und sein langes Haar flog in alle Richtungen: ein so wildes Geschöpf, wie man es nur zu sehen wünschen konnte. Wir erwarteten, dass er jeden Augenblick atemlos und erschöpft wie ein tanzender Derwisch umfallen würde, vorausgesetzt, dem Kind war diese Fertigkeit beigebracht worden, um seine zivilisierten Freunde zu erfreuen – doch nein, er amüsierte sich nur selbst und hielt sich bis zuletzt auf dem Bein.

Die Zivilisation scheint in ihren frühesten Anfängen eine unterschiedliche Wirkung auf Männer und Frauen auszuüben, wobei die Ersteren verlieren und die Letzteren dadurch gewinnen. Im wilden Zustand scheinen die Frauen den Männern unterlegen zu sein, aber in einem halbzivilisierten Zustand haben sie einen großen Vorteil gegenüber dem stärkeren Geschlecht. Sie sind selten schön, oft aber sehr angenehm; ihr liebenswürdiger Ausdruck, ihre bescheidene und gedämpfte Art, ihre leise, melodische Stimme und ihre sanften, dunklen Augen wecken Interesse zu ihren Gunsten, während man sich mit Schmerz und Ekel von den brutalen, dummen, betrunkenen Gesichtern abwendet, die oft unter den Männern zu sehen sind. Manches junge Mädchen kann man heute unter den halbzivilisierten Stämmen finden, dessen Art und Aussehen mit der Vorstellung der sanften Pocahontas übereinstimmen würde, aber es ist durchaus selten, dass man einen Mann unter ihnen sieht, der einen Powhattan, einen Philip oder einen Uncas abgeben würde. Es fehlt jedoch nicht an Beispielen, in denen Männer reinen indianischen Blutes die vielen Hindernisse auf ihrem Weg überwunden haben und die nun durch die Energie und Ausdauer, die sie bei der Bewältigung einer neuen Position unter zivilisierten Männern gezeigt haben, über die Sympathie und den Respekt ihrer weißen Brüder verfügen.

Die Frauen sprechen entweder nicht gerne Englisch, oder sie können es nicht, denn sie sind wirklich sehr lakonisch im Gespräch. Viele von ihnen werden, obwohl sie verstehen, was gesagt wird, einem nur mit einem Lächeln oder Zeichen antworten, da sie aber nicht so sehr wie die Männer darauf abzielen, die kalte Würde ihres Volkes aufrechtzuerhalten, ist diese stumme Sprache oft freundlich und angenehm. Viele von denen, die ihre einfachen Waren in der Nachbarschaft der eigenen Dörfer zum Verkauf anbieten, würden ihres liebenswürdigen Ausdrucks, ihrer sanften Art und ihrer leisen, musikalischen Stimmen wegen auffallen. Sie tragen ihre Kinder noch immer in Decken gebunden auf dem Rücken und stützen sie mit einem Band, das um die Stirn gelegt wird, damit das Gewicht hauptsächlich auf dem Kopf ruht.

Es ist leicht, diesen armen Menschen alles Gute zu wünschen, aber sicherlich kann noch etwas mehr von uns verlangt werden – von denen, die ihnen ihr Land und ihren Platz auf dieser Erde genommen haben. Die Zeit scheint endlich gekommen zu sein, in der sich ihre Augen öffnen für das wirklich Gute der Zivilisation, für die Vorteile des Wissens und die Segnungen des Christentums. Lasst uns ihren starken Anspruch anerkennen, den sie auf uns haben, nicht nur in Worten, sondern auch in Taten. Der angeborene Intellekt der Indianer, die diesen Teil Amerikas bevölkert haben, übertraf den vieler anderer Rassen, die sich unter dem Fluch des wilden Lebens abmühten. Sie haben Tapferkeit, Stärke, religiöses Gefühl, Beredsamkeit, Vorstellungskraft und Schnelligkeit des Intellektes mit viel Würde im Benehmen bewiesen; und wenn wir unserer Pflicht treu sind, jetzt, in dem Moment, in dem sie von sich aus einen Schritt auf dem Weg der Besserung machen, ist vielleicht der Tag nicht fern, an dem Männer indianischen Blutes zu den Weisen und Guten gezählt werden, die für unser gemeinsames Land schuften. Es ist wirklich schmerzhaft, sich daran zu erinnern, wie wenig sich für die Indianer in den drei Jahrhunderten, seit sie und der weiße Mann sich zum ersten Mal an der Atlantikküste begegnet sind, getan hat. Aber das ist nur der gewöhnliche Lauf der Dinge: Eine wilde Gesellschaft wird beinahe ausnahmslos verdorben anstatt verbessert bei ihrem ersten Kontakt mit einem zivilisierten Volk, sie leidet unter den Lastern der Zivilisation, bevor sie lernt, ihre Vorzüge richtig begreifen. Es ist mit Nationen wie mit Individuen – Besserung ist ein langsamer Prozess, Korruption ein schneller.

Mittwoch, 18. Juli — Warmes, strahlendes Wetter. Das Thermometer zeigt 32 Grad Celsius, bei viel trockener Luft. Im Wald spazieren gewesen. Die gespenstische Pflanze *Monotropa uniflora* blüht und ist hier durchaus weitverbreitet – manchmal wächst sie einzeln, häufiger jedoch mit mehreren zusammen. Die ganze Pflanze, etwa eine Spanne hoch, ist vollkommen farblos und sieht ganz danach aus, als wäre sie aus Fluorit geschnitten: Die Blätter sind durch weiße Schuppen ersetzt, die Blüte aber ist groß und vollkommen und makellos weiß von der Wurzel aufwärts. Man trifft sie von Juni bis Ende September an. Zunächst schläft die Blüte, dann sieht sie wirklich wie ein Pfeifenkelch aus; schrittweise richtet sie sich jedoch selbst auf, wenn der Samen reift, und wird schwarz, wenn sie zerfällt. Ich habe eine ganze Gruppe von ihnen gesehen, schwarz umrandet – sozusagen in Halbtrauer –, obwohl innerhalb dieser Linie von gesundem Weiß. Es war wahrscheinlich eine Fäulnis, die sie so beeinflusst hat.

Der hübsche Tautropfen, die *Dalibarda repens* der Botaniker, blüht ebenfalls – eine zarte, schlichte kleine Blume, die sich einzeln zwischen dunkelgrünen Blättern öffnet, die denen des Veilchens ähnlichen sehen. Sie ist eine unserer weitverbreitetsten Waldpflanzen, die Blätter bleiben häufig den ganzen Winter grün. Der Name Tautropfen wurde dieser Blume wahrscheinlich deswegen gegeben, weil sie ungefähr zu der Zeit blüht, wenn der Sommertau am stärksten ist. Auch das Nickende Wintergrün blüht mit seinen kleinen grünlich-weißen Blüten, die alle in die gleiche Richtung gedreht sind – es ist eine der am häufigsten vorkommenden Pflanzen, die wir im Wald mit Füßen treten. Dies ist eine Wintergrün-Region, in diesem Landkreis sind alle Arten zu finden. Sowohl das glänzende Dolden-Winterlieb als auch das hübsche Gefleckte Wintergrün mit seinen vielfältigen Blättern sind hier weitverbreitet; ebenso kommen das duftende Grüngelbe Wintergrün und das in den meisten Teilen des Landes seltene Einblütige Wintergrün in unseren Wäldern vor. Betrachtete das gelbe Geißblatt bzw. die Heckenkirsche, die noch in Blüte ist. Die Hemlocktannen zeigen noch das helle Grün ihrer jungen Triebe, die sehr langsam dunkler werden.

Donnerstag, 19. Juli – Es stellt sich heraus, dass die wenigen bescheidenen Altertümer unserer Umgebung allesamt in der Nähe der Mündung des Sees liegen: Sie bestehen aus einem bekannten Felsen, den Ruinen einer Brücke und den Überresten eines Militärwerks. Der Felsen liegt im See, einen Steinwurf vom Ufer entfernt, ein glattes, abgerundetes Bruchstück, das ungefähr vier Fuß hoch ist. Das Wasser lässt ihn manchmal, in sehr warmen Jahreszeiten, fast trocken, aber ich glaube, es hat ihn noch nie überflutet. An dem Felsen selbst ist nichts Bemerkenswertes, obwohl er vielleicht der größte der wenigen Felsen ist, die sich über der Wasseroberfläche unseres Sees zeigen. Allerdings soll dieser Stein ein bekannter Sammelplatz der Indianer gewesen sein, die die Gewohnheit hatten, an dieser Stelle Treffen verschiedener Parteien abzuhalten. Aus dem Mohawk-Land, aus dem südlichen Jagdgebiet von den Ufern des Susquehannah und aus der Oneida-Region kamen sie durch die Wildnis zu diesem gemeinsamen Sammelplatz am grauen Felsen nahe der Mündung des Sees. So lautet die Überlieferung; vermutlich ist sie auf Wahrheit gegründet, denn sie hat hier seit der Besiedlung des Landes vorgeherrscht und ist von einer Art, an die ein weißer Mann wohl nicht gedacht hätte – der sich, zu einer solchen Erfindung aufgefordert, an etwas Anspruchsvollerem versucht hätte. Gerade ihre Einfachheit verleiht ihr Gewicht, und sie stimmt gänzlich mit den Angewohnheiten der Indianer und ihrer gewissenhaften Beobachtung überein, denn obwohl der Felsen zwar unbedeutend ist, ist er dennoch der größte in Sichtweite, und seine Position in der Nähe des Auslasses macht ihn für sie zu einem ganz natürlichen Wegweiser. So ist dies zudem die einzige Tradition, die sich in positiver Form in Verbindung mit den Indianern unter uns bewahrt hat – mit dieser einzigen Ausnahme hat der rote Mann hier auf dem Hügel oder im Tal, See oder Bach keine Spuren hinterlassen.

Von der Überlieferung gehen wir zu etwas Positiverem über, von den dunklen Zeiten kommen wir zu den Anfängen der Geschichte: Am Ufer des Flusses befinden sich die Ruinen einer Brücke, der ersten, die an dieser Stelle von einem Weißen gebaut wurde. Bei den Gebirgsbächen der alten Welt gibt es viele hohe, enge Steinbögen, die vor mehr als tausend Jahren gebaut wurden und noch heute in verschiedenen Stadien malerischen Verfalls stehen. Unsere Ruinen sind rauer als diese. Im Sommer 1786 kam ein Emigranten-Paar, Vater und Sohn, am östlichen Ufer des Flusses an, mit der Absicht, ihn zu überqueren. Damals gab es hier kein Dorf – eine einzige Blockhütte und ein verlassenes Blockhaus standen jedoch an Ort und Stelle, und sie hofften, wenigstens den Schutz von Mauern und einem Dach zu finden. Aber es gab weder eine Brücke über den Fluss noch ein Boot, um sie überzusetzen; einige Leute hätten unter solchen Umständen den Fluss durchwartet, andere wären hinübergeschwommen; unsere Emigranten schlugen einen kürzeren Weg ein: Sie bauten eine Brücke. Jeder trug wie gewöhnlich seine Axt und wählte eine hohe Kiefer aus, die am Ufer stand – eine von den alten Arten, die damals das ganze Tal füllten. Sie fällten alsbald den Baum und gaben ihm eine Neigung, die ihn über das Flussbett warf: ihre Brücke war gebaut – sie gingen über den Stamm. Der Stumpf dieses Baumes steht noch immer am Ufer zwischen den wenigen Ruinen, deren wir uns rühmen, er vermodert schnell, hat jedoch das Leben der beiden Männer, die den Baum gefällt haben, überdauert – der jüngere der beiden, der Sohn, starb vor ein oder zwei Jahren in fortgeschrittenem Alter.

Das besagte Militärwerk war von größerem Ausmaß und stand in Zusammenhang mit einer bedeutenden Expedition. 1779, als General Sullivan gegen die Indianer in den westlichen Teil des Staats befohlen wurde, um sie für die Massaker von Wyoming und Cherry Valley zu ahnden, schickte man eine Militäreinheit seiner Truppen unter General Clinton durch dieses Tal. Sie stiegen den Mohawk über die Hügel zu diesem See empor, was manchmal »portage« hieß: Sie schnitten eine Straße durch den Wald, transportierten ihre Boote zu unserem Gewässer, ließen sie an der Spitze des Sees zu Wasser und ruderten zu der Stelle hinunter, wo heute das Dorf liegt. Hier lagerten sie einige Zeit lang; sie fanden, dass der Fluss zu stark mit Treibholz belastet war, um ihre Boote passieren zu lassen. Um diese Schwierigkeit zu beseitigen, ordnete General Clinton an, einen Damm an der Mündung zu errichten, wodurch der See so sehr anstieg, dass das Wasser, als das Werk mit einem Mal eröffnet wurde, mit solcher Kraft hindurchstürzte, dass es den Fluss sauber fegte. Auf diese Weise war es den Truppen in ihren Booten möglich, von den Quellen des Stroms bis genau zum Treffpunkt am Tioga Point zu fahren, eine

Strecke von mehr als zweihundert Meilen durch den Lauf des gewundenen Flusses. Dies ist der einzige Vorfall, der unseren abgelegenen See mit historischen Ereignissen in Verbindung gebracht hat, und es wird angenommen, dass bei keiner anderen Gelegenheit Truppen in kriegerischer Absicht durch das Tal gezogen sind. Wahrscheinlich trieben in keinen anderen Fall so viele Boote auf unserem stillen See, und schwerlich können wir annehmen, dass eine Flotte von solch kriegerischem Charakter jemals wieder bis ans Ende der Zeit hier versammelt sein wird.

Freitag, 20. Juli — Den ganzen Tag über leichter Sprühregen, kaum genug, dass sich der Staub legt. Keine Donner, keine Blitze. Abends flitzen die Glühwürmchen durch den Regen; sie stört ein verregneter Abend wenig. Oft haben wir sie ganz unbekümmert ihre kleinen Laternen durch die regnerische Nacht tragen sehen; nur ein peitschender Starkregen schickt sie nach Hause. Die kleinen Geschöpfe scheinen ihre Lieblingsplätze zu haben, es gibt ein hübsches Tal, etwa zwanzig Meilen entfernt, in dem sie sehr zahlreich sind. Über die Wiesen dort tanzen sie in größeren Gruppen als über die unseren.

Montag, 23. Juli — An genau jener Stelle, an der sich die Dorfstraße zur Landstraße weitet und seitwärts den Hügel hinauf verläuft, steht ein Trupp Kiefern, der Überrest des alten Urwalds. Es gibt viele solcher Bäume in den Wäldern; in der Nähe und in der Ferne kann man sehen, wie sie sich von den Hügeln erheben und bald ihre Arme im Sturmwind schwenken, bald sich in stiller, dunkler Erleichterung gegen den leuchtenden Abendhimmel abzeichnen. Hager stehen ihre aufrechten Gestalten auf den Bergkuppen, und die zerlumpten grauen Stümpfe jener, die gefällt wurden, sprenkeln die glatten Felder und bilden die strengeren Züge eines ansonsten lächelnden Anblicks. Die alten Bäume sind auf den bewaldeten Anhöhen zwar weitverbreitet, der Trupp an den Außenbezirken unseres Dorfes steht jedoch ganz für sich allein in den Feldern des Tals. Ihre Geschwister in der Nähe wurden allesamt beseitigt, sodass diese hier in isolierter Gesellschaft blieben und sich im Charakter von allem ringsum unterscheiden, ein Monument der Vergangenheit.

Auf einem schmalen Gürtel – zur einen Seite die Straße und ein Kornfeld, zur anderen ein Bach und ein Obsthain – hat man diese Bäume entwurzelt: ein Streifen Waldlands, das mit dem Wald auf den Hügeln weiter oben verbunden war, plötzlich abgeschnitten dort, wo er sich den ersten Häusern des Dorfes nähert. Da standen sie, stille Zuschauer des wundervollen Wandels, der über das Tal gekommen ist. Hunderte Winter sind verstrichen, seit die Zapfen, welche den Samen des Hains enthielten, vom elterlichen Baum gefallen waren; Jahrhunderte sind vergangen, seit ihre Wipfel aus den höchsten Wellen des grünen Meeres auftauchten, um dem Sonnenlicht zu begegnen, und doch war es erst gestern, dass ihre Schatten zum ersten Mal in voller Länge auf den Boden zu ihren Füßen fielen.

Vor sechzig Jahren gehörten diese Bäume zu einer Wildnis. Bären, Wölfe und Pumas streiften ihre Stämme, der linkische Elch und der wendige Hirsch grasten zu ihren Füßen. Wilde Jäger krochen heimlich über ihre Wurzeln, und bemalte Krieger schlichen leise auf dem Kriegspfad unter ihrem Schatten. Wie viele Generationen des roten Mannes in ihrem Zwielicht über den Boden schritten und sich dann in ihr schmales Grab legten, wie viele Wildtierherden einander durch die Wälder jagten und ihre Knochen hinterließen, die zwischen Farnen und Moosen ausblichen, das vermag kein Mensch zu sagen. Wir wissen nur, dass die Sommerwinde, die vor dreihundert Jahren die Segel von Kolumbus und Cabot schwellten, über diese Kiefernwälder strichen und genauso flüsterten, wie wir sie heute flüstern hören.

Es gibt nicht einmal eine Aufzeichnung, die uns den Namen des ersten Weißen verriete, der dieses abgelegene Tal mit dem klaren See erblickt hat. Wahrscheinlich war es ein kühner Jäger der Mohawk auf der Jagd nach Rotwild oder auf der Suche nach Bibern. Während sich die Städte am St. Lawrence und an der Küste erhoben, erstreckte sich dieses Binnenland weiterhin unentdeckt. Lange nachdem Handelshäuser eröffnet, Felder bestellt und Gefechte im Norden, Süden, Osten und sogar in vielen Regionen des Westens ausgetragen waren, standen diese Kiefern im Herzen einer stillen Wildnis. Dieser kleine See lag bis zur Beendigung des großen Unabhängigkeitskriegs inmitten eines Waldes. Ein paar Monate nach dem ehrenvollen Abschluss der Kämpfe unternahm Washington eine Besichtigungstour zu den Binnengewässern in diesem Teil des Landes. In einem Brief an einen Freund in Frankreich erwähnt er diesen kleinen See, Quelle eines Flusses, der vier Grad weiter südlich in den Chesapeake mündet, in enger Nachbarschaft zu seinem Potomac. Als er durch die halbwilde Region kam, in welcher die wenigen damals existierenden Anzeichen der Zivilisation die Schandflecken des Krieges trugen, entwarf er die Pläne zu etlichen Neuerungen, die seitdem von anderen verwirklicht worden sind und den einträglichen Wohlstand erzielt haben. Es ist ein schöner Gedanke für die hiesigen Bewohner, dass Washington über den Boden an diesem See geschritten ist, während andere bedeutende Orte im Land nie durch seine Anwesenheit beehrt wurden. Selbst damals, als der große, gutmütige Mann uns besuchte, waren die Berge noch bis zum Ufer mit Wäldern bedeckt, winkten die schlanken Kiefern über das Tal, vermischt mit riesigen Eichen und Eschen.

Beinahe drei Jahrhunderte, nachdem der Genueser den Ozean überquert hatte, kam der weiße Mann, um an diesem Ort eine Heimstatt zu errichten, und in diesem Augenblick begann der große Wandel. Axt und Säge, Schmiede und Mühlrad waren geschäftig von morgens bis abends, Kühe und Schweine fraßen in Dickichten, wohin die wilden Tiere geflohen waren, Ochsen und Pferde in Ketten rückten die gefällten Stämme des Waldes fort. Die Bewohner der Wildnis zogen sich mit jeder Mondphase weiter dorthin zurück; die wilden Tiere flüchteten im weichenden Schatten der Bäume, und der rote Mann folgte ihrer Fährte; die Tage seiner Macht waren vorüber, die Stunde der unbarmherzigen Vergeltung war verstrichen, die letzten Echos der Schlachtrufe erstarben für immer in diesen Hügeln, als die Bleichgesichter ihre Herdsteine am Ufer des Sees errichteten. Der rote Mann, der Tausende Jahre lang der Herrscher des Landes gewesen war, betrat nun nicht mehr diesen Boden; er existiert hier nur in vagen Erinnerungen und vergessenen Gräbern.

Das waren die Veränderungen in den letzten fünfzig Jahren. Wer seit seiner Kindheit die heiteren Behausungen des Tals, die weiten, fruchtbaren Farmen, die heute viel befahrenen Straßen kennt, der kann kaum glauben, dass all dies erst kürzlich durch die Hand von Menschen geschah, von denen einige, die weißhaarig an ihren Leitern lehnen, noch unter uns weilen. Doch so ist es. Dieses Dorf liegt unmittelbar an den Grenzen eines Landesteils, der gleich nach dem Krieg erschlossen und besiedelt wurde; es gehörte zu den ersten jener kleinen Siedlungen, die in jenem günstigen Augenblick von der Küste aus in die Wildnis vorstießen und deren rasche Expansion und zivilisatorische Entwicklung sprichwörtlich wurden. Natürlich haben andere Orte unsere ruhige Gemeinde bei Weitem übertroffen: Rochester, Buffalo und andere späteren Datums sind Großstädte geworden, während dieser Ort ein ländliches Dorf blieb. Trotzdem dürfen wir stets aufs Neue staunen, sobald wir innehalten und uns vor Augen führen, was in diesem abgelegenen Tal innerhalb einer Generation geschafft wurde. Und während all der Arbeiten standen die alten Kiefern hier, selbst unverändert waren sie umgeben von Dingen, über die eine große Veränderung hinwegzog. Das offene Tal, die zur Hälfte geschorenen Hügel, die Pfade, die Herden, die Gebäude, der Sekundärwald, selbst die Gewässer mit ihren verschiedenen Spiegelbildern, die Menschen, die kommen und gehen – sie alle sind anders als früher. Und die stillen alten Bäume scheinen über Zeitalter ohne Gefährten zu seufzen, wenn sie ihre zapfenbeladenen Häupter langsam im Wind wiegen.

Das Erscheinungsbild des Waldes erzählt seine eigene Geschichte; so stark unterscheidet sich sein Charakter von den jüngeren Gehölzen, die in bunter Fülle über dem Tal wogen. Inmitten ebener Felder spricht er ganz deutlich von der Wildnis – er ist kein frisch gepflanzter Obsthain, sondern besteht aus betagten, ursprünglichen Kiefern, die jetzt Fremdlinge auf diesem Grund und Boden sind. Kiefern des Waldes haben stets einen überaus markanten Charakter; die grauen Stämme erheben sich mehr als die Hälfte ihrer gewaltigen Höhe ohne Unterbrechung durch Knick oder Auswuchs, dann erst umgeben kurze waagerechte Äste in fächerförmiger Abfolge den Stamm bis zum Wipfel, auf dem eine flache Krone aufrechter Zweige sitzt. Der Stamm ist wegen der enormen Höhe und schlichten, edlen Linienführung sehr schön; er ist von reinem, klaren Grau und besitzt von allen Nadelhölzern die hellste und glatteste Rinde, die nur selten von Flechten gesprenkelt wird. Die Weymouthskiefer zieht in dieser Klimazone nur wenige Moose an, es sei denn an sehr feuchten Standorten; die ältesten Bäume sind oftmals vollkommen frei von ihnen. Tatsächlich sieht man diesen Baum selten mit den Symptomen eines halbtoten, verrottenden Zustands, wie viele andere sonst. Allenfalls erkennt man hier und dort einmal den grauen Strich eines kahlen Zweigs, das Zeichen des Alters, im Allgemeinen jedoch bewahrt die Kiefer bis zuletzt ein vitales Aussehen, als hielte sie sich den Tod vom Leib, bis sie ins Mark getroffen oder bei den Wurzeln ergriffen wird. Ja, dieses

Aussehen stellt sich nicht selten als trügerisch heraus, es ist jedoch eine Eigenart unserer Kiefer, dass sie ihr Grün bis zum Schluss bewahrt, anders als viele andere Bäume im Wald, die man zur Hälfte begrünt, zur Hälfte grau und leblos sieht.

Die Silhouette einer Kiefer auf der Wiese oder in lichten Hainen unterscheidet sich deutlich von der einer Kiefer im Wald. Die übliche Pyramiden- bzw. Kegelgestalt, die Immergrüne aufweisen, ist nur schwach ausgeprägt bei den kurzen, unregelmäßigen Ästen eines Waldbaums; doch was an Pracht und Eleganz verloren ging, macht eine besondere wilde Würde mehr als wett, wenn sie ihr strenges Haupt über das mindere Gehölz erhebt und darin noch die stolzesten Eichen übertrifft. Selbst in ihren rauesten Gestalten sind Kiefern niemals schroff; wenn wir uns ihnen nähern, finden wir stets etwas von der Ruhe des Alters und der Anmut der Natur, was ihren Anblick mildert. Nie enttäuscht einen die Eleganz ihrer langsam in der Höhe winkenden Arme; eine mysteriöse Melodie verbirgt sich in ihrem luftigen Gemurmel; ein smaragdenes Licht steckt in ihrem herrlichen Grün, das frisch und klar in unverwelklichen Kränzen auf den Häuptern dieser Baumgreise liegt. Die Wirkung von Licht und Schatten im Laub alter Waldkiefern ist tatsächlich schöner als jene, die wir bei ihren jüngeren Nachbarn sehen; die büscheligen, horizontal wachsenden Zweige sind wundervoll bedeckt mit kleinen Reifen hellen Lichts, das im wirren Durcheinander der aufrecht wachsenden Bäume gebrochen wird und verschwindet. Die langen braunen Zapfen hängen meist in Gruppen von den oberen Zweigen; in manchen Jahren sind sie an den jüngeren Bäumen dermaßen zahlreich, dass sie deren Wipfel bräunlich einfärben.

Das Wäldchen am Rande des Dorfes zählt wohl ungefähr vierzig Bäume, die einen Umfang zwischen fünf und zwölf Fuß und eine Höhe zwischen hundertzwanzig und hundertsechzig Fuß haben. Dank ihrer nicht abgeschirmten Lage und ihrer Größe kann man sie meilenweit erkennen, sei es vom See, von den Hügeln oder von den Straßen im Umkreis – eine Landmarke, die die bescheidenen Kirchtürme und alles sonst übertrifft, was der Mensch im Tal errichtet hat. Die grobe Schlichtheit des Umrisses, die geraden, aufrechten Stämme, der herbe unwandelbare Charakter und die karge Belaubung verleiten die Phantasie unwillkürlich dazu, sie sich als eine

Gruppe von Indianerhäuptlingen vorzustellen, die in langer, dunkler Reihe aus einer Schlucht hinter ihnen auftauchen und erstaunt auf die veränderte Gestalt ihrer früheren Jagdgründe starren.

Es braucht nur wenige Minuten, um einen dieser Bäume zu Fall zu bringen. Ein Bauerntölpel, der des Weges kommt, schafft es ganz leicht – doch wie viele Jahre dauert es, bis einer, der diesem Baum ebenbürtig ist, an derselben Stelle steht! Der kräftige Arm, der jetzt so bereitwillig die Axt hebt, muss altersschwach werden und ins Grab sinken, seine Knochen und Sehnen müssen längst zu Staub zerfallen, sein ehe ein anderer Baum, der genauso groß und prächtig ist, aus dem Zapfen in unserer Hand herangewachsen ist. Ja, nicht einmal die vereinten Kräfte der Muskeln von Millionen Menschen, sämtliche Macht ihres Geistes und alle Willensanstrengungen können mehr ausrichten als die dürftigen Fähigkeiten eines einzigen Arms – das ist eine Tat, die allein die Zeit vollbringen kann. Selbst wenn in Hunderten Jahren schließlich andere Bäume mit derselben Würde an Höhe und Alter diesen hier nachgefolgt sind, vermag kein jüngerer Wald dieselbe Gemeinschaft zu errichten, weil sich die Lage der Dinge für immer gewandelt hat; niemals kann er den wilden, strengen Charakter alter Waldkiefern annehmen. Dieses Städtchen muss verfallen und verrotten, die Straßen müssen voller Gebüsche und Gestrüppe sein, die Farmen im Tal müssen wieder unter den Schatten der Wildnis begraben werden, Hirsch, Wolf und Bär müssen wieder von jenseits der großen Seen zurückkehren, die Gebeine der Indianer, die unter unseren Füßen liegen, müssen auferstehen und abermals auf Jagd gehen, bevor ähnliche Bäume, mit dem Geist des Waldes in jeder Reihe, auf diesem Boden in der wilden Würde ihrer Gestalt so wie jene alten Kiefern stehen können, die jetzt auf unsere Häuser blicken.

Dienstag, 24. Juli — Angenehme Bootsfahrt am Nachmittag; ruderten den Fluss hinab. Man kommt nicht weit, da der Mühlendamm den Weg versperrt, aber es ist eine hübsche Strecke für eine Bootsfahrt am Abend. So nahe seiner Quelle ist der Fluss ziemlich schmal, nur sechzig bis achtzig Fuß breit. Das Wasser ist generell sehr klar und von grünlichem Grau. Nach dem Frühjahrstauwetter nimmt es manchmal eine bläuliche Färbung an, und im Spätherbst, nach den starken Regenfällen, hat es einen deutlich dunkelgrünen Ton. Es ist selten trüb und nie richtig schlammig. Es besitzt keine Untiefen, abgesehen von einigen Stellen, die die Knaben aus dem Dorf kennen, dort vollführen sie ihre Kunststücke im Tauchen, und ein paar Burschen prahlen damit, dass sie durchs Flussbett über diese tiefen Stellen laufen können, indes andere, die noch mutiger sind, angeblich ein Spiel namens ›Steinplatscher‹ spielen, bei dem sie im sogenannten ›tiefen Loch‹ hocken. Meist ist der Flussgrund steinig oder schlammig, es gibt jedoch auch sandige Abschnitte.

Die älteren Bäume am Ufer sind schon seit Langem gefällt; es stehen jedoch viele junge Ulmen, Ahorne, Eschen, Felsenbirnen, deren Wurzeln vom Wasser bespült werden, während die Weinranken und Jungfernreben an ihnen emporklettern. Wilde Kirschen und Pflaumen bilden Dickichte, die niedriger als die Waldbäume sind. Die auf unserem Kontinent heimischen Weiden sind allesamt klein; die größte, die Schwarzweide mit ihrer dunklen Borke, wird etwa fünfundzwanzig Fuß hoch und wächst ein paar Meilen flussabwärts.

Donnerstag, 26. Juli — Die meisten Unkräuter, die unsere Weizenfelder heimsuchen, kommen aus der alten Welt: die tückische Roggen-Trespe, die Korn-Rade, die Acker-Kratzdistel, die Wicken, der gierige Acker-Fuchsschwanz, der Natternkopf, die Ochsenzunge und andere aus derselben Familie. Allerdings gibt es eine leuchtende, indes giftige Pflanze, die man in den europäischen Getreidefeldern vorfindet, in den unseren aber nicht sieht – den knallroten Mohn. Zweifellos verzichten unsere Farmer sehr gerne auf ihn und sind vollauf zufrieden mit den bereits eingebürgerten Pflanzen. Die ersten wilden Mohnblumen, welche die Verfasserin zu Gesicht bekam, hatte eine Gruppe amerikanischer Kinder in England bei den Ruinen der Netley Abbey nahe Spouthampton gepflückt.

In den europäischen Getreidefeldern ist diese leuchtende Pflanze dermaßen weitverbreitet, dass es ein kleines Insekt gibt, eine erfinderische, fleißige Kreatur, die ausschließlich Mohn verwendet, um ihre Kammer zu bauen. Diese Wildbiene, nach ihren Gewohnheiten Tapezier- oder Blattschneiderbiene genannt, führt ein einsames Leben, nimmt aber für den Nachwuchs eine Menge Strapazen auf sich. Wenn der wilde Mohn zu blühen beginnt, fliegt das Insekt in die Getreidefelder und sucht eine trockene Stelle auf dem Boden, meist in der Nähe eines Wegs; hier bohrt sie ein zirka drei Zoll tiefes Loch, dessen unterer Teil breiter ist als die Öffnung. Einem derart kleinen

Insekt muss die Ausgrabung ziemliche Mühe bereiten, so als würde ein Mann die Kellerräume für ein großes Haus allein mit den Händen ausschachten. Doch ist dies nur der Anfang der Aufgabe; wenn die Kammer fertig ist, fliegt die Biene zur nächsten Mohnblume, die, wie sie genau weiß, nicht sehr tief im Getreidefeld steht. Sie schneidet ein Stück der roten Blüte heraus, bringt es zum Nest und breitet es auf dem Boden aus wie einen Teppich. Dann kehrt sie wieder zur Blume zurück und trägt ein weiteres Stück nach Hause, welches sie über das erste legt. Ist der Boden mit mehreren Lagen dieses weichen scharlachroten Stoffs bedeckt, polstert sie die Seitenwände auf dieselbe Weise aus, bis alles eingefasst ist mit diesen schönen Behängen. Sie fertigt diese herrliche Krippe nur für *ein* Bienchen, denn sie legt bloß ein einziges Ei in die Blütenblätter. Dann werden Honig und Bienenbrot gesammelt und einen Zoll hoch gestapelt. Sobald der Vorrat gefüllt ist, zieht die umsichtige Mutter rote Vorhänge darüber und schließt die Kammer so ordentlich wie möglich wieder mit Erde, sodass es schwer ist, eine Kammer zu entdecken, die man noch am Vortag geöffnet sah, wenn die Stelle erst einmal endgültig von der Mutter geglättet wurde.

Die permanente Beigesellung von Mohn und Weizen, die die Insekten mittels Instinkt gelernt haben, blieb vom Menschen nicht unbeachtet. Dank seiner Verbindung mit dem kostbaren Getreide empfing der Mohn in der alten Welt schon vor Jahrhunderten alle Ehren einer klassischen Blume und verschmolz mit den Fabeln der antiken Mythologie. Er verkörperte als eines seiner Sinnbilder nicht nur den Schlaf wegen der wohlbekannten narkotischen Wirkung der Pflanze, man hielt ihn auch für heilig in Bezug auf eine der altertümlichsten und wichtigsten Gottheiten: Die ältesten Statuen der Ceres stellen sie mit Mohnblüten in ihren Kränzen dar, zusammen mit Weizenähren, die sie in der Hand hält oder auf dem Kopf trägt. Die antiken Dichter verbanden die Weizenähren und den Mohn in ihren Versen:

Noch dem geringsten Kätner
Sprießt zwischen seinem Korn der Mohn,

sagt Abraham Cowley in seiner Übersetzung des Vergil. In unseren Tagen stellt Mr. Hood die beiden Pflanzen in seinem reizenden Bild von Ruth vor, indem er ihre wundervolle Farbe beschreibt:

Und auf ihrer Wange eine herbstliche Röte,
Wie Mohn, der beim Getreide wuchs.

Kurzum, die Verbindung von Mohn und Weizen ist durch lange Beobachtung seit undenklichen Zeiten bis heute so gefestigt, dass die Pariser Modistinnen darauf achten, bei ihren künstlichen Blumen den Mohn unter die Ähren zu mischen, wenn sie einen Strohhut mit Feldpflanzen dekorieren wollen. Die wechselnde Mode ist Jahr für Jahr damit zufrieden, diese beiden Pflanzen gemeinsam in die Kränze zu winden.

Trotz der weiten Verbreitung des Mohns in den Getreidefeldern der alten Welt und seines eingeräumten Platzes neben dem Weizen ist er bei uns vollkommen unbekannt. Die alte Verbindung ist unterbrochen. Da wir ihn nie selbst gesehen haben, fragten wir oft die Farmer in verschiedenen Teilen des Landes, ob sie ihn je zwischen ihrem Weizen vorfanden – und die Antwort blieb bis heute dieselbe: Außerhalb der Gärten haben sie diese Pflanze nie zu Gesicht bekommen. In unseren Hausgärten ist sie dagegen durchaus bekannt.

Freitag, 27. Juli — Die Schmetterlinge sind nun sehr zahlreich; perlmuttfarbene, schwarze, gelbe und zuweilen blaue flattern um die Gräser, auch große Schwärme der kleinen weißen Art und der Kleinen Füchse. Die gelben Schmetterlinge mit den rosa Zeichnungen sind die hier am weitesten verbreiteten; man trifft sie auf der Landstraße so regelmäßig an wie Kutschpferde. Im letzten Sommer um diese Zeit begegneten wir diesen winzigen Wesen auf unserer Fahrt zwischen Penn-Yan und Seneca Lake häufiger als je zuvor; am Vortag hatte es stark geregnet, und es gab längs der Straße etliche halb eingetrocknete Schlammpfützen, welche den Schmetterlingen anziehender erschienen als die Blumen auf der Wiese. Man findet sie im Sommer stets über solchen Stellen flattern, bei jener Gelegenheit jedoch sahen wir dermaßen viele, dass wir versucht waren, sie zu zählen. Nach einer halben Meile waren wir an siebzig vorbeigekommen, sodass wir im Laufe der mehrstündigen Fahrt wahrscheinlich über tausend dieser hübschen Dinger gesehen haben, die sich in kleinen Schwärmen an der Straße entlangreihten.

Samstag, 28. Juli — Wir verbrachten den Nachmittag in den Wäldern. Welch edles Geschenk sind diese Haine für den Menschen! Wie viel

Dank und Bewunderung schulden wir ihnen wegen ihrer Nützlichkeit und Schönheit!

Angenehm fallen die Schatten des Waldes auf unsere Köpfe, wenn wir uns abwenden vom Jubel und Trubel der Menschenwelt. Die Winde des Himmels verweilen zwischen den sanften Zweigen, und das Sonnenlicht fällt wie eine Segnung auf die grünen Blätter; der wilde Atem des Waldes, duftend nach Borke und Beere, fächert einem die Stirn mit wohltuender Frische; das wundervolle Waldlicht, das weder grell noch düster ist, sondern voll stiller, friedlicher Einflüsse, verströmt Ruhe über den Geist. Der Blick ist begrenzt und die Dinge ringsum sind von gleichförmiger Gestalt, dennoch legt der Geist im Herzen des Waldes seine alltägliche Kleinheit leicht ab und öffnet sich größeren Gedanken in dem stillen Bewusstsein, dass er allein vor den Werken Gottes steht.

Von der unendlichen Vielfalt der Früchte, die dem Schoß der Erde entspringen, sind die Bäume des Waldes die erhabensten. Von allen Werken der Schöpfung, die die Wechselfälle von Leben und Tod kennen, haben die Bäume des Waldes das längste Dasein. Von allen Dingen, welche die graue Erde krönen, bewahren die Wälder über die größte Zeitspanne hinweg unwandelbar ihren angeborenen Charakter. Die Werke des Menschen zeigen dauernd ein anderes Erscheinungsbild, in den Städten und Feldern spiegeln sich die schwankenden Meinungen, die launischen Absichten und Vorstellungen jeder neuen Generation; aber die Wälder an den Grenzen sind heute noch dieselben, die sie vor Äonen waren. Alt wie die ewigen Hügel, haben sie seit Tausenden von Frühlingen ihr Grün hervorgebracht und seit Tausenden von Herbsten wieder abgeworfen in stiller Befolgung des Gebots, das ihnen einst befahl, die Trümmer der Sintflut zu bedecken.

Obwohl die Wälder groß und alt sind, müssen sich die individuellen Bäume dem Schicksal der irdischen Existenz beugen; sie haben die ihnen zugemessene Frist erreicht, wenn sich die Moose der Zeit auf ihren Ästen sammeln, wenn sie, berührt von Verwesung, brechen und zu Staub zerfallen. Sie sind wie der Mensch mit lebendiger Schönheit geschmückt, sie fallen wie der Mensch dem Tod zum Opfer. Und während wir ihre Dauer bewundern, die sich weit über unsere kurzen Jahre hinaus erstreckt, erkennen wir zugleich die besondere Bedeutung, die nur die Güte des Lebens und die

Verzweiflung des Todes besitzen. Wir heben unsere Blicke und sehen vereint die rüstigen Stämme von Eiche, Esche, Kiefer in voller Entfaltung; daneben steht eine Gruppe junger Ulmen, Birken und Ahorne, die ihre biegsamen Äste im Wind spielen lassen, fröhlich und frisch; dahinter erhebt sich in unbeachteter Schwermut das Skelett einer alten Tanne, jeder Ast gebrochen, alle Blätter gefallen – trist, still, trüb wie der Finger des Todes.

Es gehört zu den Besonderheiten des Waldes, dass sich Leben und Tod stets in unmittelbarer Nachbarschaft zueinander befinden. Beide schreiten unablässig, geräuschlos auf eine Meisterschaft zu, und wenn die Einflüsse des Ersten allumfassend sind, dann sind die Einflüsse des Zweiten höchst frappant. Der Frühling mit seiner lebendigen, freudigen Fülle nähert sich vielen Bäumen im Wald unauffällig; tausend Jungpflanzen sprießen im Umkreis eines gefallenen Baums und seines Wurzelgewirrs, sie mühen sich, das triste Wrack mit einem Abbild des einstigen Grüns abzumildern. Doch bevor sie ihre frischen, anmutigen Gebinde dem faulenden Holz übergeworfen haben, ist die Hälfte ihresgleichen im Laufe des Jahres verwelkt und abgestorben. Der ständigen Gegenwart des Todes verdanken wir einen ruhigen, feierlichen, fast schon religiösen Eindruck von reinigender Wirkung über das, was sich jenseits der offenen Felder befindet. Der bedrückte Geist ist jedoch alles andere als düster und beklemmt, da ihn stets eine lebendige Schönheit freudig beseelt erleichtert. Sanfte Blumen wachsen das ganze Jahr hindurch neben gefallenen Bäumen, zwischen verstreuten Zweigen, und die Freiheit der Wälder, das ungehinderte Wachstum, der unbekümmerte Stand eines jeden Baumes wirkt sich vorteilhaft aus für tausend wilde Schönheiten und phantastische Gestalten, welche dem Geist ein Spiel der Vorstellungskraft bieten, das schon für sich genommen aufmunternd und belebend ist, wie die Sonnenstrahlen, die die schattigen Haine mit goldenem Licht schraffieren. Die verschwenderische Vielfalt, mit der alle Werke der Schöpfung gestempelt sind, hat sich in den Wäldern zu klaren, edlen Formen entwickelt. Es heißt, auf dem Feld fänden wir keine zwei Grashalme, die sich exakt gleichen, und im Garten pflückten wir keine zwei Blumen, die sich vollkommen ähneln, doch in solchen Fällen sind die Unterschiede minimal, sodass wir die Wahrheit nicht sofort erfassen. In den Wäldern hingegen steht sie im Fettdruck da; wir *müssen* die große Vielfalt der Details unter den Bäumen bemerken. Wir erkennen sie in den Stämmen, den Ästen, den Blättern, den groben Knoten und knorrigen Wurzeln, in den Moosen und Farnen auf ihren Rinden, in ihren Formen, Farben und Schattierungen. Und in dieser Fülle an Schönheiten wohnt eine süße Stille, eine edle Harmonie, eine heitere Ruhe, die wir in solchem Maße anderswo vergeblich suchen.

Diese Hügel und die Täler zu ihren Füßen bildeten ungenannte Jahrhunderte lang einen einzigen großen Wald; unzählige Sommer verstrichen, Epochen undokumentierter Zeit, in denen sie ein Teil der grenzenlosen Waldwildnis waren. Bäume wogten über den Tälern, erhoben sich auf den Anhöhen, füllten die Senken, drängten sich in den schmalen Schluchten, beschatteten die Bäche und Quellen, standen auf den Inseln, fegten über die Hügel, krönten die Gipfel der Berge. Das ganze Land schlummerte im Zwielicht des Waldes. Aus wilden Träumen bestand seine dämmernde Existenz. Der hungrige Schrei des Raubtiers, das Ungestüm des wilden Mannes, Schlachtruf und Freudentanz, Triumph und Folter durchbrachen immer wieder die tiefe Stille und erstarben, hinterließen den Atem des Lebens, damit er aufsteige und niedergehe mit den wehenden Winden.

Jede Felsklippe an den Bergflanken, jede Marsch in den Niederungen war mit einem lebendigen, raschelnden Schleier aus grünen Falten bedeckt. Hier ergoss sich eine dunkle Welle aus Kiefern, Hemlock- und Balsamtannen durch die Klamm, dort auf dem Hügel leuchtete das glänzende Grün von Eiche, Ahorn, Kastanie; in lichten, luftigen Gestrüppen standen Birke und Ulme und Espe auf der Brust des Gebirges. Blätter in allen Grüntönen spielten in der Sommersonne, Blätter flatterten im Mondschein, und die himmlischen Schauer fielen überall auf das grüne Laub des ununterbrochenen Waldes.

Sechzig Jahre haben einen erstaunlichen Wandel bewirkt; in den Niederungen wurde der Wald gefällt, und es gibt kein Tal im Umkreis, das man nicht erschlossen hat. Nach einem weiteren halben Jahrhundert könnte man das Land nackt und öde vorfinden, noch sind jedoch nicht alle Wälder gefällt, und in unserer Sichtweite gibt es keinen Berg, der völlig kahl wäre, keiner zeigt dem Himmel eine Glatze. Am Ufer des Sees finden sich mehrere Hügel, die vom Wipfel bis zum Sockel in Wald gehüllt sind. Wer ein Vergnügen daran hat, sich seinen Weg im Wald zu suchen und verschlungenen Pfaden zu folgen, der kann noch immer viele Meilen so im Schatten laufen, wie es der rote Mann einst geliebt hat.

Das amerikanische Waldland bewahrt bis zum heutigen Tag etwas, das charakteristisch ist für dessen wilden, seit Jahrhunderten unberührten Zustand. Es strotzt im eigenen Verfall. Alte Bäume, tote oder absterbende, stehen noch jahrelang, ehe der Wind sie zersplittert und zerbirst. Oder sie vermodern allmählich zu einem formlosen Stumpf. Es gab keinen Förster, der sie beim ersten Anzeichen von Fäulnis fällte; damals hatten sie keinen Nutzen, heute haben sie keinen Wert. Abgebrochene Äste und tote Leiber großer Bäume liegen überall im Wald herum; das sind die Orte, an denen der Wind mit dem Wald gekämpft hat – bei jedem Schritt tritt man auf gefallene Stämme, ihrer riesenhaften Länge nach hingestreckt auf die Erde, der eine noch immer in seiner Borken-Rüstung, der andere nackt und verwesend, bedeckt von grünem Schimmel. Die einen zerbröselnde Massen aus einzelnen Stücken, die anderen gehüllt in herrliche Moose, lange grüne Hügel markieren das Grab von Bäumen, die allmählich zu Staub zerfallen. Oft findet man junge Bäume, die auf diesen Waldruinen wachsen. Wenn eine der riesigen Kiefern oder Eichen vom Sturm umgerissen wird, erhebt sich das Gewirr aus Wurzeln und Erde jahrelang dort, wo es der stürzende Stamm aufgeworfen hat; und manchmal wächst eine stattliche Hemlocktanne, Kiefer oder Buche auf dem Scheitel dieser Masse, die für sich genommen schon zehn bis zwölf Fuß hoch ist. Wir fanden einen feisten, vielleicht zwanzig Jahren alten Baum, der einem zufälligen Samen entsprungen war, den der Wind auf den in die Knie gegangenen Stamm einer Kiefer oder Kastanie gesät hatte. Seine Wurzeln hatten sich am verrottenden Holz hinabgestreckt, bis sie die Erde zu beiden Seiten erreicht hatten, sodass sie das brüchige Skelett fest in ihre junge Umarmung schlossen. Merkwürdig langsam geschieht die Verwesung solcher toten Bäume; man weiß von umgestürzten Kiefern, die fünfzig Jahre lang unvermodert blieben und noch immer ihren Saft bewahrten. Die grauen Stämme stehen oft für Jahre aufrecht, sodass sie einem so vertraut wie lebende Bäume erscheinen. Es gibt Aufzeichnungen über einige, die über einen Zeitraum von vierzig Jahren aufrecht im Tode standen.* Inmitten des

* Die beim Erdbeben von 1811 am Mississippi zerstörten Bäume stehen noch heute. Und wahrscheinlich könnte man viele ähnliche Beispiele finden, wenn die Leute diese toten Bewohner unserer Wälder beachten würden.

wilden Durcheinanders erkennen wir das eine oder andere von zivilisierten Menschen hinterlassene Zeugnis: Wagenspuren, eine primitive Straße, die mit welkem Laub bedeckt ist, die Kerbe einer scharfen, glatten Axt in einem Stumpf nahebei – sie erinnern uns daran, wie freimütig und großzügig der Wald zu den Bedürfnissen unserer Gattung beiträgt.

Die schönsten Bäume an den Ufern unseres Sees sind bemerkenswert eher wegen ihrer Höhe als wegen ihres Umfangs. Da sie zur alten Waldrasse gehören, haben ihre Gefährten sie von allen Seiten dicht bedrängt, sodass die astlosen Stämme zu eindrucksvoller Höhe aufgeschossen sind. Ihr Laub krönt die Wipfel in üppigen Massen, und wenn es ihnen auch niemals an der ursprünglichen Grazie ihrer jeweiligen Art fehlt, so haben sie doch nicht die Schönheit des freien Wuchses auf dem offenen Feld entwickelt. Die älteren Eschen, Ulmen und Eichen sind bemerkenswerte Bäume, strenger und schlichter als ihre Geschwister auf den Wiesen und Weiden, sie alle verfügen über den besonderen Charakter des Waldwuchses. Die jüngeren Gehölze werden aus demselben Grund, welcher den älteren ihre strenge Schlichtheit verleiht, wiederum viel lichter und luftiger als die Gefährten auf den offenen Flächen: Beschattet von den Patriarchen des Waldes, schießen sie als schlanke, grazile Stämme ins Licht empor und breiten ihre Arme in lichtem, luftigem Gezweig aus. Die Stämme der Jüngeren sind oft dermaßen dünn und biegsam, dass sich dreißig bis vierzig, ja fünfzig Fuß hohe Bäume unter dem Gewicht winterlichen Schnees auf ihren kahlen Ästen beugen. Einige erlangen ihre aufrechte Haltung nie zurück, andere erreichen sie allmählich, sobald ihre Stämme kräftiger werden. Über einem wilden Waldweg nahe dem Seeufer gibt es einen natürlichen grünen Bogengang, den zwei schlanke junge Bäume zufällig bildeten, indem sie sich von gegenüberliegenden Seiten zueinander lehnten, bis sich ihre Zweige in der Mitte des Weges trafen. Die Wirkung ist sehr schön, eine der Forstlaunen, die man in früheren Zeiten für das Werk eines Waldelfen gehalten hätte.

Es steht zu befürchten, dass viele Bäume der soeben aufschießenden Generation nie die Würde der alten Waldbäume erreichen werden. Große Teile der Wälder bestehen aus Sekundärwuchs, und sehr große Bäume werden von Jahr zu Jahr seltener. Man sieht bereits jetzt oft alte Stümpfe, deren Dimensionen sämtliche lebenden Bäume ringsum übertreffen – einige haben einen Durchmesser von vier und manche von fünf oder mehr Fuß. Noch finden wir manchmal eine aufrecht stehende Kiefer diesen Ausmaßes; eine wurde gestern gefällt, sie hatte einen Durchmesser von fünf Fuß. Kiefern insbesondere erreichen eine für ihre Massigkeit erstaunliche Höhe.

Von den größeren Bäumen findet man oft Stümpfe, die rund zweihundert Jahre alt sind; auch dreihundert Jahre alte sind nicht selten, und gelegentlich sahen wir einen, der wohl mehr als vierhundert Ringe für sich beanspruchen durfte. In der Regel jedoch wurden die größten Bäume sehr früh in der Geschichte einer Siedlung ausgewählt, sodass viele ältere Stümpfe heute so zerschlissen und zerfetzt sind, dass man die Ringe selten korrekt zählen kann. Oft hat ein Feuer ihnen Schaden zugefügt, unmittelbar nachdem sie gefällt wurden, und in vielen anderen Fällen sind sie von innen heraus verrottet, sodass man die Ringe nur etwa zur Hälfte zählen kann. Hier kann die Vermessung eine gewisse Vorstellung vermitteln: Man nimmt fünfzig Ringe des gesunden Teils und kalkuliert diesen Abstand beim verwesten Teil für weitere fünfzig. Dies ist allerdings keine sichere Methode, weil die Ringe bei ein und demselben Baum stark variieren; einige sind so breit, dass sie dem Stamm einen merklichen Umfang von vielleicht einem Zoll pro Jahr hinzufügten, anderswo im Stamm zwängen sich ein Dutzend Ringe in denselben Raum. Kurzum, selten hat man die Genugtuung, auf einen Stumpf zu treffen, bei dem man jeden Ring vollkommen präzise zählen kann. Es heißt, einige Kiefern an der Pazifikküste, in Oregon und Kalifornien kämen auf neunhundert Ringe, nämlich die edlen Zucker-Kiefern jener Region. Wahrscheinlich weisen nur sehr wenige unserer Weymouthskiefern mehr als die Hälfte dieser Anzahl an Ringen auf.

Als Entschuldigung dafür, keinen dieser alten Waldbäume stehen zu lassen, hört man oft, dass sie nicht weiterleben würden, nachdem man ihre Gefährten gefällt hat. Dass sie den gegenseitigen Schutz vermissen und den Stürmen ausgesetzt bald umstürzen würden. Dies mag als allgemeine Regel zutreffen; doch neige ich zu der Auffassung, dass das Experiment, einige Bäume stehen zu lassen, sich als erfolgreich erwiese, wenn man es des Öfteren ausprobierte. Mitten auf einem hübschen Feld im Tal steht jetzt eine sehr große Ulme für sich allein, ihr Umfang, ihr Alter und ihre ganze Erscheinung erklären sie zum Häuptling eines uralten Volks – man nennt

Wiesenlerche

sie die »Sagamore-Ulme« –, und obwohl sie den Winden aus allen Himmelsrichtungen ausgesetzt ist, behauptet sie ihren Platz unumstößlich. Der Stamm hat einen Umfang von siebzehn Fuß, ihre Höhe beträgt vermutlich hundert Fuß, allerdings nach Augenmaß, denn es ist nie richtig überprüft worden. Der Schaft erhebt sich rund fünfzig Fuß ohne einen Ast empor, dann teilt er sich, wie üblich beim Wuchs alter Waldbäume. Leider beginnen graue Zweige sich zwischen dem Sommerlaub zu zeigen, sodass man befürchten muss, dass die Ulme nicht mehr viele Winter übersteht.

In diesen Zeiten sind die Holzhauer ein unerbittliches Volk. Die ersten Kolonisten betrachteten einen Baum als Feind, und nach dem äußeren Schein zu urteilen, möchte man meinen, herrscht unter ihren Nachfahren derselbe Geist bis heute vor. Es ist wohl keine Überraschung, dass ein Mensch, dessen höchstes Lebensziel darin besteht, Geld zu scheffeln, sein Holz möglichst schnell in Banknoten verwandelt. Dennoch ist bemerkenswert, dass jemand, der den Wert des Holzes erkennt, so verschwenderisch damit umgeht wie die meisten Männer in diesem Teil der Welt. Ausgewachsene Bäume, junge Sämlinge und Setzlinge des Vorjahres werden auf einen Schlag durch Axt oder Feuer vernichtet; die leere Stelle bleibt eine Lebzeit lang ohne jeden Versuch der Bewirtschaftung, ohne jegliches Bemühen um Aufforstung. Wenn der Wald in allen Tälern gefällt ist, wenn die Hügel täglich kahler werden, wenn der Preis für Bau- und Brennholz steigt, wenn selbst für mittelmäßiges Holz neue Verwendungen gefunden werden – dann sollte man doch annehmen, dass jene Leute, die für sich einen gesunden Menschenverstand beanspruchen, eine gewisse natürliche Vorausschau und Vorsorge an den Tag legen! Unser starker Bedarf an Kiefernholz sollte eine Lehre in Besonnenheit und Sparsamkeit sein. Man hat errechnet, dass allein in unserm Staat jedes Jahr 60 000 Morgen Kiefernwälder gefällt werden. Doch unerklärlicherweise scheinen sich nur wenige amerikanische Farmer des vollen Wertes und der Bedeutung des Holzes bewusst zu sein. Offenbar vergessen sie den relativen Wert der Wälder. Selten erinnern sich unsere Leute daran, dass die Wälder den wildesten Stämmen nicht nur Nahrung liefern und Schutz bieten, sondern auch für die meisten zivilisierten Nationen einen hohen Anteil ihres Reichtums darstellen. Die ersten groben Werkzeuge der Wilden bestanden aus Holz, und die Zedern des Libanon standen neben dem Gold aus Ophir in den Mauern der Paläste.

Unabhängig vom Marktwert in Dollar und Cent haben die Bäume noch weitere Werte: Sie sind auf vielfältige Weise mit der Zivilisation eines Landes verbunden; ihre Bedeutung ist intellektueller und moralischer Natur. Nachdem die erste Phase des groben Fortschritts in einem neuen Land vorüber ist – sobald Obdach und Nahrung zur Verfügung stehen –, beginnen die Leute damit, die Annehmlichkeiten und Freuden einer dauerhaften Heimat in der Nähe ihrer Häuser zu versammeln; dann pflanzen die Farmer in der Regel ein paar Bäume vor die Tür. Das ist überaus wünschenswert, aber nur der erste Schritt auf dem Weg. Es ist mehr vonnöten; der Schutz bereits vorhandener Bäume wäre ein weiterer Fortschritt, doch haben wir diesen Punkt noch nicht erreicht. Oft geschieht es, dass derselbe Mann, der gestern ein halbes Dutzend zweigloser Setzlinge vor der Tür angepflanzt hat, heute eine Ulme oder Eiche fällt, die nur wenige Meter von seinem Haus entfernt steht, etwas, das hundertmal schöner war als alles andere in seinem Besitz. Ganz im Ernst, ein schöner Baum beim Haus ist eine weitaus größere Zierde als die dickste Farbschicht an den Wänden oder eine Reihe hölzerner Säulen auf der Frontseite. Ja, ein großer schattenspendender Baum im Vorgarten ist erstrebenswerter als das teuerste Sofa aus Mahagoni und Seide im Salon. Leider sehen das unsere Leute meist nicht in diesem Licht. In einer echten Zivilisation ist die Zeit jedoch ein wesentliches, absolut unverzichtbares Element; sodass wir im Laufe der Jahre hoffentlich weitere Lektionen dieser Art lernen werden.

Wie leicht könnte man die meisten Farmen im Land voranbringen, indem man ein wenig Aufmerksamkeit auf die Wälder und Bäume richtete! Das würde ihr Erscheinungsbild verbessern und gleichzeitig ihren Marktwert steigern. Ausholzen und nicht zugrunde richten; nur die Fläche roden, die unmittelbar für den Ackerbau bestimmt ist; den Wald auf den Bergkuppen und an den rauen Hügellehnen erhalten; den Niederwald auf dieser oder jener Anhöhe fördern; Büschen und jungen Bäumen gestatten, nach Belieben an Bächen und Wasserläufen zu wachsen; falls nötig einen Hain am Ufer von einem der vielen Teiche auf unseren Farmen aussäen; ein, zwei Ulmen neben der Quelle verschonen, auch eine darüber hängende Weide; ein, zwei Eichen, Buchen oder Kastanienbäume bei den Toren oder Gattern anpflanzen; in jedem Feld vereinzelt ein paar Bäume stehen lassen, die das

Vieh im Sommer beschatten, wie es oft bereits geschieht, oder sie in Gruppen oder einzeln anlegen, sodass sie Schatten aufs Haus werfen – das würde nur wenig Mühe brauchen und Kosten verursachen, das Ergebnis jedoch wäre höchst erstrebenswert.

Erst kürzlich erfuhren wir zufällig von zwei völlig gegensätzlichen Beispielen. In der Wildnis Oregons, nahe am Ufer des Columbia River, stand ein einzelner Baum von beträchtlicher Größe, eine der majestätischen Kiefern jener Gegend, als Landmarke den Jägern und Einwanderern, die durch diese einsamen Öden zogen, seit Langem bekannt. Als eine Expedition, die von der Regierung zur Erkundung des Landes ausgesandt wurde, sich besagter Stelle näherte, hielt man Ausschau nach jener Kiefer, um die Richtung zu bestimmen. Man suchte eine Weile, allerdings vergebens; schließlich erreichte die Expedition den Punkt, an dem der Baum, diese Wegmarke in der Wildnis, hätte stehen sollen, aber er lag auf dem Boden. Gefällt und dort zum Verrotten zurückgelassen von einem Mann, der zweifellos für sich in Anspruch nahm, ein zivilisiertes Wesen zu sein. Der Mann, der solch eine Tat beging, hätte zu Attilas Horden gepasst, Barbaren, die alles plattmachten, über das ihre Pferde nicht hinwegspringen konnten.

Das andere Beispiel ist weniger eklatant, jedoch erfreulich und zum Glück näher an unserer Gegend. An den Ufern des Susquehanna, unweit des Städtchens Bainbridge, sieht der Reisende, folgt er dem Weg, einen sehr schönen Baum vor sich; kommt er näher, wird er feststellen, dass es sich um eine prächtige Ulme handelt, die tatsächlich mitten auf der Straße steht. Ihre Äste überspannen die gesamte Breite und reichen bis über die Zäune zu beiden Seiten. Der Baum steht genau dort, wo ein kompromissloser Pragmatiker zweifellos mit ihm aneinandergeraten wäre, da die Straße ein wenig von der geraden Linie abweicht und um den Stamm herumführt. Die meisten Leute sind jedoch der Meinung, der Baum sei nicht nur schön, sondern komme auch der Nachbarschaft zugute; denn man ließ ihn nicht nur an seiner besonderen Stelle stehen, man konnte auch keinerlei Anzeichen für Missbrauch an seinem Stamm oder seinen Ästen erkennen.

Montag, 30. Juli — Es ist bedauerlich, dass man die beiden prachtvollen Singvögel der alten Welt nicht in Amerika antrifft; dass die Lerche und die Nachtigall beide Fremdlinge auf dieser Seite des Atlantiks sein sollen. Die

Nachtigall unterscheidet sich in mancher Hinsicht von den üblichen Vorstellungen, die man in diesem Land von ihr hat. Wir haben so viel über die »klagende Philomela« gelesen, dass sich die meisten von uns einen einsamen Vogel in tiefen Winkeln des Waldes vorstellen, der im Mondlicht ein »höchst melodisches, höchst melancholisches«* Lied singt. Doch ist dies keineswegs immer der Fall; diese Vögel singen bei Tage ebenso oft wie bei Nacht, und an einem schönen Morgen oder Abend kann man sie im Chor fröhlich singen hören. Angeblich sollen sie nie in Schwärmen fliegen; das mag so sein, allerdings leben sie in enger Nachbarschaft – eine Vielzahl in demselben Wald. In den Monaten Mai und Juni hört man Nachtigallen in der frühen Morgendämmerung fröhlich singen, ungefähr dann, wenn die Marktleute und Schornsteinfeger die Straßen von Paris bevölkern, vielleicht ein Dutzend zur selben Zeit inmitten der Großstadt. Sie leben in den *marronniers* [Rosskastanien], Linden und Ulmen der edlen öffentlichen und privaten Gärten der Stadt und scheinen sich um die Nachbarschaft der Menschen so wenig zu bekümmern wie die Vireos, die die Platanen von Philadelphia umschwirren.

Die Lerche ist kühner als die Nachtigall. Der Lerche sollten wir vielleicht den Vorzug geben, denn erstens singt sie mehr oder weniger das ganze Jahr und verlässt ihre angestammten Felder nicht, während die Nachtigall nur in wenigen Wochen im Mai und Juni bei Stimme ist; und zweitens hat die Lerche Gewohnheiten, die nur für sie typisch sind. Keine Handlung des Adlers ist so nobel wie der Aufstieg einer Lerche, die die Sonne begrüßt – eine höchst erhabene Tat. Wir kennen im gesamten Spektrum der Natur nichts, das beredsamer wäre. Wenn wir Lafontaine glauben können, dann bauen diese Vögel ihre Nester gerne in Getreidefeldern:

Les alouettes font leur nid
Dans les blès, quand ils sont en herbe.

Die Lerche der Fabel singt eher geistreich als lyrisch, doch ist alles, was dieser *bonhomme* mit den Geschöpfen tut, die seine Phantasiewelt bevölkern, auf eigene Weise so herrlich, dass wir ganz zufrieden sind mit dem häuslichen, mütterlichen Charakter des Vogels. Der Gatte ist hier der Poet, er singt die edlen Sonnenaufgangs-Oden; sie dagegen ist die kluge, bemer-

* John Milton, *Il Penseroso*, zitiert von S. T. Coleridge in »The Nightingale«. (Anm. d. Übers.)

Kardinalslobelie

kenswerte *mère de famille*, die die Welt kennt, obwohl Lafontaine selbst das nicht tut.

Mittwoch, 1. August — Heute Nachmittag ein Spaziergang über die Mill Bridge. Am Fluss pflückten wir einen hübschen Strauß purpurne Lobelien. Welch exquisiter Rotton liegt auf den Blütenblättern dieser herrlichen Pflanze! Es erinnert einen daran, dass das russische Wort für »Schönheit« und für »rot« nach M. de Ségur dasselbe sein soll – *krasnoi*. Die meisten von uns halten wahrscheinlich die Farben rosa oder blau für schöner, doch man kann gewiss behaupten, die köstliche Schattierung der Lobelie sei identisch mit *krasnoi*.

Donnerstag, 2. August. — Lange Fahrt das Tal hinab. Auf vierzig Meilen gibt es kein einziges Städtchen, dennoch ist die ländliche Bevölkerung dieses Bezirks bereits ziemlich groß. Das ganze Land im Umkreis hat denselben Charakter: Bergrücken, zur Hälfte bewirtschaftet, zur Hälfte bewaldet, schirmen kultivierte Täler ab, die mit Farmen und Dörfern übersät sind, dazwischen winden sich einige hübsche Flüsse hindurch. Die Gewässer unserer unmittelbaren Umgebung fließen alle in südliche Richtung, doch nur einige Meilen nördlich unseres Städtchens nehmen die Bäche einen entgegengesetzten Verlauf, sodass dieses Tal direkt an der Wasserscheide liegt. Obwohl der Fluss weiter nach Süden hin zu einem der großen Ströme des Landes wird, kann er sich hier, so nah bei seiner Quelle, keiner besonderen Breite rühmen und rinnt still zwischen den Wiesen dahin, halb verdeckt von den Hainen und Dickichten, selten dem Blick preisgegeben.

Der gesamte Boden des Landes ist urbar; in den Niederungen findet man nur sehr wenige Marschen oder Sümpfe, und auf den Hügeln gibt es keine Ödflächen. Selten stoßen Felsen aus dem Boden, allenfalls dort, wo eine niedrige Klippe an den Hügelflanken verläuft, die meist vom Wald beschattet sind. Die allgemeine Fruchtbarkeit, die Vermengung von Feldern und Äckern der Menschen mit den Wäldern – dem großen Landbau der *Vorsehung* – verleiht dem Land einen noblen Charakter, den es nicht für sich beanspruchen konnte, als der einsame Wilde durch die bewaldeten Täler streifte, und den es verlieren muss, falls Habgier und schneller Reichtum den Wald vollständig zerstören sollten und diese Hügel kahl und karg der Nachwelt überlassen, wie bei vielen älteren Landschaften. Kein perfektionierter Ackerbau, keine Produktfülle macht den Verlust der Wälder wieder wett; selbst wenn du den Boden in einen Garten mit den üppigsten Ernten verwandelst, kann er zwar einen florierenden Anschein haben, doch wird ihm, seiner Wälder beraubt, abgeschoren wie Samsons Locken, die edelste Frucht der Erde fehlen, welche der größte Beweis seiner Stärke ist.

Überall tauchen Straßen auf, und viele mehr erkennt man in der Ferne, wie sie sich über die Hügel zu anderen Tälern, anderen Dörfern winden. Ja, allein die Anzahl der Straßen, die das Land in alle Richtungen zerschneiden und die einander in kurzen Abständen kreuzen, könnten einem Fremden Anlass geben zur Vermutung, dass seine Zivilisation viel älter ist. Erinnert man sich jedoch der Weite des Landes und des Jahres seiner Besiedelung, dann bezeugen diese Straßen den erstaunlichen Geist und die Tatkraft der Menschen.

Während der Sommermonate hat das Vieh in diesen Tälern gute Gründe, mit seinem Schicksal zufrieden zu sein; selten bleibt das Gras aus und die übermäßige Hitze, begleitet von langen, sengenden Dürren, die zu südlicheren Landesteilen gehören, ist hier selten zu spüren – das durchgehend warme Wetter dieses Sommers war recht ungewöhnlich. Obwohl unsere Wiesen trockener als sonst gewesen sind, waren sie noch immer grüner als anderswo im Staat. Wir erfuhren soeben, dass man zweihundert Rinder und zweitausend Schafe von St. Lawrence auf unser Land getrieben hat, damit sie während der Dürre hier weiden. Im Allgemeinen erquicken bei uns in der warmen Jahreszeit durchziehende Regenschauer das Gras und Laub; die Schönheit der Vegetation ist ein Quell besonderer Freude für jene, die von den *braunen* Feldern rings um New York und Philadelphia kommen.

Freitag, 3. August — Wanderung in den Wäldern. Die Farnmyrte ist sehr hübsch. Ein Strauch oder Baum mit wohlriechenden Blättern ist stets angenehm, ihr Duft selten widerlich, wie es bei Blumen zuweilen geschieht, fast immer hat er etwas Erquickendes. Die aromatischen Blätter der Farnmyrte werden in der ländlichen Praxis oft genutzt, um Blutungen zu stoppen; wir haben ihre Anwendung nie gesehen, hörten jedoch nicht selten, dass man sie empfahl. Einige unserer Frauen bereiten aus den Blättern einen Tee, der stärkend sein soll und gut bei Hämorrhagien der Lunge. Man nutzt die Pflanze auch für selbst gebrautes Bier.

Reisstärling

In einigen der nördlichen Bezirke von New York, Herkimer und Warren bedeckt die Farnmyrte ganze Landstriche und Bergflanken, an vielen Stellen verdrängt sie sogar die Heidelbeere. In jenem Landesteil wächst sie als Unkraut am Straßenrand, ähnlich wie Distel und Königskerze. Bei uns beschränkt sie sich großenteils auf die Wälder.

Samstag, 4. August — Um neun Uhr abends brachen wir auf zu einer Mondscheinwanderung zum Mount —. Wundervolle Nacht; der aufgehende Mond strahlte durch die Äste und erfüllte die Wälder mit wilden, phantastischen Gestalten, die man am Tage niemals sieht. In solchen Augenblicken scheint man durch eine neue Welt zu laufen, zwischen den Bäumen und Pflanzen einer anderen Schöpfung. Das Unterholz nahm ein besonderes Aussehen an, ein blass silbernes Licht lag auf den Farnwedeln, sogar noch im Schatten, und vermittelte die Idee, dass sie im Sonnenlicht eine viel blassere Farbe hätten als ihre Nachbarn, was nicht der Fall ist – dasselbe fahle, phosphoreszierende Licht schimmerte auch um andere Pflanzen und um die Stöcke und Steine auf dem Weg.

Nachdem wir den Wald verlassen hatten, war der Ausblick herrlich klar und deutlich. Die Spiegelungen im See unter uns waren für eine nächtliche Szene seltsam vollkommen: Dorf, Wälder und Hügel wiederholten sich still auf der Brust des Wassers, als würde es nachts von Dingen träumen, die am Tag lieb und vertraut sind. Man hätte die Bäume und die Felder zählen können; selbst das Gelb der Kornfelder neben den grünen Wiesen wurde genau wiedergegeben.

Als der Nachtwind aufkam und sich mit sanft murmelndem Seufzen wieder legte, setzten der tiefe Bass der Frösche und die höheren Töne der Insektenschwärme ihren großen, ununterbrochenen Gesang fort. Wie viele Milliarden dieser winzigen Kreaturen müssen in einer schönen Sommernacht wach und erregt sein! Es rührt sich Nachts ein größerer Teil der großen Familie auf Erden, als wir uns vorstellen, da wir selbst schlafen und meinen, auch andere Geschöpfe seien untätig. Man kann sogar unsere gezähmten Tiere, die Kühe und Pferde, oft in schönen Sommernächten grasen sehen.

Dienstag, 7. August — Wanderten über die *Große Weide*. Die alten Bäume, die dieses schöne Feld in den letzten Jahren gesäumt haben, fallen rasch unter der Axt. Noch vor einigen Sommern war sie eine der schönsten Weideflächen des Tals: eine ungefähr zwanzig Morgen große grasgrüne Wiese, abgeschirmt von der Welt durch einen weiträumig sich erstreckenden Baumgürtel. Einige hatten sie zum Lieblingsplatz erkoren, einer dieser Orte, an denen die süße Stille der Felder und die tiefere Ruhe der Wälder zusammenfanden. Die Bäume waren von jüngerem Wuchs, ihre Erscheinung prachtvoll und licht, dahinter jedoch erhob sich der Wald vom Flussufer aus in hohen, mächtigen Säulen von helleren und dunkleren Grautönen. Nichts unterscheidet sich so sehr wie der belaubte, schattige Rand eines gewöhnlichen Waldes, bei dem man kaum die Stämme sieht, von der Begrenzung, die eine Bresche im ursprünglichen Wald markiert. Die astlosen Schäfte dieser alten Eichen, Kiefern, Kastanien, Hemlocktannen und Eschen bilden das eindrucksvoll noble Portal eines Waldes. Wir standen oft vielleicht eine halbe Meile entfernt auf der Hauptstraße, um die im Sonnenlicht glänzenden Riesenstämme zu bewundern. Spät sind das Licht und jene Stämme miteinander bekannt geworden, doch jetzt es gibt nur wenige solcher Forstkolonnaden in unserer Gegend, denn sie fallen rasch unter den Schlägen der Äxte.

Die ergrauten Eschenstämme sind ausnehmend schön unter solchen Umständen, sie haben von unseren größeren Bäumen die hellste Farbe, während die Rinde der Hemlocktannen am dunkelsten ist. Die Eschen wachsen hierzulande sehr oft in den Niederungen an Flussufern. In den Vereinigten Staaten gibt es etliche Varietäten dieses hübschen Baums, die weiße, die rote, die grüne bzw. gelbe, die blaue, die schwarze, außerdem die kleine und überaus seltene, nur zwanzig Fuß hohe Schmuckesche. Von diesen Arten gehören nur die weiße und die schwarze Esche zu unserem Hochland; diese schönen, wertvollen Bäume sind hier weitverbreitet und finden Verwendung bei vielen mechanischen Dingen. Die Weißesche soll tatsächlich genauso begehrt sein wie der Hickorybaum. Als Feuerholz genutzt, brennt es in grünem Zustand fast so gut wie in trockenem, auch als Baumaterial benötigt es wenig Trocknung. Die Schwarzesche, eher ein Baum des Nordens, wächst bei uns im Überfluss; sie ist kleiner als die Weißesche und wird von den indianischen Korbflechtern verwendet; sie soll sich zu diesem Zweck besser eignen als die weiße. Es ist ein kurioser Gedanke, dass die kleinen Pfeile und Bögen, welche die umherziehenden Indianer heute als Spielzeuge für unsere Jungs herstellen, aus demselben Holz angefertigt werden, das man für die

Waffen der Helden in der Antike benutzt hat. Achilles und andere bedeutende Krieger empfingen ihre tödlichen Wunden durch Speere aus Eschenholz.

Donnerstag, 9. August — Verbrachten den Nachmittag und Abend auf dem See. Das Wasser unseres schmalen Sees spiegelt das Dorf, die Hügel und die Wälder öfter als die Wolken; bei ruhigem Wetter erhält es den Großteil seiner Farbe von den Ufern. Doch heute Nachmittag bemerkten wir mehrere dieser visionären Inseln auf dem Grunde des Sees: Sie gefallen einem umso mehr, wann immer man sie dort sieht, da wir nichts Greifbareres haben. All unsere Inseln haben einen solchen schattenhaften Charakter.

Auf den größeren Seen weiter im Westen und bei ruhigem Wetter sind diese Wolkeninseln oftmals sehr schön. In jener flacheren Gegend färbt der Himmel die breiten Flächen des Cayuga und Seneca Lake viel stärker ein. Manche Leute beanstanden die Ausdehnung dieser insellosen Seen; mit lebendigem Wasser in einer Landschaft sollte man jedoch gewiss nicht hadern. Kleinere Senken mit höheren Ufern sind ohne Zweifel malerischer, aber auf ihre Art sind die weitläufigen, klaren Seen überaus hübsch. In ihrer Alltäglichkeit, die schon allein durch Größe beeindruckt, liegt eine edle Einfalt. Die heftigen Winde – in jenem Landesteil keine Seltenheit – haben freien Lauf über ihre breite Brust und bewirken oft wunderbare Sturmanblicke, während die herrlichen Sonnenuntergänge im Flachland andererseits den Gewässern exquisite Farbtöne verleihen.

Am Signal-Oak Point gingen wir an Land. Die Quelle hier floss üppig, wohingegen viele andere versiegt sind. Als wir beim Brünnlein standen, hatte einer aus unserer Gruppe das Glück, ein indianisches Relikt im Kies zu entdecken: eine Pfeilspitze aus Feuerstein. Sie war zwar nicht besonders groß, aber säuberlich gehauen. Man würde gerne ihre kurze Geschichte erfahren – vielleicht hat sie ein Jäger, der zu der Quelle gekommen ist, fallen gelassen; oder sie wurde aus dem Wald auf ein wildes Tier abgeschossen, das hier gerade getrunken hat. Vor einiger Zeit fanden wir eine andere Pfeilspitze im Kies unserer eigenen Wege; gelegentlich kommen sie im Dorf zum Vorschein, sind jedoch viel seltener, als man annehmen sollte.

Auf dem Kiesufer dieser Landzunge liegt das Gerippe einer alten Eiche, die in den ersten Jahren der kleinen Kolonie sehr bekannt war. Damals gab es hier viele Hirsche, die natürlich gejagt wurden – stets flohen die ar-

Kletterfarn

men Tiere ins Wasser, wenn man sie verfolgte, falls ein See oder Fluss in der Nähe lag. Befand sich ein Trupp in den Hügeln auf der Jagd, postierte man gewöhnlich einen Mann in der alten Eiche, die über das Wasser hing und einen Blick auf die volle Länge des Sees bot. Mit zuvor verabredeten Handzeichen zeigte der Späher im Baum den Jägern die Richtung, die das Wild eingeschlagen hatte. Vor einigen Jahren stürzte diese Signaleiche zu Boden, und ein Teil davon liegt noch heute am Ufer. Früher war der gesamte Wald, hauptsächlich ursprünglich gewachsene Eichen, sehr schön, doch fallen diese Bäume rasch. Man misshandelte sie rücksichtlos, indem man Feuer an ihre Stämme legte und als Kaminschächte benutzte, wodurch man sie selbstverständlich zerstört hat. Auf diese Weise wurden Eichen, die für Jahrhunderte in wachsender Schönheit gestanden hätten, mutwillig vernichtet.

Es ist lange her, dass Jäger die Signaleiche brauchten, denn aus diesen Wäldern sind die Hirsche mit erstaunlicher Schnelligkeit verschwunden. Bereits in den zwanzig Jahren nach Gründung des Dorfes wurden sie selten, und kurze Zeit später waren sie aus dem Land geflohen. Eines der letzten dieser wunderschönen Geschöpfe, die man in den Gewässern unseres Sees gesehen hat, war Anlass für eine bemerkenswerte Hatz, die unter völlig anderen Umständen stattfand als die üblichen Jagden. Ein niedliches Kitz wurde sehr jung aus den Wäldern ins Dorf gebracht, wo eine Dame es aufzog und verwöhnte, bis es so zahm wie nur möglich war. Es war grazil wie all diese kleinen Geschöpfe, nett und verspielt, ein Lieblingstier, das den verschiedenen Familienmitgliedern folgte, von den Nachbarn gestreichelt und überall willkommen geheißen wurde. Nachdem es sich eines Morgens müde getollt hatte, warf es sich in den Sonnenschein, einem seiner Freunde zu Füßen, vor den Stufen eines Geschäfts. Dann kam ein Landsmann daher, der jahrelang Jäger von Beruf gewesen war und noch immer einige Hunde hielt; einer davon begleitete ihn bei dieser Gelegenheit. Als der Hund sich der Stelle näherte, wo das Kitz lag, hielt er plötzlich inne; das Tierchen sah ihn und sprang auf die Füße. Es hatte länger als sein halbes Leben mit den Hunden im Dorf verbracht und offenbar die Frucht vor ihnen verloren, doch jetzt wusste es wohl instinktiv, dass sich ein Feind in der Nähe befand. Die Verwandlung vollzog sich in Sekunden; der Gentleman, der von dem Vorfall berichtete, weil er daneben stand, bemerkte, er habe noch nie im Leben etwas Schöneres gesehen als den plötzlich in dem herrlichen Tier erwachenden Instinkt. In Sekundenschnelle waren dessen Charakter und Erscheinung wie ausgewechselt, all die früheren Gewohnheiten waren vergessen, sämtliche wilden Impulse erwacht; der Kopf aufgerichtet, die Nüstern geweitet, die Augen funkelnd. Einen Moment später, noch ehe die Zuschauer die Gefahr bemerkten, noch ehe seine Freunde es in Sicherheit bringen konnten, sprang das Kitz wild über die Straße, der Hund direkt hinterher. Die Anwesenden wollten es retten; etliche Leute nahmen sofort die Verfolgung auf, die Freunde, die es lange gefüttert und gehätschelt hatten, riefen seinen Namen, auf den es bislang gehört hatte – jedoch vergebens. Der Jäger bemühte sich, seinen Hund zurückzupfeifen, ebenfalls ohne Erfolg. Innerhalb einer halben Minute war das Kitz um die erste Ecke gebogen, rannte weiter zum See und warf sich ins Wasser. Falls das erschrockene Tier sich für einen Augenblick im kalten Herzen des Sees in Sicherheit glaubte, dann wurde es bald der Illusion beraubt: Der Hund folgte ihm in heißer, begieriger Jagd, und ein Dutzend Hunde aus der Stadt hatten sich ihm blindlings angeschlossen. Eine Menschenmenge versammelte sich am Ufer, Männer, Frauen, Kinder, alle um das Schicksal des ihnen vertrauten Tierchens besorgt. Ein paar Leute sprangen in Boote, in der Hoffnung, den Hund abzufangen, bevor er seine Beute erreichte, doch das Geplätscher der Ruder, die verbissenen Stimmen der Männer und Knaben, das Gebell der Hunde müssen das klopfende Herz des armen Rehkitzes mit Angst und Schrecken erfüllt haben, als hätte sich jedes Lebewesen an dem Ort, an welchem man es einst gestreichelt und gekrault hatte, plötzlich in einen Todfeind verwandelt. Bald konnte man erkennen, dass das kleine Geschöpf seinen Kurs über die Bucht auf den nächsten Waldrand richtete. Sofort überquerte der Hundebesitzer die Brücke und lief in vollem Tempo in ebenjene Richtung, voll der Hoffnung, seinen Hund aufhalten zu können, wenn dieser an Land stieg. Das Kitz schwamm wie nie zuvor im Leben, kaum sah man den zierlichen Kopf über Wasser, dennoch hinterließ es eine unruhige Spur, die seinen Kurs den besorgten Freunden und erbitterten Feinden gleichermaßen verriet. Als es sich dem Land näherte, steigerte sich die Spannung. Der Jäger befand sich fast schon auf derselben Uferlinie und rief den Hund laut und verärgert; bei der gnadenlosen Verfolgung schien das Tier jedoch die Stimme seines Herrn völlig vergessen zu haben. Das Kitz setzte an Land und hatte mit einem Sprung den schmalen Uferstreifen überquert; einen Moment später hatte es die Deckung des Waldes erreicht. Der Hund folgte seiner Fährte und zielte auf jene Stelle am Ufer; sein Herr, der ihn unbedingt abpassen wollte, musste in vollem Tempo rennen und erschien im kritischsten Moment – würde der Hund seiner Stimme gehorchen? Könnte ihn der Jäger rechtzeitig erreichen, um ihn zu packen und zu bändigen? Ein Schrei vom dörflichen Ufer verlautbarte, dass das Kitz im Wald außer Sicht geraten sei; im selben Augenblick, als der Hund an Land sprang, fühlte er den starken Arm des Jägers an seinem Hals. Man glaubte, das Schlimmste sei überstanden – das Kitz sprang die Bergflanke hinauf, der Feind war unter Kontrolle. Als die anderen Hunden sahen, dass ihr Anführer eingeschüchtert war, ließen sie sich bezwingen. Etliche Männer und Knaben zerstreuten sich in den Wäldern auf der Suche nach dem Tierchen, sie hatten jedoch keinen Erfolg und kehrten allesamt ins Dorf zurück, wo sie berichteten, dass sie das Geschöpf nicht gesichtet hätten. Manche dachten, es würde aus eigenem Antrieb zurückkommen, wenn seine Furcht erst verflogen wäre. Es trug ein schönes Halsband mit dem eingravierten Namen seiner Besitzerin, sodass man es leicht von jedem anderen Kitz im Wald unterscheiden konnte. Nicht viele Stunden waren verstrichen, als ein Jäger bei der Dame, deren Haustier das Kitz gewesen war, vorstellig wurde und ein Halsband mit ihrem Namen vorzeigte. Er sagte, er sei im Wald gewesen und habe ein Kitz in der Ferne gesehen; anstatt wie erwartet fortzuspringen, bewegte es sich auf ihn zu. Er zielte, feuerte und traf es ins Herz. Als er das Halsband entdeckte, tat es ihm leid, dass er es getötet hatte. So also starb das arme kleine Tier. Man hätte glauben mögen, die schreckliche Jagd hätte es in Angst vor den Menschen versetzt, doch es hatte das Unheil vergessen und sich nur der Gutmütigkeit erinnert, sodass es zu dem Jäger als Freund kam. Von seiner Besitzerin wurde es lange betrauert.

Mittwoch, 23. August — Die Schwalben haben die Schornsteine verlassen. In Gruppen fliegen sie heute Abend über das Gelände, als würden sie sich zum Abflug vorbereiten. Ihre Bewegung hatte etwas Eigenartiges; sie flogen ziemlich niedrig, durchs Laub der Bäume, dann übers Dach des Hauses, und kehrten immer wieder auf ihrer früheren Spur zurück. Wir schauten ihnen über eine Stunde lang zu, während sie demselben Ablauf

Rauchschwalbe

regelmäßiger als üblich folgten – vielleicht erprobten sie ihre Flügel für die Reise nach Süden.

Es ist amüsant, einen Blick auf die Diskussionen der Naturforscher des letzten Jahrhunderts über die Wanderung der Schwalben zu werfen. Etliche beharrten darauf, dass diese regsamen Vögel bei Kälte torpid in Höhlen und hohlen Bäumen lägen, während andere mit noch wilderen Theorien glaubten, Schwalben tauchten unter Wasser und verbrächten den Winter auf dem Grund von Flüssen und Teichen im Schlamm! Ernsthaft und gelehrt waren die Männer, die Partei ergriffen für oder gegen die Theorie der Torpidität. Man sollte annehmen, es habe vieler eindeutiger Beweise für eine Meinung bedurft, die dem allgemeinen Verhalten dieser regsamen Vögel derart widerspricht, doch allein die Umstände, dass man unter Milliarden in Europa herumschwirrender Schwalben zufällig *eine* frierend und starr aufgefunden hat, dass man Schwalben oft in der Nähe des Wassers sieht und dass in den milden Herbsttagen einige Nachzügler aufgetaucht sind, die für wiederauferstanden galten, stellten den Großteil dessen dar, was man zugunsten dieser Meinungen vorbrachte.

In der Antike gehörten die Schwalben natürlich zu den Zugvögeln; es soll eine alte Ode geben, die die Rückkehr der Schwalben erwähnt.* Beim Propheten Jeremias steht eine Anspielung auf die Wanderung der Schwalben, die er zu den anderen Zugvögeln zählt: »Ein Storch unter dem Himmel weiß seine Zeit, eine Turteltaube, Kranich und Schwalbe merken ihre Zeit, wenn sie wiederkommen sollen; aber mein Volk will das Recht des Herrn nicht wissen.« (Jer. 8,7) Um dem gesunden Menschenverstand Gerechtigkeit widerfahren zu lassen, muss man erwähnen, dass die offensichtliche Tatsache einer Wanderung dieser schnellflügeligen Vögel nur ungefähr ein Jahrhundert lang bezweifelt wurde und dass die Rückkehr zur schlichten ornithologischen Wahrheit zu den Errungenschaften unseres Zeitalters gehört. Heutzutage hört man nichts mehr von solchen Schlamm- und Höhlen-Theorien.

Donnerstag, 24. August — Strahlender Tag. Verbrachten den Nachmittag auf dem See. Wir sahen einen überaus großen Kranich ein oder zwei Meilen nordwestlich unseres Bootes über den See fliegen. Den ganzen Sommer über ist ein Paar hier gewesen; es soll sich um den großen braunen Ka-

* So schon bei Hesiod, »Érga kaí hēmérai« (Werke und Tage), Z. 567–568. (Anm. d. Übers.)

nadakranich handeln. Wir entdeckten heute Nachmittag eines seiner Jungen tot am Ufer eines Bachs, dem wir aus diesem Anlass den Namen *Crane Brook* gaben. Es war ein stattlicher Vogel, der augenscheinlich im Kampf mit einem geflügelten Feind getötet wurde, denn er hatte keine Schussverletzung. Was nun die Kühnheit betrifft, den Bach nach ihm zu benennen: Das hübsche Flüsschen hatte vordem keinen Namen gehabt – warum ihm also keinen geben? Im letzten Sommer baute ein Adlerpaar sein Nest auf einem der Hügel im Westen, den wir uns aus denselben Gründen *Eagle Hill* zu nennen erlaubten. Man sieht diese edlen Vögel manchmal über dem Tal schweben, leider nicht sehr oft.

Samstag, 26. August — Erneut beobachteten wir die Rauchschwalben, die, wie bereits seit vier oder fünf Abenden, über das Haus und durch die Bäume fliegen. Vielleicht befindet sich ein bestimmtes Insekt zwischen den Blättern, das sie gerade jetzt anzieht? Sahen heute Nachmittag auch einige Amerikanische Rauchschwalben, die meisten scheinen uns jedoch bereits verlassen zu haben.

Montag, 28. August — Bei Sonnenuntergang beobachteten wir etliche Nachtfalken über dem Dorf. Früher hatten wir einmal eine große Schar dieser Vögel gesehen. Wir reisten unweit nördlich des Mohawk, es war ebenfalls ein 28. August, als wir etwa eine Stunde vor Sonnenuntergang bemerkten, wie eine beträchtliche Anzahl dieser riesigen Vögel im Osten von einem Gehölz aufflatterte und langsam, in locker zockelndem Schwarm nach Südwesten flog. Wir fanden heraus, dass es sich um Nachtfalken handelte; sie zogen in Abständen bis eine Stunde nach Sonnenuntergang vorbei und schienen einander wenig Beachtung zu schenken, denn sie kamen sich selten nahe, doch sie strebten alle in dieselbe Richtung. In den zwei Stunden, in denen sie in Sichtweite waren, müssen es mehrere Hundert gewesen sein.

Dienstag, 29. August — Heute Abend haben die Schwalben ihren Paradeplatz verlegt. Wir vermissten sie beim Haus, fanden sie jedoch, als sie über der Hauptstraße kreisten, in der Nähe der Brücke, genau jener Stelle, an der wir sie im Frühling zuerst gesehen hatten.

Mittwoch, 30. August — Wanderten im Wald. Sahen einen alten, überaus großen, astlosen Stamm in einer verblüffenden Lage, in der er einer zerborstenen Säule glich. Wir liefen hin, um ihn zu untersuchen. Der Schaft erhob sich ohne Krümmung oder Ast zu einer Höhe von vielleicht vierzig Fuß, wo ihn wahrscheinlich ein Sturm zersplittert hatte. Es handelte sich um eine Kastanie, deren Borke von hellem, fleckenlosen Grau war. Als wir sie umrundeten, bemerkten wir eine Öffnung in Bodennähe und stellten zu unserer Überraschung fest, dass der Stamm innen hohl und vollständig verkohlt war – von der Wurzel bis zur Bruchstelle schwarz wie ein Schornstein. Es geschieht nicht selten, dass ein Feuer sich durch ein Loch bei den Wurzeln ins Innere eines alten Baums schleicht und ihn auf diese Weise verbrennt, sodass nur eine graue äußere Hülle zurückbleibt. Man erwartet nicht, dass die Rinde standhält, doch das Kernholz scheint schneller entflammbar zu sein als das Splintholz. Welche auch immer die Gründe dafür sein mögen: Auf solche Schäfte – außen grau, innen verkohlt – trifft man häufig in unseren Hügeln.

Tatsächlich findet sich viel verbranntes Holz in unserem Wald; über die Hügel hinwegfegende Flammen sind keine Seltenheit, und manchmal richten sie großen Schaden an. Sind die Feuer bei Trockenheit erst einmal richtig entzündet, dann verbreiten sie sich je nach Wind in alle Richtungen, und zuweilen brennen sie wochenlang, wobei sie meilenweit übers Waldland streichen, die Vegetation verdorren lassen, das bereits geschlagene Holz vernichten und viele Bäume, die sie nicht verzehren, nachhaltig schädigen. In einem Junimonat vor etlichen Jahren brannte ein ausgedehntes Feuer in der östlichen Hügelkette, das zehn oder vierzehn Tage andauerte und sich mehrere Meilen in verschiedene Richtungen ausbreitete. Es war das erste größere Feuer dieser Art, das wir gesehen hatten, und natürlich verfolgten wir seinen Fortgang mit einigem Interesse; allerdings zeigte sich das Spektakel ganz anders, als wir erwartet hatten. Es war nicht so schrecklich wie eine Feuersbrunst in der Stadt; die Flammen besaßen weniger Kraft und erhabene Gewalt, dafür umso mehr heimtückische Schönheit, als sie an den Berghängen hin und her liefen. In der ersten Nacht nach dem Ausbruch betrachteten wir das Feuer voller Bewunderung; man hätte es für eine Illumination des Waldes halten können, so wie die Flammen sich in langen, gewundenen Linien ausbreiteten, sich jeden Moment dem dunklen Wald näherten, hinauf auf die Hügel und wieder hinab, und sich mit größerer Strahlkraft bei dem einen oder anderen hohen, alten Baum versammelten, den sie mit Feuer behingen wie einen riesigen Kronleuchter. Am nächsten Tag jedoch war der Anblick ein trauriger: Das tückische Leuchten der Flammen schmeichelte dem Auge nicht länger, trübe Rauchfahnen und heiße Dämpfe hingen über den verbrannten Bäumen, und das frische Junilaub war überall dort vollkommen vernichtet, wohin das Feuer gewandert war. In jener Nacht konnten wir kein Gefallen mehr an dem Spektakel finden, konnten uns eine fröhliche Illumination nicht länger vorstellen. Vielmehr schienen wir die Windungen einer feurigen Schlange zu sehen, die immer weiter auf dem Pfad des Bösen dahinglitt. Rasseln und Zischen begleiteten ihre Bewegungen, die jungen Bäume zitterten und bebten unruhig im heißen Luftstrom, der ihr Nahen ankündigte. Die Blumen verdorrten vor ihrem sengenden Atem, und mit ihrer gespalteten Zunge nährte sie sich am Stolz des Waldes, saugte den großen Bäumen das Leben aus und eilte weiter, ohne sie vollends aufzuzehren, um andere Haine zu vernichten, eine schwarze Spur der Zerstörung zurücklassend.

Es heißt, vor etwa achtzig Jahren habe sich ein solches Feuer derart ausgebreitet, dass es den See und das Tal einschloss, soweit das Auge reichte, und das Dorf mit einem flammenden Netzwerk umgab, das bei Nacht einen beängstigenden Anblick bot. Allerdings war die Gefahr nicht so groß wie sie schien, denn es gab überall Schneisen zwischen dem brennenden Wald und dem Städtchen. Manchmal jedoch führen solche Feuer zu schweren Schäden; wir hörten, dass ein kleines Dorf im nördlichen Teil des Bundesstaats, im Bezirk von St. Lawrence, völlig zerstört wurde, die Flammen griffen so rasch auf die armen Leute über, dass sie ihre Familien und ihr Vieh in Booten und Flößen auf den am nächsten gelegenen Teichen und Flüssen versammeln mussten.

Natürlich ist der angerichtete Schaden meist noch größer; das bereits geschlagene Holz wird zerstört, die Zäune sind verbrannt, viele Bäume werden getötet, andere stark verletzt, das Laub ist den Sommer über verdorrt, die Jungpflanzen sind vernichtet, der Boden sieht schwarz und düster aus. Insgesamt ist es jedoch erstaunlich, dass nicht mehr Unheil geschieht. Nach dem erwähnten Feuer in unseren Wäldern bemerkten wir, dass die Spuren der Flammen viel schneller verschwanden, als wir es für möglich gehalten hätten. Im nächsten Jahr waren alle kleineren Pflanzen durch neue ersetzt;

viele jüngere Bäumen schienen sich zu erholen, und ein Ortsfremder, der heute über das Gelände liefe, würde kaum vermuten, dass erst vor wenigen Jahren ein Feuer vierzehn Tage lang von diesen Wäldern gezehrt hat. Eine Gruppe hoher, verbrannter Hemlocktannen am Waldrand ist das eindrucksvollste Denkmal dieses Ereignisses. Von allen Gehölzen leiden die Nadelbäume am stärksten, aus irgendeinem Grund verweilte das Feuer bei ihnen mehrere Tage. Zu wiederholten Malen fuhren wir damals die Straße entlang, zu beiden Seiten die geschäftigen Flammen. Das war natürlich ungefährlich, es machte jedoch einen seltsamen Eindruck, in aller Stille durchs Feuer zu fahren. Man hörte das Knacken der Flammen im Dorf, und der Gestank des Rauchs war zuweilen sehr unangenehm.

Regen zur rechten Zeit setzt dem Unheil meistens ein Ende; doch es werden auch Männer in den Wald geschickt, um »das Feuer zu bekämpfen«. Sie treten die Flammen zwischen den Blättern aus und harken dann das brennbare Material beiseite, sodass der Feind auf seinen früheren Grund beschränkt bleibt, wo er sich bald erschöpft. Die Flammen breiten sich nämlich häufiger auf dem Boden aus als von Baum zu Baum.

Donnerstag, 31. August – Noch immer blühen die Wasserlilien; sie öffnen sich sehr früh im Jahr und stehen in Blüte, bis sie der Frost abtrennt. Heute Abend fanden wir zahlreiche in der Blackbird Bay. Die Wurzeln der gelben Seerose waren eine Lieblingsspeise der Elche; zweifellos standen diese großen, schwerfälligen Tiere früher oft im seichten Wasser der Bucht, die heute nach den Amseln benannt ist, die sich von den Lilien ernähren, die hier wohl schon immer wuchsen. Auch die Biber hatten eine Schwäche für diese Pflanzen, und weil sie in den Tagen der Indianer keine Fremdlinge waren, müssen sie sich an diesem Ort häufig ihren Anteil gesichert haben. Doch jetzt ist es über fünfzig Jahre her, dass diese Lilien nur für den Menschen, die Bienen und die Amseln blühten. Die Letzten beachten sie wenig, obwohl sie direkte Nachbarn sind, und die Senke, welche die Bucht bildet, im Allgemeinen aufsuchen, sobald sie sich in unserer Gegend befinden.

Eine der edelsten Pflanzen unseres Landes gehört zur Familie der Wasserlilien: die Lotusblume, manchmal auch ›Wasserbohne‹ bzw. Gelber Lotus genannt. Ihre großen Blätter sind ein bis zwei Fuß breit, ihre blassgelbe Blüte hat einen Durchmesser von etwa einem halben Fuß. Man findet die

Nelumbo hauptsächlich in unseren westlichen Gewässern; hier, in diesem Landesteil, ist sie eher selten. Dennoch gibt es einen Ort in unserem Bundesstaat, an dem sie wächst, nämlich an der Nordgrenze, Sudus Bay, Lake Ontario. Man findet sie auch an einer Stelle in Connecticut und in Delaware, südlich von Philadelphia. Wo immer man sie auch sieht, dort zieht sie Aufmerksamkeit auf sich wegen der Größe ihrer Blätter und ihrer Blüte.

Diese schönen Pflanzen scheinen eine Abneigung gegen die Böden und das Klima Europas zu haben, es heißt, die Römer hätten erfolglos versucht, sie in Italien heimisch zu machen, ebenso soll es den heutigen europäischen Gärtnern nicht gelungen sein, sie in Treibhäusern zu züchten. Trotzdem wächst die Nelumbo in diesem Teil der Welt auf den eisigen Gewässern des Lake Ontario. Sowohl die großen Samen als auch die Wurzeln unserer amerikanischen Art sollen sehr gut schmecken, Letzte den Süßkartoffeln nicht unähnlich.

HERBST

Freitag, 1. September — Herrliche Nacht. Mit ungewöhnlichem Glanz ging der Mond früh auf am Abend und stieg mit bemerkenswerter Helligkeit und Leuchtkraft in einen wolkenlosen Himmel empor. Die Sterne waren fahl und matt. Man konnte das Blau des Himmels und das Grün der Bäume klar erkennen; selbst die Eigentümlichkeiten des Laubs an den verschiedenen Bäumen waren deutlich umrissen. Der See und die Hügel wären einem Fremden fast ebenso sichtbar wie am Tage. Das ganze Dorf glich einem hell erleuchteten Zimmer; man konnte seine Bekannten auf der Straße ausmachen und ihre Kleider unterscheiden. Drinnen warf das Mondlicht eine Flut silbernen Lichts durch die Fenster; Lampen und Kerzen waren unnötig; man konnte ohne deren Hilfe durchs gesamte Haus laufen, und bequem lasen wir in Briefen und Papieren.

Die Frösche sangen in vollem Chor, die Insektenwelt war putzmunter und summte überall in den Feldern. Es schien uns wahrhaft eine Schande, in einer solchen Nacht die Augen zu schließen. Tatsächlich hatte dieser Abend mitnichten den gewöhnlichen ruhigen, stillen, verträumten Charakter des Mondlichts, sondern im Gegenteil eine belebende, erregende Kraft aus der Fülle des Lichts, welche mit der Wirkung des geschäftigen Tags zu konkurrieren schien.

Samstag, 2. September — Sah einige Amerikanische Rauchschwalben in der Nähe eines Gehöfts ein paar Meilen vom Dorf entfernt. Die weißen Rauchschwalben sind noch nicht fortgezogen. Die Goldzeisige streifen scharenweise über Felder und Gärten und laben sich an den reifen Saaten. In diesem Augenblick sind sie ein bisschen geschwätzig, was durchaus angenehm, aber nur wenig melodisch ist; da sie aber alle auf einmal zu reden scheinen, ergibt das ein fröhliches Gemurmel in den Dickichten und auf den Feldern.

Montag, 4. September — Viele Ahornblätter sind nun mit karmesinroten Stellen bedeckt, die sehr dekorativ sind; dabei handelt es sich nicht um die Herbstfärbung der Blätter, die noch nicht begonnen hat, sondern um kleine, erhabene karmesinrote Flecken, die im August und September weitverbreitet sind auf dem Laub unserer Ahornbäume. Viele Leute meinen, dies seien Insekteneier; doch ich glaube, es ist ein winziger parasitärer Pilz, jenem ähnlich, den man oft auf Berberitzen sieht, der eine helle orangene Farbe besitzt. Insekten, die ihre Eier in Blättern ablegen, durchstechen die Cuticula des Blattes, das sich über dem jungen Insekt im Inneren weitet und dehnt. Die hier erwähnten winzigen parasitären Pflanzen jedoch sind nicht von der Blattsubstanz bedeckt, sie erheben sich darüber und unterscheiden sich vollkommen von ihr. Diejenigen auf den Ahornen sind die leuchtendsten in unseren Wäldern.[†]

Mittwoch, 6. September — In Fülle blühen die Astern und Goldruten auf den Feldern und in den Wäldern. Diese beiden bekannten Blumen beleben den Herbst für uns, sie wachsen nach Belieben auf allen Böden und an allen Standorten, denn anders als die zarteren Wildblumen des Frühlings lassen sie sich nicht leicht verdrängen und wachsen ebenso gerne auf den Feldern zwischen fremden Gräsern wie in den heimischen Wäldern. Durch ihren Überfluss, ihren Artenreichtum und ihre Ausdauer vom Hochsommer bis zu den schärfsten Herbstfrösten trösten sie uns über den Verlust der frühen Blumen hinweg, welche zwar schöner, aber auch empfindlicher sind.

Die Goldrute ist in den meisten ihrer zahlreichen Formen eine hübsche, prachtvolle Pflanze. In Nordamerika soll es rund neunzig Varietäten geben, davon gehören etwa ein Drittel zu unserem Teil des Kontinents, den mittleren Staaten der Union. Vielleicht sind die Goldruten bei uns nicht ganz so üppig wie in den tiefer gelegenen Landstrichen; im Tal des Mohawk scheinen die prachtvolleren, größeren Arten öfter vorzukommen als auf unseren Hügeln. Noch sind sie hier ziemlich weitverbreitet und säumen derzeit alle Zäune. Die Silberrute *(Solidago bicolor)* gedeiht in unserer Nachbarschaft; die Bienen haben eine Vorliebe dafür, zu dieser Jahreszeit – und auch viel später noch – findet man sie bei der Honigernte auf dieser Blume, drei oder vier Bienen an einer Blütenähre.

Die Astern könnten anderswo kaum besser gedeihen als in unserer

Weidenblättrige Goldrute

Gegend und sind in allen Feldern und Wäldern überaus häufig anzutreffen. Bei diesen Blumen scheint eine größere Artenvielfalt zu existieren als bei anderen Pflanzenfamilien, abgesehen von den Gräsern. Botaniker zählen etwa einhundertunddreißig amerikanische Astern, davon wächst rund ein Viertel in diesem Landesteil. Ihre Vielfalt, zusammen mit der bunten Fülle, macht diese allgemein verbreitete Blume bedeutsam und zum Liebling aller Bewohner des Landes. Sie stehen so lange in Blüte, dass man die bekannten Arten am Ende des Herbsts alle gleichzeitig findet. Einige der schöneren Sorten, groß und herrlich violett, erfreuen sich an feuchten Senken, wo sie im frühen September auf weiten Flächen Umgang pflegen mit dem prächtigen Sumpfzweizahn – ein üppiger Kontrast zu jenen vollen goldenen Blüten.

Eine andere derzeit weitverbreitete Blume ist das Vogelglöckchen *(bird-bell)*,* von den Botanikern *Nabalus* genannt. Es gibt verschiedene Arten, die größeren sind hübsche Pflanzen, die bis zu vier, fünf Fuß hoch werden, mit zahlreichen Trauben hängender, strohgelber Glocken, aufgereiht an ihren oberen Zweigen. Wenn die Farbe ausgeprägter wäre, dann könnte es eine unserer schönsten Wildblumen sein; die zahlreichen Blüten sind überaus hübsch geformt und hängen besonders anmutig an den Stängeln, allerdings sind sie von blassestem Strohgelb, welchem die Leuchtkraft wärmerer Farben oder die Reinheit weißer Blütenblätter fehlt. Diese Pflanze heißt zuweilen Löwenfuß *(lion's-foot)* oder Klapperschlangenkraut *(rattlesnake-root)*, aber Vogelglöckchen ist der gefälligste Name, der ihm wahrscheinlich verliehen wurde, weil es zu der Zeit blüht, in der sich die Vögel als Vorbereitung für ihren Zug nach Süden in Scharen versammeln, als ließen die Blüten ein Warngeläut im Wald ertönen, das sie zusammenruft. Die Blätter des Vogelglöckchens haben eine manchmal dermaßen seltsam launenhafte Größe und Form, dass man kaum glauben kann, dass sie zum selben Stängel gehören: Einige haben eine schlichte, kleine Gestalt, andere sind sehr groß und kapriziös in ihrem durchbrochenen Umriss. Zuweilen neigen Pflanzen zu solchen Launen ihrer Blätter; das Vogelglöckchen jedoch ergeht sich in dieser Hinsicht in viel mehr Marotten als alle anderen uns bekannten Pflanzen in der Umgebung.

Heute Nachmittag sammelten wir einige Blüten von Bärentraube und Rebhuhnbeere, die einzigen Frühlingsblüten, die man noch immer in den

* Die botanisch korrekte deutsche Bezeichnung lautet »Hasenlattich«. (Anm. d. Übers.)

Wäldern findet. Unmittelbar auf unserm Weg hinauf zum Mount Vision entdeckten wir eine große Korallenwurz oder *Corallarhiza*, ihr brauner Stängel und die Blüten hatten eine Höhe von etwa fünfzehn Zoll, sie teilte sich in acht blattlose Zweige.

Donnerstag, 7. September — Kühler. Gingen hinab zur großen Wiese, um Wendelähren *(Spiranthes)* zu suchen, die dort in Hülle und Fülle wachsen. Diese hübschen, duftenden Blumen sind den Herbstlilien aus dem Tal nicht unähnlich; man rätselt, warum sie Wendelähren heißen - wohl der spiralförmigen Anordnung der Blüten am Stängel wegen. In Amerika ist diese Orchidee weitverbreitete, in Europa unbekannt. Wir pflückten außerdem einen hübschen Strauß violetter Astern und Sumpfzweizahne; Letzte hatten nur einen schwachen Duft. - Heute Abend haben wir unsere Herbstfeuer entzündet.

Freitag, 8. September — Lieblicher Tag; warmer, silberiger Dunst, der sich allmählich zu mildem Sonnenschein aufklärt. Wir verbrachten einen bezaubernden Morgen bei den Cliffs. Die Zauberhasel steht in Blüte; braune Nüsse und gelbe Blüten an ein und demselben Zweig. Wir sammelten ein paar Blüten des Orangeroten Springkrauts, der Bärentraube und der Rebhuhnbeere. Entdeckten eine blühende violette Lachshimbeere; es ist stets ein Vergnügen, diese späten Blüten anzutreffen, ein unerwartetes Glück. Vor ein oder zwei Jahren zeigten die wilden Rosen an dieser Straße im September eine zweite Blüte; auch viele unserer frühen Gartenrosen blühten damals erst am 16. September zum zweiten Mal.

Dies ist ein Beerenland; ein Großteil unserer Bäume und Pflanzen liefert ihren Samen in dieser Gestalt. Ohne im Geringsten von unserem Weg abzuweichen, pflückten wir heute Morgen einen hübschen Haufen Beeren, einige dunkelviolett, andere wächsern hellgrün, jene olivgrün, diese weiß, jene scharlachrot, diese rubinrot, wieder andere purpurn und blassblau. Die Beere des Rundblättrigen Hartriegels ist von sehr delikatem Blau. Bei den Cliffs schwelgten die Vögel in den Beeren. Wir sahen eine ganze Versammlung in einem Färberbaumhain: Wanderdrosseln, Hüttensänger, Spatzen, Goldzeisige, Spottdrosseln, Wildtauben und Spechte. Etliche weitere saßen so weit oben, dass es nicht leicht zu erkennen war, welcher Art sie angehörten. Die kleinen Geschöpfe waren allesamt sehr aktiv und fröhlich, sangen aber keine Lieder; dann und wann ein Zwitschern oder ein wilder Ruf, andere Töne ließen sie nicht hören.

Samstag, 9. September — Vergnüglicher Morgen in den Wäldern. Die Hörnchen sehr amüsant. Zunächst entdeckten wir an einer wilden Stelle inmitten des Waldes ein kleines Streifen- bzw. Backenhörnchen, das auf einem Haufen frisch zerteilter Kastanienschalen saß. Als wir uns näherten und unweit von ihm hinsetzten, sah uns das kleine Geschöpf, lief ein paar Meter leise vorwärts und nahm dann wieder seine kauernde Position ein, das Gesicht uns zugewandt, als würde es unsere Bewegungen genau beobachten. Es hielt etwas in den Vorderpfoten, das es sehr geschäftig verspeiste. Ihm bei der Einnahme seines Mittagessens zuzusehen, war unterhaltsam, allerdings fragten wir uns, was es wohl aß, denn es handelte sich definitiv nicht um eine Kastanie, sondern war mit einem Flaum bedeckt, den es dann und wann recht ärgerlich aus seinem Gesicht wischte. Beinahe zehn Minuten saß es dort und blickte von Zeit zu Zeit herüber; wir indessen waren begierig, zu erfahren, was es aß, und nährten uns ihm, wenn es zwischen den Schalen verschwand. Es ließ von seiner Mahlzeit etwas übrig, was sich als das Innere eines halbreifen Distelhaupts herausstellte, in welchem sich noch keine Samen gebildet hatten. Es glich einer Miniaturartischocke, und das Hörnchen genoss es außerordentlich. Als wir zu unserem Platz zurückkehrten, tauchte es wieder aus den Schalen auf. Sogleich hatte ein hübsches Rothörnchen vielleicht fünfzig Fuß überm Boden seinen Auftritt in der Kerbe einer hohen alten Kiefer. Eine Hemlocktanne, deren Wurzeln sich in der Nähe unseres Sitzes befanden, war entwurzelt worden, und beim Fall hatte sich ihr Wipfel in eben jener Kerbe verfangen. Das Rothörnchen ist sehr begierig auf die Zapfen der Hemlock- und anderer Tannen, vielleicht hatte es den zur Hälfte niedergestreckten Stamm auf der Suche danach erklommen; jedenfalls nahm es diesen Weg herab. Alle paar Schritte hielt es an mit diesem besonderen Schrei, der ihm den Namen *Chickaree* verliehen hat; die Rothörnchen, diese lärmenden kleinen Geschöpfe, wiederholen ihn sehr oft. Es stieg bedächtig den ganzen Stamm hinab, wobei es schnatterte und mit seinem hübschen Schweif wedelte. Nachdem es den Baum verlassen hatte, tollte es hier und dort herum, offenbar auf der Suche nach Nüssen, und kam uns des Öfteren aus freien Stücken sehr nahe; einmal hätten wir es leicht treffen können, hätten wir unsere Sonnenschirme ausgestreckt. Wunderschön waren seine großen Augen. Diese Hörnchenart frisst die meisten unserer Getreide, Weizen, Roggen, Buchweizen. Es schwimmt sehr gut, und man trifft es im Süden bis zu den Bergen von Carolina an. Von allen Hörnchenarten schätzt man sein Fell am meisten.

Als wir unter einem Kastanienbaum am Wegesrand standen, hatten wir weitere Gelegenheit zu beobachten, wie furchtlos die Hörnchen bei ihren Gesprächen mit den Menschen sind. Ein kleiner Bursche war gerade dabei, Kastanien mit den Zähnen abzutrennen, damit sie zu Boden fallen; ungefähr ein Dutzend Büschel hatte er bereits herabgeworfen. Nach einer Weile stieg er mit einem weiteren großen Bündel grüner Kastanienschalen im Maul herunter und schoss in den Wald, vermutlich zu seinem Kobel. Bald jedoch kam der Bursche zurück, schnappte sich ein weiteres großes Bündel und rannte erneut fort. Dies wiederholte er einige Male, ohne in irgendeiner Weise beunruhigt zu sein, obwohl er genau sah, dass wir ein paar Meter entfernt standen. Grauhörnchen sind in jedem Wald anzutreffen, und man sagt, dass eines allein in der Lage sei, sämtliche Nüsse eines großen Baums zu fressen. Eines war dafür bekannt, den Walnussbaum in der Nähe eines Hauses leerzuräumen, sodass für die Familie nur eine magere Ernte übrig blieb. Manchmal unternehmen diese kleinen Wesen außergewöhnlichste Reisen; große Scharen brechen gemeinsam zu einer allgemeinen Wanderung auf. Als vor rund vierzig Jahren eine große Wanderung der Grauhörnchen im nördlichen Gebiet dieses Bundesstaats stattfand, sind viele bei der Überquerung des Hudsons oberhalb von Albany ertrunken.

Das Schwarzhörnchen ist klein, nur einen Fuß lang; sein Fell glänzt pechschwarz. In diesem Sommer sahen wir eins, allerdings vom See aus in der Ferne. Sie sind nirgends weitverbreitet und eine eher im Norden anzutreffende Art; südlicher als Pennsylvania sieht man sie nicht. Sie und die Grauhörnchen haben eine tödliche Fehde, und weil ihre Feinde sehr groß und zahlreich sind, werden sie, wenn beide aufeinander treffen, ausnahmslos von den Nussgründen vertrieben. Es heißt, beide Arten bleiben nie lange gemeinsam in derselben Gegend.

Montag, 14. September — Es gibt in diesem Land nicht so viele Kirchfriedhöfe, wie man annehmen sollte, und nach der gegenwärtigen Wendung der Dinge zu urteilen, ist es wahrscheinlich, dass der fromme, schlichte Brauch der Bestattung im Umkreis unserer Kirchen bald veraltet sein wird. So müssen die Leute vieler ländlicher Gegenden eine Tagesreise unternehmen, ehe sie einen Landfriedhof finden, in welchem man Thomas Grays »Elegie« lesen kann. Bei einem Großteil der Gotteshäuser, die man hier sieht, befinden sich keine Gräber in der Nähe. In den Städten sind sie Teil der dicht gedrängten Häuser, die über wenig Platz ringsum verfügen; daraus folgt jedoch nicht, dass sich die Sache anders verhielte auf dem freien Land, wo der Boden günstiger ist. Man geht an abseits stehenden Versammlungshäusern vorbei, zu allen Seiten erstrecken sich weite Felder, doch Grabstätten sind nicht vorhanden. In einiger Entfernung kommt man vielleicht zu einer rechteckigen Einfriedung, hinter der sich ein breiter Weg öffnet: das ist der Gemeindefriedhof. Kleine Familiengrabstätten an den Feldern sind häufig anzutreffen; mal ist es eine abgelegene, ordentlich umzäunte Stelle, mal nur eine Gräberreihe in der Ecke einer Wiese oder eines Obstgartens. Als wir vor einer Weile über die Felder spazierten, mussten wir auf eine Steinmauer klettern; wir sprangen hinab in die angrenzende Wiese und bemerkten, dass wir auf einem Grab gelandet waren. Mehrere andere lagen in der Nähe des Zauns, ein unbehauener Stein am Kopf und am Fuß jedes bescheidenen Hügelchens. Zweifellos ist der Brauch, die Toten auf dem Farmen zu bestatten, zurückzuführen auf die besonderen Lebensumstände der ersten Bewohner, die über ein dünn besiedeltes Land verstreut und durch Entfernungen und schlechte Wege von den Orten öffentlicher Anbetung abgeschnitten waren. Auf diese Weise wurde der Brauch von Familiengrabstätten auf dem eigenen Land allmählich immer beliebter bei den Leuten, sie lernten, es als melancholische Befriedigung zu betrachten, wenn sich die Gräber verstorbener Familienmitglieder nahe bei den Behausungen der Lebenden befanden. Der Bevölkerungszuwachs und die Verbesserung der Straßen einerseits, die steigende Zahl der Dörfer andererseits führen nun zu einer veränderten Sachlage. Öffentliche Friedhöfe für kirchliche oder staatliche Gemeinden sind allmählich die Regel, während vereinzelte Gräber im Umkreis der Farmen seltener werden als früher.

Die wenigen Kirchfriedhöfe, die man bei uns findet, sieht man zumeist bei den älteren Gemeinden; neu errichtete Gotteshäuser haben sehr selten einen angegliederten Friedhof. Die schmalen, überfüllten, verlassenen Kirchfriedhöfe, die man noch in den Zentren unserer älteren Städte sieht, sind im Laufe der Zeit zu höchst bemerkenswerten Monumenten für die Toten geworden. Nirgendwo sonst ist die Stille des Grabes so beeindruckend; ist der fieberhafte Aufruhr der Lebenden, der Vergnügen, Pflicht, Arbeit, Torheit, Sünde unaufhörlich herumwirbelt, für die Pächter dieser Grundstücke weniger als das Wehen des Windes und das Fallen des Regens, wenn sie Seite an Seite in enger, aber bewusstloser Gesellschaft daliegen. Die Gegenwart, so voller Leben, so ängstlich beschäftigt mit ihm, ist den Toten ein Mysterium; für die vermodernden Überreste des Menschen sind die Vergangenheit und die Zukunft die großen Realitäten. Die Stille, die Nutzlosigkeit (wenn man so will) eines alten Friedhofs im Herzen der geschäftigen Stadt verleiht ihm ein markanteres, eindrucksvolleres Memento mori als der Schädel in der Klause eines Eremiten.

Von Zeit zu Zeit hören wir von Plänen für Veränderungen, die einen Abriss dieser alten Kirchfriedhöfe in den Städten vorsehen. Man sagt uns, die alten Gräber seien unansehnlich; ein neuer Platz an dieser Stelle wäre angenehmer für die Nachbarschaft; eine Straße an genau jenem Punkt wäre eine sehr praktische Durchfahrt, welche die Herren A, B und C um einige Tausend Dollar reicher machen würde. Das sind die Motive, die man gewöhnlich bei der Verteidigung dieser Sache vorbringt: Verschönerung, Bequemlichkeit und Gewinn. Doch ist eines davon schlagkräftig genug, um die Entweihung eines Grabes zu rechtfertigen? Notwendigkeit allein kann den Verstoß gegen Gerechtigkeit, Anstand, guten Glauben und Wohlgefühl entschuldigen, die bei einem solchen Schritt eine Rolle spielen. Der Mensch ist der natürliche Wächter des Grabes; die Überreste der Toten sind feierliche Verwahrungen, anvertraut der Ehrung durch die Lebenden. In der Stunde des Todes befehlen wir unsere Seelen in die Hand des Schöpfers; die Körper überlassen wir der Obhut unserer Mitgeschöpfe.

Es kommt nicht darauf an, dass jemand sagt, er sei willens, dass man sein Grab öffne, seine Gebeine in alle Winde zerstreue; die Toten, die er stören würde, könnten eine andere Geschichte erzählen, wenn sich ihre zerbröselnden Skelette vor ihm erhöben, noch einmal mit Sprache begabt. Es gab einen bedeutenden Mann, der in seinem Fall – glaubt man den feierlichen Worten auf dem Grabstein – so wie in zehntausend anderen Fällen die kraftvolle, natürliche Sprache des menschlichen Herzens gesprochen hat:

Verzichte, Freund, bei Jesu Gaben,
Meinen Staub hier auszugraben;
Gesegnet sei, wer diese Steine rettet,
Verflucht, wer dies Gebein umbettet.

Beim neuen Zustand der Gesellschaft – in diesem utilitaristischen Zeitalter – obliegt es uns wahrhaftig, gegen jeden Angriff auf ein Grab besonders auf der Hut zu sein. Derselbe Ungeist, der heute bereit steht, die Gräber einer früheren Generation zu zerstören, könnte schon morgen, indem er dieselben Regeln anwendet, die angemessene Bestattung eines Bruders verweigern. Er könnte darin unnötige Kosten für das Leichentuch, Verschwendung von Holz für den Sarg, Aneignung des Bodens für die schmale Zelle des Verstorbenen sehen. Wenn das moralische Prinzip, das mit dem Schutz des Grabes zusammenhängt, aufgegeben wird, muss dies unvermeidlich zurückwirken auf die Gesellschaft, die es aufgegeben hat.

Der Charakter einer Begräbnisstätte, ihre Pflege oder Verwahrlosung, die Achtung, die man ihr zuteil werden lässt, all dies ist innig verbunden mit der allgemeinen Geisteshaltung gegenüber vielen wichtigen Dingen. In diesem Land besteht im Hinblick auf Grabstätten kaum die Gefahr eines Aberglaubens. Doch es lauern andere Tücken. Neigt unser Volk nicht zu einer erschreckend kalten Gleichgültigkeit gegenüber diesen Dingen? Dennoch ist eine richtige Betrachtung des Todes eine der wichtigsten Lektionen, die ein Mensch lernen muss.

Das älteste Grab der guten Leute in diesem Städtchen liegt auf dem episkopalen Friedhof und trägt die Jahreszahl 1792. Es ist ein Kind, das an den Pocken verstarb. Ein anderer Stein daneben datiert auf zwei Jahre später und bezeichnet das Grab des ersten dahingeschiedenen Erwachsenen unter den Kolonisten, ein junger Mann, der beim Baden im See ertrank – Kindheit und Jugend begraben vor ihrem Alter. Als diese Gräber ausgehoben wurden, war dieser Ort verwildert, direkt am Waldrand, das Holz nur teilweise weggeschnitten. Einige Jahre später starben in Abständen weitere Mitglieder der kleinen Gemeinschaft, einer nach dem anderen, auch sie wurden hier bestattet, bis der Ort allmählich den heutigen Friedhofscharakter angenommen hatte. Man beseitigte den Unrat, schuf Platz für jene, die folgen mussten, und es waren nicht viele Jahre vergangen, da erhoben sich in der Umfriedung die Backsteinmauern einer kleinen Kirche, welche der ehrenwerte Bischof Moore zur Anbetung des Allmächtigen weihte. Auf diese Weise reservierte man das Grundstück für seine feierlichen Zwecke, beschattet von Wäldern und bevor man es noch dem Allgemeingut zugeführt hatte: Der Totengräber war der Erste, der mit seinem Spaten den Boden aufbrach, und der Tod ist der einzige Schnitter, der hier geerntet hat. Doch bald schon verlor der Ort sein bewaldetes Gepräge, denn die alten Bäume wurden gefällt; einige von ihnen dienten vielleicht als Bauholz bei der Errichtung der kleinen Kirche. Glücklicherweise entkamen bei der Rodung ein paar junge Büsche der Axt; sie durften ein halbes Jahrhundert lang nach Belieben zu schönen, blühenden Bäumen heranwachsen. Zum größten Teil handelt es sich um Kiefern – und für einen christlichen Friedhof lässt sich kaum ein passenderer Baum denken als die amerikanische Weymouthskiefer. Bei der Gravität und dem unveränderlichen Charakter der Nadelbäume fehlt ihnen die matte Schwermut der Zypresse oder der Eibe; ihr Wuchs ist edel, und stärker als alle anderen Nadelholzarten pflegen sie flüsternden Umgang mit geheimnisvollen Winden und wogen mit gedämpft melancholischen Tönen über den bescheidenen Gräbern zu ihren Füßen. Einige Ahorne und Ulmen und eine schöne Felsenbirne dazwischen mildern den monotonen Anschein – manche wurden zu genau diesem Zweck angepflanzt, die Kiefern jedoch sind allesamt ein spontaner Bewuchs des Bodens. Nach ihrer Größe zu urteilen und nach dem, was wir über sie wissen, müssen sie ihrem Samen ungefähr bei der Ankunft der ersten Siedler entsprungen sein – Zeitgenossen der kleinen Stadt, dessen Grabstätten sie beschatten.

Die Leute vor Ort interessieren sich natürlich sehr für die Gräber, die für einen Fremden keinerlei Anziehungskraft besitzen. Einer der frühen Missionare dieses Landesteils liegt hier bei seiner Herde bestattet; als junger Mann kam er in die Wälder, verbrachte ein langes Leben damit, in den verschiedenen Dörfern ringsum das Evangelium zu verkünden, und verstarb schließlich geachtet und für seinen schlichten Charakter und die treue Pflichterfüllung im Amt geschätzt. Als er eines Tages mit einem geistlichen Bruder über den Friedhof spazierte, zeigte er auf eine Stelle unter zwei Kiefern und brachte den Wunsch zum Ausdruck, er wolle hier liegen, wenn seine Lebensaufgabe erledigt sei. Jahre nach diesem Gespräch starb er in einer anderen Gemeinde und wurde dort begraben; zu jener Zeit war er jedoch nomineller Pfarrer dieser Kirche, und seine Freunde kannten den Wunsch, dass sein Leichnam in diesen Boden überführt werden solle. Man unternahm entsprechende Schritte, brachte seine Überreste hierher und legte sie in ein Grab, das jemand aus dem Kirchenvorstand ausgesucht hatte. Zu seinem Gedächtnis stellten die von ihm gegründeten Gemeinden des Landkreises einen schlichten Stein aus weißem Marmor auf. Ein paar Jahre später predigte der Geistliche, welchem der alte Missionar die Stelle gezeigt hatte, an der er begraben werden wollte, zufällig hier und blieb, als er über den Kirchhof ging, bei dem Grabstein stehen und bemerkte zu seiner Zufriedenheit, dass der Freund an genau jener Stelle lag, die er vor so langer Zeit selbst ausgewählt hatte. Erst da erfuhr die Gemeinde, dass ihr alter Pfarrer auf jene Stelle für sein Grab gewiesen hatte, die ein Gemeindevertreter ohne Kenntnis dieses Umstands ausgesucht hatte.

Dienstag, 12. September — Herrlicher Spaziergang. Viele Vogelscharen in Bewegung, sie kreisen im Sonnenlicht oder landen auf den Bäumen und Zäunen. Sahen einen großen Habicht in rascher Flucht vor ein paar Königstyrannen – ein ziemlich alltäglicher Anblick. Auch die Krähen ziehen sich stets vor ihrem beherzten Feind zurück, wenn sie, wie oft zu dieser Jahreszeit, in den Kornfeldern auf die kühnen Königstyrannen treffen. Sogar der Adler wird von ihnen manchmal besiegt, sodass er ihnen aus dem Wege geht. – Die Wälder sind grün wie mitten im Sommer, nur ein kleiner Strauch hier und da ist sanft mit herbstlichen Farben überzogen.

Mittwoch, 13. September — Anflug von Frost im hellen Mondschein letzte Nacht, der erste in diesem Herbst. Er hinterließ keine Spuren und schien nur stellenweise aufgetreten zu sein; selbst die Tomatenranken im Garten sind unberührt.

Als wir am Quai standen, bemerkten wir, dass der Sumpfzweizahn an einer Stelle wuchs, welche das Jahr über gewöhnlich bedeckt ist. In letzter Zeit hatte der See einen sehr niedrigen Wasserstand, diese Stelle jedoch konnte höchstens drei oder vier Wochen aus dem Wasser ragen, schon sind hier Pflanzen gewachsen und stehen in Blüte. Ich glaube, sie sind einjährig.

Donnerstag, 14. September — Sahen am Straßenrand einige Schneckenhäuser zwischen Farnwedeln. In unserem Teil der Welt sind diese Landschnecken sehr viel weniger verbreitet als in Europa; in der alten Welt findet man sie an jeder Wegbiegung in den Feldern und Gärten, hier indessen sehen wir sie nur selten und hauptsächlich in den Wäldern.

Freitag, 15. September — Kräftiger Südwind raschelt mit lautem, tiefem Stöhnen durch die Bäume. Wenn die Zweige sich im Wind biegen, zeigen die Robinien ihre hübschen Hülsen – einige hellgelb, andere schön rot, sobald sie mehr oder weniger reif sind. Der Wilde Wein nimmt eine kirschrote Farbe an; seine Blätter verändern sich stets als Erste.

Samstag, 16. September — Die Farmer pflügen und säen Getreide, wie schon seit einigen Tagen; sie sind früher dran als gewöhnlich mit ihrer Herbstsaat. Die Buchweizenfelder färben sich rötlich und werden bald gemäht. Die Maishalme werden trocken und welken, sobald die Ähren reifen. Auf einigen Farmen erntet man beides – rote Buchweizengarben und welke Maishalme stehen auf den Feldern. Während der gesamten Sommermonate sehen die Maisfelder wunderbar aus mit ihren langen, glänzenden Blättern; doch wenn sie reif, trocken und farblos sind, lassen sie sich nicht vergleichen mit den wogenden Ebenen anderer Getreidesorten. Sobald die Hüllblätter entfernt wurden, sind die goldenen Kolben allerdings die vielleicht edelsten Ähren überhaupt. Jetzt liegen die üppigen Stöße auf den Feldern, und ihr Anblick erfreut das Herz des Farmers.

Die Riesenkürbisse, die stets beim Mais wachsen, liegen ebenfalls zur Reife in der Sonne; da wir noch keinen richtigen Frost hatten, sind die Ranken noch grün. Geerntet und zu Haufen geschichtet, übertreffen die Kürbisse das gelbe Korn an Fülle. Eine Wagenladung mit geschältem Mais und Kürbissen ist die schönste Fuhre, die ein Land hervorbringt, und für den Farmer und für seine Herden zudem eine kostbare.

Rinder lieben Kürbisse; es ist eine Freude zu sehen, welch ein Festmahl die braven Geschöpfe im Scheunenhof daraus machen; offensichtlich betrachten sie sie als einen echten Leckerbissen, der das gewöhnliche Futter bei Weitem übertrifft. In diesem Teil der Welt essen jedoch nicht nur Rinder,

Rotkopfspecht

sondern wir alle – Männer, Frauen und Kinder – die Kürbisse. Gestern hatte die erste Kürbispastete in diesem Jahr ihren Auftritt bei Tisch. Auf den ersten Blick erscheint es wohl ziemlich seltsam, dass in einem Land, in dem Äpfel, Pflaumen, Pfirsiche und Kranenbeeren im Überfluss vorhanden sind, der Kürbis für Kuchen in so hoher Gunst steht. Aber diese Vorliebe lässt sich wahrscheinlich bis zu den frühsten Siedlern zurückverfolgen; die ersten Hausfrauen in Neuengland fanden in der Wildnis weder Äpfel noch Quitten, Kürbisse indessen wurden im ersten Sommer nach der Landung in Plymouth angebaut. Jedenfalls wissen wir, dass man sie bald auf diese Weise verwendete. Van der Donck, der alte Holländer, erwähnt in seinem 1656 veröffentlichten Bericht über die Neu-Niederlande, dass man den Kürbis in New Amsterdam hoch schätzte, und fügt hinzu, dass die englischen Kolonisten – das bedeutet, jene aus Neuengland – »ihn auch fürs Gebäck verwenden«. Wahrscheinlich ist dies die erste gedruckte Erwähnung der Kürbispastete in unseren Annalen.

Montag, 18. September — Den ganzen Nachmittag war ein Goldspechtpaar, von manchen auch Baumheckel genannt, auf der Wiese. Diese großen Spechte kommen oft ins Dorf, vor allem im Frühling und Herbst, man sieht sie häufig auf dem Boden, wo sie mit den Schnäbeln im Gras stochern auf der Suche nach Ameisen und deren Eiern, ihrer Lieblingsspeise.

Dienstag, 19. September — Neulich mildes, sanftes Wetter; heute Sturm und Regen. Die Blätter von Robinien und Wildem Wein, die ihren Halt verloren haben, segeln im Wind. Abgerissene Äpfel liegen unter den Bäumen, hingeprasselt ins Gras.

Wir sahen einen Schwarm wilder Tauben; sie waren in dieser Gegend zuletzt nicht besonders zahlreich, doch jedes Jahr haben wir einige. Diese Vögel überwinden große Distanzen auf der Suche nach Nahrung, und ihr Flug ist erstaunlich schnell. Man erzählt, dass eine solche Taube während der Reissaison in New York erschossen worden sei, im Kropf noch den unverdauten Reis aus Carolina. Da sie zwölf Stunden zur Verdauung brauchen, vermutete man, dass der Vogel nur wenige Stunden auf der Reise war, mit Frühstück auf dem Santee River und Mittagessen am Hudson. Man hat ausgerecht, dass unsere Wandertaube bei dieser Geschwindigkeit in drei Tagen nach Europa kommt; ein Nachzügler wurde wohl gerade in Schottland geschossen. Welcher Streit über die rivalisierenden Verdienste von Kolumbus und den Wikingern auch immer ausgetragen wird, es ist höchst wahrscheinlich, dass Europa von den amerikanischen Tauben lange vor deren Entdeckung durch die Europäer entdeckt wurde.

Donnerstag, 21. September — Tagundnachtgleiche. Warm; regnerisch wie im April. Den ganzen Tag folgten Sonnenschein, Schauer und Regenbögen aufeinander. Schöner Lichteffekt über den Hügeln; die gesamte Bergflanke am Seeufer badete in Regenbogenfarben, die ungewöhnlich breit auf ihrer bewaldeten Brust lagen. Selbst das ätherische Grün des Bogens war klar überm dunkleren Grün der Bäume zu erkennen. Nur der untere Teil des Bogens auf dem Berg war bunt; die Wolken darüber waren nur leicht getönt, wo sie die Hügelkuppe berührten, dann verblassten sie zu fahlem Grau.

Noch immer Eis auf dem Tisch. Wahrscheinlich verwenden wir Amerikaner viel mehr Eis als die meisten anderen Leute; das Trinkwasser ist regelmäßig eisgekühlt, viele Stunden lang, bis spät in den Herbst, wenn der Frost draußen für uns die Brunnen kühlt.†

Freitag, 22. September — Die Indianer in diesem Teil des Kontinents aßen Pilze. Diese armen Geschöpfe waren oft großer Not unterworfen, ihrer fehlenden Voraussicht wegen, sodass sie sich von Flechten, *tripe de roche*, und allem Essbaren aus dem Wald ernähren mussten. Pilze indes wurden von ihnen als echte Delikatesse betrachtet. Ein Chippewa, der mit Major Long über das jenseitige Leben sprach, gab folgenden Bericht über die herrschenden Ansichten seines Volkes: »In diesem Land der Seelen werden alle gemäß ihren Verdiensten behandelt.« – »Die Bösen werden von den Phantomen der Personen oder Dinge heimgesucht, die sie verletzt haben; hat ein Mann großen Besitz zerstört, versperren die Phantome der Trümmer dieses Besitzes seinen Gang, wohin auch immer er sich wendet. Wenn er grausam zu seinen Hunden war, quälen sie ihn nach seinem Tod; die Geister all jener, denen er zu Lebzeiten Unrecht tat, dürfen sich für die Verfehlungen rächen.« – »Die Guten sind frei von Pein, sie müssen keine Pflichten erfüllen; sie verbringen ihre Zeit mit Tanz und Gesang, sie ernähren sich *von Pilzen*, die im Überfluss vorhanden sind.« Somit scheinen Pilze das Lieblingsessen der Chippewa-Helden auch in den seligen Jagdgründen zu sein.†

Montag, 25. September — Die Wälder sind noch immer grün, einige Bäume im Dorf jedoch beginnen zu herbsteln. Allerdings hatten wir noch keinen nennenswerten Frost. Obwohl aktiv beteiligt an den wunderbaren herbstlichen Veränderungen des Laubs, scheint der Frost nicht unerlässlich zu sein; die Blätter verfärben sich zu einer bestimmten Zeit, ob wir nun Frost hatten oder nicht. Zuerst betrifft es einzelne Bäume oder Baumgruppen und Waldränder, wohingegen der Wald im Allgemeinen sein Grün noch behält. Der Wilde Wein, der an unseren Mauern und von den Bäumen im Wald hängt oder die Dickichte an den Flussufern miteinander verstrickt, ist stets der Erste, der ein helles, lebhaftes Karmesinrot zwischen dem übrigen Blättergrün sehen lässt. Der eine oder andere Ahorn leistet ihm zumeist Gesellschaft in Scharlach und Gelb.

Ein herrlicher Anblick: Eine Gruppe Wanderdrosseln landete auf den höchsten Zweigen eines Robinientrupps in der Nähe des Hauses und schlürfte die Regentropfen, die sich auf den Blättern gesammelt hatten; es war wundervoll, sie diese köstlichen Tropfen einen nach dem anderen trinken zu sehen. Kleinere Vögel schlossen sich ihnen an und tranken ebenfalls – vermutlich Spatzen. Vögel trinken oft auf diese Weise, selten sieht man aber einen ganzen Schwarm, der zur selben Zeit nippt. Es heißt, das in diesem Staat sehr selten gewordene Präriehuhn trinke nur so und verschmähe Wasser aus einem Gefäß oder einer Quelle, es trinke jedoch begierig, wenn die Tropfen fallen.

Dienstag, 26. September — Die heute Morgen gelieferten Holzenten waren beide Erpel, allerdings junge, demzufolge hatten sie ihr schönes Gefieder noch nicht erlangt. Eine hatten wir zum Mittagessen, sie war überaus köstlich; eine Riesentafelente hätte kaum besser sein können. Diese Enten sind Sommergäste auf unseren Seen. Im Unterschied zu anderen Mitgliedern ihrer Familie bauen sie Nester in den Bäumen. Sie sollen eine der zwei schönsten Arten der Welt sein; die andere ist die chinesische Mandarinente. Unsere Enten beschränken sich hauptsächlich auf Binnengewässer, selten findet man sie an der Meeresküste. Sie sollen oft mehrere Jahre lang in demselben Baum ihre Nester bauen.

Es heißt, die Indianer verwenden die Federn dieser schönen Vögel häufig als Schmuck für ihre Kalumets oder Friedenspfeifen; oft hat man auch gesehen, dass Kopf und Hals der Holzenten den Stiel der Pfeife bedecken.

Linnæus gab diesem Vogel seines prächtigen Gefieders wegen den Namen Brautente, *Anas sponsa.* Bemerkenswert ist, dass der Vogel, der

Brautente

unserer Ente am nächsten kommt, die Mandarinente, regelmäßig bei den Hochzeitsprozessionen der Chinesen auftritt, allerdings nicht wegen seiner Schönheit, sondern als ein Zeichen ehelicher Treue, wofür er bekannt ist. Man erzählt sich die Geschichte über ein Weibchen im Aviarium eines europäischen Gentlemans aus Macao, das sich beinahe zu Tode hungerte, als ihr Gatte fortgebracht wurde, und wohl gestorben wäre, wenn man ihn nicht gefunden und ihr zurückgegeben hätte. Die Freude der beiden bei ihrer Wiedervereinigung war äußerst groß, und der Gatte feierte seine Heimkehr, indem er einen rivalisierenden Erpel tötete, der – allerdings vergeblich – versucht hatte, seine trauernde Partnerin zu trösten. Wir haben nie gehört, ob unsere Vögel eine solche Eigenschaft besitzen oder nicht, doch die jahrelange Rückkehr zu demselben Nest macht zumindest den Anschein, als seien sie für ein Leben lang vermählt.

Mittwoch, 27. September — Kräftiger Raureif in der letzten Nacht. Die Bäume zeigen ihn merklich durch eine stärkere Einfärbung hier und da; einzelne Ahorne in den Straßen des Dorfes sind von lebhaftem Karmesinrot. Grün ist jedoch noch immer die vorherrschende Farbe.

Viele Vögel fliegen scharenweise. Ein paar Goldzeisige tragen nach wie vor ihre Sommerfarben, gelb und schwarz. Als wir über den Feldweg spazierten, trafen wir auf einen gemischten Schwarm, der sich an den Disteln und Seidenpflanzen eines angrenzenden, von ihnen überfluteten Felds weidete. Es waren Goldzeisige, Hüttensänger, Spatzen und Wanderdrosseln; auf einem Baum in nicht allzu großer Entfernung saßen mehrere Lärchenstärlinge, offensichtlich angezogen von der Meute, denn sie betrachteten alles ganz still. Insgesamt muss der Schwarm aus einigen Hundert bestanden haben, weil an jedem Distelstängel oftmals sechs bis acht Vögel hingen. Einige fraßen geschäftig, andere flitzten umher, bald auf die Zäune, bald auf den Weg. Es war ein bezaubernd fröhlicher Anblick. Natürlich störten wir sie auf, als wir mitten hindurchliefen, aber sie schienen nicht allzu sehr beunruhigt zu sein. Kamen wir ihnen zu nahe, flogen sie fort und landeten auf den Geländern und Gräsern ein paar Meter weiter, ein Manöver, das sich stets wiederholte, als wir langsam vorwärtsliefen, bis uns tatsächlich mehr als die Hälfte des Schwarms auf diese Weise ein gutes Stück des Wegs, eine Viertelmeile, begleitet hatte. Sie schienen fast überzeugt zu sein, dass wir keine bösen

Absichten hatten. Als wir das Ende des Feldwegs erreichten und auf die Straße bogen, begaben sich einige wieder zu ihrem Festmahl, andere flogen scharenweise davon, denn es war kurz vor Sonnenuntergang.

Die Zahl dieser Herbstschwärme variiert sehr stark im Laufe der Jahreszeiten. Nach einem kalten, späten Frühling sind vergleichsweise viele bei uns. Mitunter legen viele Vögel während ihrer Frühlingsreise einen kurzen Aufenthalt weiter südlich ein; andere werden leider von einem schweren unzeitigen Frost getötet. Vor Kurzem, früh im Jahr, erreichte ein großer Schwarm Hüttensänger das Dorf. Wir beobachteten sie interessiert; ihr silberblaues Gefieder leuchtete herrlich, als sie im Sonnenlicht herumflitzten. Nimmt man ihren freundlichen, harmlosen Charakter und den angenehmen Gesang hinzu, macht sie dies zu wünschenswerten Vögeln, die man gerne beim Haus und auf dem Rasen hat. Wir beobachteten nicht weniger als drei Paare, die damals ihre Nester unter der Dachtraufe bauten, wobei sie zwanzig Mal am Tag vor den Fenstern auf und ab schwirrten; andere flogen in die Löcher und Risse eines in Sichtweite stehenden Baums ein und aus. Eines Nachts gab es schweren Frost, gefolgt von Schneefall; am nächsten Tag klaubten wir sechs dieser hübschen Hüttensäger tot auf einem Haufen in unserem Garten auf, weitere sollen überall auf dem Boden gelegen haben. Offenbar hatten sie sich versammelt, um sich gegenseitig warm zu halten.†

Herrlicher Sonnenuntergang; der Abend ruhig und friedlich. Der See schön durch die Himmelsspiegelungen. Über die Hügel glitten sanft gestreifte Wolken, deren Farbe getreulich abgebildet auf dem Wasser schwamm: eine Abfolge von rosa, violett, grau und blau.

Freitag, 29. September — Großer Wetterwechsel. Zwickend kühler Tag. Im Dorf dauert der Jahrmarkt der Landwirtschaftsgesellschaft an, dicht gedrängt mit Wagen und fröstelndem Volk. Manchmal besuchen drei- bis viertausend Leute solche Märkte; heute schien das Städtchen stärker bevölkerter zu sein als bisher in diesem Jahr. Weder der Zirkus noch die Tierschau oder die Wahl bringt so viele Menschen zusammen wie der Jahrmarkt.

Die einheimischen Manufakturen sind wirklich sehr interessant und machen unseren Hausfrauen alle Ehre. Es ist noch nicht lange her, dass ein Großteil der Teppichstoffe – bevor importierte Wollwaren so billig wurden, wie sie es heute sind – im Inland hergestellt wurde; man hatte einige der besten Häuser vollständig mit heimischer Manufaktur ausgestattet, die Wolle wurde auf der Farm erzeugt und im Haus oder der unmittelbaren Nachbarschaft gesponnen, gefärbt und gewebt. Gegenwärtig findet man viele solcher Teppiche im Lande; vielleicht halten jene sie für importiert, die nicht wissen, wie viel von dieser Arbeit unsere ländliche Bevölkerung verrichtet. Einige, etwa für Treppenbeläge, werden nach venezianischem Vorbild hergestellt, andere sind Imitate von Wollfasern. Es gibt noch eine weitere Art von Teppichstoff, der von minderer Qualität ist und überall im Land Verwendung findet, der Flickenteppich, den man in jedem Farmhaus sehen kann und der weitverbreitet ist in den Dörfern: Streifen aus Wolle, Baumwolle oder Leinen werden zurechtgeschnitten, zusammengenäht und beim venezianischen Muster mit verschiedenen Farben eingefärbt, sobald sie mit einem Kettfaden aus Werg verwoben sind. Einige davon sind sehr hübsch und adrett. Im Landesinneren dieses Bundesstaats ist einer der besten und größten Landgasthöfe fast durchgehend mit Teppichen dieser Art belegt.

Neben hervorragenden Flanell- und Teppichstoffen sahen wir sehr gute Schals, bedruckte Tischläufer, Bettdecken und linnene Hemden, Laken, Handtücher und Tischwäsche; Leder und Maroquin; Strümpfe, Handschuhe, Fäustlinge und Socken aus Wolle; sehr elegante Schuhe und Stiefel nach Pariser Mode; verschiedene Arten von Stickereien und Nadelarbeiten; einige merzerisierte Baumwollsachen, ganz vorzüglich; hübsche karierte und gestreifte Wollmaterialien für Kleider; wunderbar gesteppte Decken mit ungewöhnlich schönen Mustern. Insgesamt war dies der beachtlichste Teil der Innenausstellung. Für solche Märkte sollte jeder ein Interesse verspüren, und man kann nur hoffen, dass sie eine immer größere Quelle des Fortschritts und des Nutzens werden für alles, was mit Farm- und Gartenarbeit, Molkerei, Handwerk, maschinellen und häuslichen Verrichtungen verbunden ist.

Montag, 2. Oktober — Milder, halbwegs bewölkter Tag; eine frühlingshafte Atmosphäre. Auch die Wälder machen heute den Eindruck von Frühling: Viele Bäume stehen an der Schwelle zur Verfärbung, getaucht in allerhand helle, köstliche Grüntöne. Ein herrlicher Effekt, seltsam Mai-artig. Zwischen diesen ansprechenden Varianten von Grün finden wir dann und wann einen gleißenden Blitz aus Scharlach- oder Karmesinrot. Er erinnert uns daran, dass wir uns dem Jahresausklang nähern, unter dem Einfluss eines hellen Herbsts und nicht eines freundlichen Frühlings stehen.

Fahrt und Spaziergang. Wir saßen auf den Klippen und erfreuten uns am Ausblick. Der Tag war vollkommen ruhig, der See still und friedlich, die Spiegelung seiner Ufer in ihrer Klarheit und Genauigkeit reizvoller als üblich. Die sich verändernden Wälder, jeder einzelne Baum, die Hügel, Farmen und Gebäude wurden sämtlich wunderbar detailgetreu wiedergegeben, auch die Landschaft in all ihrer Sanftheit.

Viele Schmetterlinge segeln über die Felder. Die gelben sind die Ersten, die kommen, und die Letzten, die uns verlassen. Sie scheinen weitaus sozialere Gewohnheiten zu haben als die Mehrzahl anderer ihrer Gattung, denn man sieht sie zumeist in Gruppen, oft auf den Wiesen, oft auf den Wegen. Vor Kurzem erst sahen wir einen Trupp dieser winzigen Geschöpfe, ein Dutzend oder mehr, die über einer schlammigen Stelle auf der Straße flatterten, wie sie es nicht selten tun – ob zum Trinken oder nicht, kann ich nicht sagen. In der Nähe standen eine Hütte und eine Schmiede, und ein niedliches weißes Kätzchen war hinausgestreunt, um sich zu sonnen. Als wir bei der Stelle anlangten, befand sich die Mieze im stillen, sanften Spiel mit ihnen; sie schienen ihre gutmütigen Stupser gar nicht zu beachten, wichen ihnen aus, indem sie ohne jegliches Zeichen der Beunruhigung herumflatterten, bis sie wieder über derselben Stelle schwebten. Wir sahen ihnen einen Augenblick lang zu, dann hoben wir das Kätzchen auf, besorgt, dass es einige seiner winzigen Spielgefährten verletzen könnte, und setzten es auf einen Zaun.

Hörten in den Wäldern eine Spottdrossel und einige Häher. Hörten auch ein Gewehr, das Unheil für Rebhühner oder Tauben verhieß. Wir setzten uns, um das Wasser zu betrachten und einen Teil des steinigen Ufers viele Meter unter uns. Zählten die Blüten an der Ähre einer hohen Königskerze von dreiunddreißig Zoll Länge. Sie trug fünfhundertundsiebzig Blüten oder vielmehr Fruchtkapseln, denn sie stand nicht mehr in Blüte; jede dieser Fruchtkapseln war mit winzigen dunklen Samen gefüllt, wahrscheinlich zu Hunderten, ich hatte weder die Zeit noch die Geduld, sie alle zu zählen. Kein Wunder, dass die Königskerzen weitverbreitet sind, sie müssen zehntausendfache Frucht tragen! Die Vögel scheinen ihre Samen nicht zu mögen;

Blauhäher

wir haben sie, anders als täglich auf den Disteln, an keinem Stängel beim Fressen gesehen.

Dienstag, 3. Oktober — Die gestrigen Grüntöne sind vollends verschwunden; heute herrscht helles, köstliches Gelb vor, die Wälder erinnern uns daran, was wir über die goldenen Gärten der Inkas im Tal von Cusco gelesen haben. Scharlach- und Karmesinrot nehmen zu; es ist bemerkenswert, dass die Färberbäume, die vor einigen Tagen noch tief purpurrot waren, jetzt ein helles Scharlach annehmen, eine viel lichtere Färbung, während die gewöhnliche Verfärbung des Laubs in umgekehrter Richtung verläuft. Die Jungfernrebe ist wie üblich von lebhaftem Kirschrot, sie wirft bereits ihre Blätter ab; sie sind stets die Ersten, die fallen. Die Birken sind gelblicher als sonst, die Ulmen ebenfalls; die Linden dunkel orangefarben. Noch grün sind die Espen, genauso die Pyramidenpappeln und die Weiden.

Mittwoch, 4. Oktober — Wie schnell die Veränderungen des Laubs in diesem Herbst vonstattengehen! Man kann beinahe zusehn, wie die Farben heller werden. Die Gelbtöne sind kräftiger, Scharlach und Rot breiten sich weiter aus, ein rosa Hauch zeigt sich an vielen Bäumen, bei denen Gelb vorherrscht, vor allem an den Ahornen. Noch immer ist eine deutliche grüne Spur erkennbar, nicht das Grün von Kiefern und Hemlocktannen, sondern die leichteren Töne der Espen und Buchen, wobei einige Eichen und Kastanien noch unberührt sind. Ja, heute sind die Wälder sehr schön, der Eindruck insgesamt bezaubert, doch hier und da bemerken wir einen scharlachroten Ahorn, eine goldene Birke, die so ungemein lebhaft sind, dass wir über den Reichtum und die Schönheit ihrer Verfärbung wirklich staunen.

Die Kinder sind draußen und sammeln Nüsse; die hier weitverbreiteten Kastanien sind bei ihnen besonders beliebt. Eine Gruppe Jungen und Mädchen schwatzte fröhlich weiter im »Kastanienhain«, als wir vorüberliefen. Schwarznüsse sind nicht so häufig und die Grauen Walnüsse selten in der unmittelbaren Umgebung; in manchen Landesteilen gibt es sie in Hülle und Fülle. Bucheckern sind reichlich vorhanden, Haselnüsse dagegen rar, und unsere Hickorynüsse nicht so gut, wie »Kiskytoms« es sein sollten. Doch bei den Jungs heißen alle Dinge mit Kernen »Nüsse«, die Lausebengel überfallen sämtliche Kastanien-, Walnuss- und Hickorybäume in der Gegend; die Walnussbäume im Umkreis des Dorfs haben sie bereits ihrer

Blätter beraubt. Diese neigen ohnehin dazu, früh zu fallen, doch die Jungs dreschen so gnadenlos auf die Äste ein, dass sie ganz kahl sind, sobald die Nüsse reif werden.

Donnerstag, 5. Oktober — Sehr schön die Wälder heute unter dem bewölkten Himmel. Obwohl es hinsichtlich der Färbung von Bäumen gewisse allgemeine Regeln gibt, variieren sie doch von einem Herbst zum anderen: Einige Bäume, die im letzten Jahr rot waren, sind jetzt gelb, und andere, die ein stumpfes Rostbraun trugen, haben eine hellgoldene Farbe. Kürzlich fanden wir einen Waldweg, der an einer Stelle mit rosa Espenlaub bedeckt war; allerdings ist die Farbe dieses Baums gewöhnlich ein kräftiges Gelb – ich erinnere mich auch nicht daran, seine Blätter je zuvor in Rosa gesehen zu haben. Es gab in dieser Sache keinen Irrtum, die Blätter gehörten zur großen Espe, und sie waren eindeutig rosa! Sie sahen jedoch aus, als seien sie zunächst gelb geworden und erst danach mit warmer roter Pigmentfarbe ummäntelt worden. Denselben Prozess durchlaufen oft auch die Ahornbäume.

So ist der Herbst: In seiner verschwenderischen Pracht teilt er die Gaben mit großzügiger Hand aus, ist bei der Ausführung der geringeren Details aber sorglos und unbekümmert. Dem alten Kastanienbaum wirft er ein goldenes Gewand über und der Eiche eines aus tyrenischem Purpur, während die benachbarte Weinrebe eine stumpf rostbraune Girlande in die vergessene, noch immer grüne Espe hängt. Der Frühling hat eine elegante Hand, führt einen zarten Pinsel, kein einziger Baum, Strauch, Grashalm bleibt unberührt; der Herbst dagegen erfreut eher durch die Breite und Pracht seiner Werke, in den Einzelheiten ist er nachlässig. Der Frühling werkelt liebevoll, der Herbst stolz, prunkvoll.

Auf unserem abendlichen Gang sahen wir heute mehrere Schwärme – Wasservögel und kleineres Federvieh –, die kontinuierlich nach Süden zogen. Solche Schwärme machen den Herbsthimmel interessant; man sieht sie jetzt oft, zu anderen Zeiten sind sie selten – natürlich nicht in den Bilderbüchern, wo jede Landschaft ihren eigenen undefinierbaren Schwarm besitzt, als gehöre er selbstverständlich dazu. Das Frühjahr und den Sommer hindurch leben die Vögel bei uns, in unserem Dunstkreis, zwischen unseren Hainen und Pflanzen, als tägliche Begleiter. Im Herbst jedoch fliegen sie hoch über uns, und wir blicken zu den kleinen Geschöpfen voller Respekt hinauf, da wir die wunderbaren Kräfte erkennen, mit denen sie ausgestattet sind, wenn sie am Himmel segeln, über Hügel und Tal, Strom und Stadt, hin zu Ländern, die wir nie hoffen dürfen zu sehen.

Samstag, 7. Oktober — Schmetterlinge flatterten im Sonnenschein, Libellen ebenfalls, »les demoiselles dorées«, wie sie die Franzosen nennen – seltsam, dass junge Damen aus Frankreich bei uns zu »Drachenfliegen« *(dragonflies)* werden! Viele Grashüpfer an den Wegrändern. Kleine mückenähnliche Fliegen in Scharen,

hinauf getragen
Oder hinab, wie der leichte Wind sich belebt oder erstirbt.

Abends schönes Mondlicht, ein deutlich frostiger Hauch lag in der Luft. Entschlossen zeigte uns der Mond, wie er nachts das herbstliche Laub beleuchten konnte – der Effekt einzigartig, wie an den Bäumen beim Rasen zu sehen war. Eine träumerisch flüchtige Scharlach- und Gelbtönung schien den Färberbäumen und Ahornen in der Nähe des Hauses übergeworfen zu sein. Sogar auf den Hügeln war an Stellen, an denen das Licht mit aller Kraft einfiel, der Unterschied zwischen den gelben oder roten Gürteln und den dunkleren Nadelbäumen klar auszumachen.

Dienstag, 10. Oktober — Regnerischer Morgen, heller Nachmittag. Schöner Spaziergang auf dem Weg am See. Die Kiefern sind wieder grün, sie haben ihre rostbraunen Nadeln abgeworfen. Auch ein paar Zapfen fallen herab, doch die meisten hängen den Winter über an den Bäumen.

Wer vor einigen Jahren diesem Weg am Seeufer folgte, begegnete nicht selten mal aus dieser, mal aus jener Richtung einem alten Mann, dessen ehrwürdige Erscheinung vermutlich die Aufmerksamkeit des Fremden auf sich gezogen hätte. Durch das ehrwürdige Alter von achtzig Jahren und aufwärts war sein Kopf weiß, seine große, schlanke Gestalt jedoch aufrecht und agil, mit wenigen Anzeichen von Gebrechlichkeit; sein Gesicht zeigte einen bemerkenswert freundlichen, gütigen Ausdruck, er hatte einen strahlenden, gesunden Blick und eine rötliche Hautfarbe. Der alte Mann führte ein ungewöhnliches Leben, indem er die Zurückgezogenheit und Schlichtheit eines Eremiten mit der tätigen Güte einer ganz anderen Sorte Mensch verband. Seine Kinder lebten im Dorf, das Haus der einen Tochter nannte er sein Heim, doch er liebte die stille Einsamkeit der Felder; da er nicht willens zum Müßiggang war, solange ihm die Kraft zum Arbeiten blieb, ersuchte er den Grundbesitzer um eine Plätzchen in dieser Gegend, das er beackern konnte. Man entsprach seiner Bitte, und er wählte sich eine kleine Parzelle in Laufweite des Dorfes. Stets begab er sich früh am Morgen, noch vor Sonnenaufgang, in die Wälder, blieb dort oft den ganzen Tag und lenkte seine Schritte erst am Abend heimwärts. Nicht selten konnte man ihn mit Spaten und Hacke bei der Arbeit sehen, irgendwo auf dem kleinen Feld, das er als erster Mensch bestellte. Aus herumliegendem, verrottetem Holz errichtete er einen Zaun, trug Gerümpel und Gesträuch zusammen, um es zu verbrennen, dann pflügte er, säte Mais und pflanzte Kartoffeln. Traf man ihn auf dem Feld nicht an, konnte man ihn oft im Gebüsch sitzend finden, wo er in der Bibel oder dem Gesangbuch las oder im Gebet kniete. An der Hügelflanke, nicht weit von seiner Rodung entfernt, gibt es eine kleine, in der Gegend wohlbekannte Höhle, dort kniete der Alte an vielen Sommermorgen, noch ehe die Dorfglocke zum Sonnenaufgang geläutet hatte, in ernstem Gebet für die Leute der schlafenden Stadt zu seinen Füßen. Er verbrachte viel Zeit mit Gebet, mit der Lektüre der Heiligen Schrift und mit dem Singen frommer Lieder in angenehmer alter Stimme. Für seine Bekannten hatte er stets einen lächelnden, freundlichen Gruß übrig; mit warmem Interesse erkundigte er sich nach den Kindern und Enkeln jener, die er noch aus früheren Tagen kannte. Nie traf er eine jüngere Person aus seinem Bekanntenkreis, ohne dass er ihr einen guten Ratschlag oder ernst gemeinte Segensworte gab. Manchmal besuchte er seine Freunde im Dorf; obwohl sein Thema meist einen karitativen oder religiösen Charakter hatte, liebte er es, mit jenen, deren Erinnerungen bis in die ersten Jahre der kleinen Kolonie reichten, über vergangene Zeiten zu reden. Von Beruf war er Müller gewesen, und weil er in frühen Tagen in diesen Landkreis gekommen war, wusste er natürlich viel über die Geschichte dieser ländlichen Gemeinde. Allerdings besaß er auch andere, ehrgeizigere Erinnerungen, er hatte nämlich als Soldat begonnen, während der Wirren der Revolution, und zur »Jersey-Front« gehört. Mit einem gewissen heimlichen Stolz erzählte er, wie er mehr als einmal vor dem Zelt von General Washington Wache gestanden und gesehen habe, wie »Seine Exzellenz« hinein- und hinausgenagen war. Besonders klar schien seine

Erinnerung an die Schlacht von Long Island und den berühmten Rückzug über den East River zu sein; seine alten Wangen erröteten und die milden Augen leuchteten, wenn er von den Ereignissen jenes Tages und jener Nacht berichtete. Die Zuhörer hingegen mussten lächeln, dass der junge Soldat den friedlichen, einsiedlerischen Alten übermannte. Für seine vorgerückten Jahre war die Aktivität erstaunlich: Als großer Wanderer mied er Pferd oder Wagen, noch mit zweiundachtzig lief er vierzig Meilen am Tag, um einen Freund in der Nachbargemeinde zu besuchen. Er nahm nur einfachste Nahrung zu sich, trank nichts als Wasser oder zuweilen eine Schale Milch. Diese Enthaltsamkeit im Zusammenspiel mit einer regelmäßigen Bewegung, leichter Feldarbeit und einem Geist, der sich mit allem im Reinen befand, war ohne Zweifel der Grund für die Gesundheit und Regsamkeit, deren er sich noch in so späten Jahren erfreuen durfte.

Als bald darauf winterliche Kälte herrschte, erfuhr das Dorf zu seinem Bedauern, dass der ehrenwerte alte Nachbar auf dem Eis gestürzt und sich ein Bein gebrochen hatte. Von diesem Tag an musste er die Feldarbeit aufgeben, weil er vollkommen gebrechlich wurde. Von Alter und geistiger Schwäche gebeugt, wandern seine Gedanken oft umher, doch bei dem, was ihm am nächsten liegt, ist er noch ganz derselbe. An einem schönen Tag kann man ihn manchmal allein in der Gasse neben der Tür seiner Tochter sitzen sehen, aber er achtet kaum auf das, was vor sich geht, die Augen geschlossen, die Hände gefaltet, die Lippen ein Gebet murmelnd. Hält jemand an, um ihn respektvoll zu grüßen, schüttelt er den Kopf und bekennt, dass ihn sein Gedächtnis im Stich lasse, spendet jedoch mit schwacher Stimme und trübem Auge einen Segen: »Gott segne dich, mein Freund, wer auch immer du bist!«

Das kleine, von Stämmen umzäunte Stück Land direkt am Rand des Walds, das auf unseren Spaziergängen nicht selten die Stelle ist, an der wir umkehren, war die Lichtung des guten Mannes. Jetzt liegt sie wüst und verlassen da. Vor dem groben Zaun, neben dem Weg, ist jüngst eine einzelne Apfelrose emporgeschossen. Dieser herrliche Strauch ist im Wald bekanntermaßen ein Fremdling, der nicht erscheint, ehe der Pflug den Boden aufgebrochen hat; man hat den Eindruck, er sei eigens an dieser Stelle gewachsen, um den Acker des alten Manns kenntlich zu machen. Große Königskerzen, Disteln und Gräser bedecken nun den Ort, an dem der gute Ackerbauer seine kleine Ernte an Mais und Kartoffeln eingebracht hat; mit jedem Jahr verblassen die Spuren des Ackerns stärker auf dem Feld, ein Teil des Holzzauns ist umgestürzt, und in diesem Sommer hat der Farn die Königskerzen und Disteln rasch eingeholt. Der stille Geist des Waldes schleicht wieder über diese Stelle.

Mittwoch, 11. Oktober — Die Dichter der alten Welt haben dem Herbst insgesamt ein trübes Angesicht verliehen; könnte man all die in ihren Büchern verstreuten Stellen, die sich auf diese Jahreszeit beziehen, sammeln, würde man bemerken, dass der größte Teil von düsterem Charakter ist. Englische Verse sind voll mit traurigen Bildern über den Herbst und noch häufiger besonders über das Laub.

»Der *schaudernde* Herbst, der grimmige Winter«, Shakespeare hat sie miteinander verknüpft.

»Der *fahle* Herbst füllt deinen Schoß mit Blättern«, schreibt William Collins. Und William Shenstone sagt:

O ernster Herbst, es ist mir eine Qual,
Dein trauerndes Gesicht zu sehn,
Wenn von schlaffen Bäumen ohne Zahl
Die müden Sonnen fort nun gehn!

»Ihr Bäume, die ihr verblasset, wenn des Herbstes Wärme schwindet«, sagt Alexander Pope.

»Herbst, du melancholischer Wicht!«, ruft William Wordsworth aus. Hunderte ähnlicher Zeilen ließen sich zitieren, denn sehr viele englische Dichter spürten offenbar die Novemberkälte in ihren Fingerspitzen, wenn sie sich dem Thema zuwandten.

Auf der anderen Seite des Kanals erzählen die französischen Schriftsteller genau dieselbe Geschichte.

»Ganz fahl, wie der fahle Herbst«, sagt Charles Millevoye in seiner anrührenden Klage.

der fahle Herbst
Einer sehnsüchtigen Hand, ihrer Krone entlaubt,

schreibt Jacques Delille; und noch einmal:

Sagte ich dir, zu welchem Unheil
Der gewitterige Herbst uns die Sterne zeigt?

Und abermals:

Seht, wie uns nebelverhanger Herbst,
Damit wir seufzen, alljährlich führt an diesen Ort.

Jean-François de Saint-Lambert berichtet in seinen leiernden Versen von Nebeln und Schwaden, von »ormeux, et rameux, et hameux«.

Diese aufgehängten Segel, die vor der Erde verbergen
Den Himmel, der sie bekrönt, und die Sterne, die sie erhellen,
Bereiten die Sterblichen vor auf des Raureifs Rückkehr.
Aber das fallende Laub, der Reben beraubt,
Enthüllt die Trauben, diese emaillierten Rubine.

Man muss berücksichtigen, dass er sich als Dichter auf die Jahreszeiten spezialisiert hatte und darum einer getreuen Schilderung verpflichtet war. Und dennoch: Wenn er den Herbst während der Weinlese malt, bedeckt er den Himmel stets mit Wolken und faselt von Raureif.

Seid gegrüßt, ihr Wälder, bekränzt mit einem Rest
Grünen Laubs, das vergilbt über verstreuten Wiesen,

schreibt Monsieur de Lamartine in seinen schönen, schwermütigen Versen über diese Jahreszeit.

In Deutschland herrscht genau derselbe Ton vor. »In des Herbstes welkem Kranze«, schreibt Friedrich Schiller, und noch einmal:

Wenn des Frühlings Kinder sterben,
Von des Nordes kaltem Hauch
Blatt und Blume sich entfärben –

Bei den edlen Dichters Italiens besteht die Hälfte des Jahres aus dem Sommer. Der herbstliche Charakter ist weniger ausgeprägt, bis auf die letzten Tage seiner Herrschaft erinnert man sich selten an ihn, und auch dann zählt er kaum zu »i mesi gai«, den fröhlichen Monaten.

Kurzum, über den Frühling und Sommer hat man eine bunte Bildsprache ausgeschüttet, während der Herbst im Gegensatz dazu mit einer *feuille-morte*-Drapierung ausgekleidet wurde. Unter den älteren Dichtern, also jenen, die vor den letzten hundert Jahren geschrieben haben, sind solche Anhauche von Schwermut im Zusammenhang mit dem Herbst durchaus üblich; Beispiele gegenteiliger Art findet man vergleichsweise selten.

Freilich gibt es Ausnahmen. Leidenschaftliche Dichter wie Edmund Spenser und James Thomson malten ihr Bild vom Herbst mit wärmeren Tönen. Merkwürdig nun, dass sie sich von der Natur entfernten, als sie dieser Jahreszeit die Ehre erwiesen – sie beraubten den Sommer, um den geplünderten Herbst auszuschmücken. Die beiden britischen Dichter verschoben die Getreideernte auf den September, obwohl in England die Weizengarben in Wahrheit zum August gehören; dieser Monat ist der Arbeit gewidmet und nur die allerletzten Garben werden im September eingebracht. Hören wir, was Spenser sagt:

Da kam der Herbst, ganz in Gelb gekleidet,
Als freut' er sich an dem vollen Speicher,
Mit Früchten gefüllt, die sein Lächeln leidet;
Auf seinem Haupt ein Kranz gewunden
Mit Ähren von Getreide aller Arten reicher,
Und an die Hand eine Sichel gebunden,
Die reife Erde zu ernten zu ihren Stunden.

Getreideähren und Sichel waren jedoch mit Sicherheit die Besonderheiten des Sommers, der bereits Wochen auf den Erntefeldern verbracht hatte. Thomson führt den Herbst in genau derselben Tracht ein wie Spenser; wir alle erinnern uns daran:

Gekrönt mit Sichel und Weizengarben,
Indes der Herbst über die gelbe Ebene grüßt,
Heiter dahinschreitend; . . . .
. . . . breit und bräunlich lassen darunter
Weite Felder ihre schweren Köpfe hängen.

In klassischen Tagen betrachtete man den Frühling als mit Blumen bekränzt, den Sommer mit Getreide, den Herbst mit Früchten und den Winter mit Schilfgräsern. Alle vier Jahreszeiten, die *Anni* der römischen Mythologie, waren von männlicher Gestalt. Spuren davon findet man im grammatischen Geschlecht der Jahreszeiten, denn in den meisten modernen Sprachen Europas sind sie maskulin. Im Italienischen ist der Frühling, *la primavera*, weiblich; männlich dagegen sind *l'estate, l'autumno, l'inverno*. In der Dichtung wird der Winter gelegentlich *il verno* genannt, der Genus des Sommers manchmal zum Femininum abgewandelt, *la state*. Im Deutschen sind *der Frühling, der Sommer, der Winter, der Herbst* sämtlich maskulin, nicht anders das eher poetische Wort für Frühling: *der Lenz*. Die Deutschen sind bei den Geschlechtern ohnehin recht speziell, die Sonne ist feminin, der Mond maskulin. Im Spanischen haben diese Worte dasselbe Geschlecht wie im Italienischen – *la primavera, el verano oder el estio, el otoño, el invierno*, wobei nur der Frühling weiblich ist. Im Französischen wiederum sind sie strikt maskulin, *le printemps, l'été, l'automne, l'hiver*, und nur durch eine der wenigen Ausnahmen der französischen Grammatik darf der Herbst, in halb poetischem, halb euphonischem Sinn, ein Femininum werden. Uns wird beigebracht, dass der Herbst immer männlich ist, wenn ein Adjektiv vorangestellt wird:

Ou quand sur les côteaux le vigoureux Automne
Etalait ses rainsins dont Bacchus se courinne.

Ist das Adjektiv hingegen nachgestellt, ist er weiblich: »une automne délicieuse«, sagt Madame de Sévigné. Diese Regel missachten im Vers oft genau jene Dichter, die man als Autorität zitiert, siehe Delilles »la pâle automne«. Das Fingerspitzengefühl und das Gespür des Einzelnen scheinen die Sache zu entscheiden, und dies ist nur eines von vielen Beispielen für die Freiheit, die sich französische Dichter herausnehmen. Wie nicht anders zu erwarten, wird die Abweichung zur Grazie; und wenn solche Freiheit sich weiter in der Sprache ausbreiten würde, dann besäße die französische Dichtung mehr von jener Lebendigkeit und jenem Esprit, der sich gegenwärtig vor allem auf die bedeutenderen Lyriker beschränkt. Dann hätten wir mehr als einen Lafontaine, der uns erfreut.

Im Englischen dürfen die Dichter dank des neutralen Geschlechts in dieser Sache nach ihrem Dafürhalten verfahren; in vielen Fällen haben sie sich entschieden, die drei ersten Jahreszeiten in weiblicher Gestalt darzustellen, also nicht nur den Frühling und Sommer, sondern auch den Herbst, wie wir es soeben bei Spenser sahen. Thomson dagegen machte aus dem Sommer einen Jugendlichen, eine Art Apollon:

Als Kind der Sonne tritt der strahlende Sommer auf …
Er kommt in Begleitung der schwülen Stunden
Und fächelt auf seinem Weg stets mit leichten Winden.

Auch sein Herbst, »gekrönt mit Sichel und Weizengarben«, sieht kaum wie eine Dame aus. Viele Dichter unserer Muttersprache folgten dem Beispiel von Spenser und Thomson, indem sie den englischen Herbst als Jahreszeit für die Getreideernte darstellten. Unter anderen John Keats, der ein helles Gemälde voll poetischer Bilder malt, das mit diesen Versen beginnt:

Zeit der Nebel und milden Fruchtbarkeit!
Vertrauter Busenfreund der reifenden Sonne.

Dann fragt er: »Wer hat dich denn nicht oft gesehen,

… der du sorglos auf dem Boden des Kornspeichers sitzt,
Das Haar sanft verweht im worfelnden Wind;
Oder schlummernd auf halbgeernteter Ackerfurche,
Betäubt vom Mohndunst, indes deine Sichel schont
Die nächste Schwade samt allen verflochtenen Blumen!

Obwohl Dichter wie Spenser und Thomson ein wärmeres Bild des Herbstes malen als viele ihrer Zeitgenossen, unterscheiden sie sich in einem anderen Punkt, den wir nun betrachten wollen, nicht – beide erkennen keine Schönheit im herbstlichen Laub. Zwar spricht Thomson in einer Zeile vom »Herbst, der über die gelben Wälder strahlt«, doch scheint dies ein zufälliges Epitheton zu sein, da es in der Beschreibung der Jahreszeit nicht auftaucht. Sobald er uns den Herbst ausdrücklich schildert, spricht er von einem »lohen Gehölz«. Ein weiterer Abschnitt beginnt mit Worten, welche das Lob des

Herbstlaubs erwarten lassen, weil er von »vielfarbigen Wäldern« spricht; ein Amerikaner stellt sich dabei sofort scharlachrote und goldene Nuancen vor, aber Thomson fährt in ganz anderem Ton fort – seine »vielfarbigen Wäldern« sind allesamt trüb:

Schatten vertieft sich in Schatten, das Land ringsum
Gebräunt: bewölktes Zwielicht, dämmerig dunkel,
Auf jedem Ton, von fahl gedämpftem Grün
Bis zu einer rußigen Schwärze.

Ernüchternd genug in all seiner Sachlichkeit. Doch dann entblößt er die Bäume inmitten düsterer Nebel und Dünste:

Und übern Himmel strömt die blätt'rige Flut,
Die ihn mit öden Schauern erstickt und betrübt;
Der Wald wandert fort mit jeder schwellenden Brise,
Die dahinwälzt den verwelkten Unrat.

Es bedürfte einer umfassenden, genauen Kenntnis der englischen Dichtung und eines perfekten Gedächtnisses, damit man eindeutig behaupten könnte, dass sich bei den älteren Dichtern keine Anspielung auf die Schönheit der herbstlichen Wälder finden lasse; eines ist jedoch sicher: Stieße man auf solche Verse, dann lägen sie außerhalb der täglichen Lektüre. Gibt es sie bei Milton, der die Wälder Edens mit ihren lauschigen Plätzchen so kunstvoll geschildert hat?

Dick wie herbstliches Laub, das die Bäche bedeckt
In Vallambosa,

kommt einem in den Sinn. Aber hier fehlt die Farbe. Gibt es bei Shakespeare eine einzige ähnlich beschaffene Zeile unter den zahllosen Vergleichen, in denen seine Phantasie schwelgte? Finden wir sie in Spensers überschwänglichen Seiten? Oder bei Dryden? Oder bei Chaucer, der so minutiös beschreibt und solche Freude an der Natur hat, vom bescheidenen Gänseblümchen bis zu den gewaltigen Eichen »mit ihrem frischen Laub«? Man kann fast sicher sein, dass die Antwort hier und bei allen anderen Beispielen negativ ausfällt.

Soweit mir erinnerlich, findet man den kräftigsten Anstrich dieser Art beim großen französischen Naturdichter Delille. Über die Wälder im Herbst schreibt er:

Das Purpurne, das Orange, das Opalene, das Blutrote,
Diese üppigen Farben sind in Fülle ausgebreitet.

Diese Zeilen stehen jedoch fast allein da und unterscheiden sich völlig von anderen Beschreibungen dieser Jahreszeit, die er selbst und seine Landsleute geliefert haben, bei denen es grundsätzlich heißt: »der fahle Herbst«. Wahrscheinlich hatte Delille mit diesen Zeilen eine ganz bestimmte Zeit im Blick. Denn der europäische Herbst ist nicht immer trüb; er hat seine hellen Tage und bisweilen ein hohes Maß an Schönheit des Laubs. Von den Ländern des Nordens bis in den Süden Italiens kann man etwas sehen, das an den Herbst in Amerika erinnert. Vor über hundert Jahren streifte Addison in seinen Reisebeschreibungen die Schönheiten des Herbstwaldes in Süddeutschland, wo das Laub herrlicher als überall sonst in Europa sein soll – in seinen Versen hat das bunte Laub allerdings keinen Platz gefunden. Delille war natürlich ein viel modernerer Dichter, der am Ende des letzten und zu Beginn dieses Jahrhunderts schrieb, zu genau jener Zeit, als solche Themen ihren Weg in die europäische Literatur fanden.

In den letzten fünfzig, sechzig Jahren fand diesbezüglich ein deutlicher Wandel statt. Plötzlich schienen vor allem die englischen Autoren den Herbst unter anderen Vorzeichen neu zu entdecken. Nun stellt man ihn mit zwei ganz unterschiedlichen Bildern dar, das eine ist nach wie vor »der Herbst, der melancholische Wicht«, das andere hingegen trägt sehr viel fröhlichere Züge. Im Augenblick sind Anspielungen auf die wunderbaren »Herbstfarben« in englischen Büchern sämtlicher Gattungen sehr in Mode, und man könnte meinen, die Blätter wären zum ersten Mal verwelkt, um die heutige Generation zu erfreuen. Das dürfte seit Chaucers Tagen kaum der Fall gewesen sein, woher also kommt dieser veränderte Ton?

Gewiss dürfte eine Begründung hierfür lauten, dass alle darstellende Literatur hinsichtlich der Natur heute weitaus weniger verallgemeinert und weniger schwammig ist, als sie es früher war; in den letzten fünfzig Jahren ist sie sehr viel präziser und klarer geworden. Einige Leute haben den Wandel, soweit er England betrifft, der Vorliebe für Landschaftsmalerei zugeschrieben, welche in diesem Zeitraum dort überall gepflegt wurde. Das hatte wahrscheinlich Auswirkungen. Auch das Faible für eine eher natürliche Gartengestaltung hat das öffentliche Bewusstsein vielleicht zu einer Vorliebe für ländliche Dinge gelenkt. Selten ist nur ein einziger Grund für eine bedeutende Veränderung des Geschmacks oder der öffentlichen Meinung unmittelbar verantwortlich, meist sind es mehrere zusammenwirkende Nebenursachen, die einander fördern und verstärken, ehe eindeutige Resultate vorliegen. Das sieht man im Kleinen ebenso wie im Großen. Ein wenig mehr als die bloße Vorliebe für Landschaftsmalerei war am Werk; die Menschen hatten flache, konventionelle Wiederholungen satt, sie verspürten den Drang nach etwas Eindeutigerem, etwas Realerem; der Kopf verlangte mehr Wahrheit, das Herz mehr Lebendigkeit. Deshalb fingen die Schriftsteller an, öfter aus dem Fenster zu sehen. Wenn sie eine Idylle schrieben, wandten sie sich ab von den niedlichen Schäfern und Schäferinnen aus Porzellan, die in hochhackigen Schuhen und gepuderten Perücken auf jedem Kaminsims standen, um ihre Augen auf die echten, lebendigen Fritz' und Lieschens im Heufeld zu richten. Dann erkannten sie, dass sie die beiden ebenso gut, nein viel besser, unter einen Weißdornbusch oder eine Eiche im guten alten England setzen könnten, anstatt sie neben einen Lorbeerbaum oder eine Stechpalme in Griechenland oder Rom zu malen. Mit einem Wort, sie lernten schließlich, die Natur im Sonnenlicht zu betrachten und nicht im Flackerschein einer Poetenlampe.

Doch hätte all dies geschehen können, ohne dass jenes besondere Augenmerk auf den Herbst geweckt wird, das man bei den späteren englischen Dichtern sieht, jene vielfache Erwähnung seiner milderen Tage und bunten Blätter, die für ein anderes Gefühl spricht als Shakespeares »schaudernder Herbst« und Thomsons »dämmrig dunkles Laub«. Es besteht Anlass zur Vermutung, dass der amerikanische Herbst geholfen hat, seinen Verwandten aus der alten Welt in Mode zu bringen; dass die ihm hier zuteil werdende Aufmerksamkeit den Europäern die Augen geöffnet hat für die Anmut und Reize jener Monate in ihrer eigenen Klimazone; dass die Schwermut keine so starke Beachtung mehr findet, die erfreulichen Aspekte hingegen mit Befriedigung vermerkt werden. Wir sehen heute ebenfalls, wie oft die Engländer auf ihrer eigenen Insel, wo dieses letzte milde Lächeln des scheidenden Jahres vollkommen unbeachtet blieb, bis dessen markanter Charakter hierzulande Aufmerksamkeit fand, auf den »Indianersommer« anspielen. Denn sobald wir einheimische Schriftsteller hatten, zeigten sie – schon sehr früh – die Milde des Indianersommers und die Pracht der herbstlichen Veränderungen. Sie hätten dumm und blind sein müssen, wenn sie die Eigenheiten, an denen wir uns erfreuen, nicht bemerkt hätten. Darin besteht tatsächlich der fundamentale Unterschied im Hinblick auf Schönheit in Europa und Amerika: Bei uns ist es völlig unmöglich, den besonderen Charme der Herbstmonate zu übersehen, während man ihn in Europa, obwohl er dort keineswegs fehlt, lange Zeit nicht bemerkte und nicht beachtete.

Hätte dasselbe milde Klima des »Indianersommers« Jahr um Jahr die Wälder von Windsor erwärmt, als Geoffrey Chaucer über deren Lichtungen streunte, dann besäßen die Engländer ein Wort oder einen Ausdruck für den Zauber solcher Tage, bevor sie es von einem anderen Kontinent ausleihen mussten. Hätten die Ahorne, Eichen und Eschen an den Ufern des Avon Jahr um Jahr dessen Wasser gefärbt mit Scharlach, Karmesin und Purpur, während Will Shakespeare, der Sohn des Aldermanns, seine Pfeile dort abschoss, dann fänden wir für die Herbststunden viele prachtvolle, exquisite Bilder, die über den Fußstapfen von Lear und Hamlet, Miranda, Imogen und Rosalind schweben. Hätten die englischen Wälder dieselbe Fülle wie die unseren, dann wären ihre Zweige mit den Maskenspielen von Ben Jonson und John Milton verflochten, dann hätten sie einen Platz gefunden in mehr als einer von Spensers wundervollen Szenen. All dies fehlt jetzt. Vielleicht kann die Lücke bis zu einem gewissen Maß von unseren eigenen bedeutenden Dichtern ausgefüllt werden; doch selbst dann wird man *einen* Zauber vermissen – das milde Licht des Alters, das über den Seiten der früheren Dichter erstrahlt. Denn dieses ist, wie das reichhaltige Aroma alten Weins, allein das Geschenk der *Zeit*.

Unterdessen marschiert der Herbst jedoch nicht leise durchs Land, längst begleiten ihn Lieder. Kaum ein Dichter von Rang, der nicht zumindest ein paar anmutige Verse, ein paar leuchtende Metaphern mit dem Herbst verknüpft hat, sodass die Lieder mit jedem Jahr voller, lieblicher, klarer werden.

In jenen Teilen unseres Kontinents, die mit dem gemäßigten Klima Europas korrespondieren und in denen der Herbst einen ganz eigenen Charakter hat, ist die Jahreszeit tatsächlich erhaben. Da er in verschwenderischer Fülle die vereinten Früchte zweier Hemisphären heranreifen lässt, ist die Schönheit die unveräußerliche Mitgift des Herbstes. Klare Himmel und lebhafte Brisen sind viel häufiger in seinem Verlauf als Stürme und Wolken. Nebel sind selten. Milde, laue Lüfte begleiten gerne seine Schritte, während sich der leichte Dunst des Indianersommers wie ein kostbarer Schleier auf seine Stirn legt und über sämtliche Charakterzüge einen ganz eigenen Zauber wirft. Die Getreideernte gehört dem Sommer; der Herbst bewahrt von allen Schätzen den duftenden Buchweizen und goldenen Mais. Auch die edleren Früchte sind die seinen: Pfirsiche und Pflaumen, erlesene Äpfel, Birnen und Trauben. Die schlichte, doch wichtige Ernte des Wurzelgemüses fällt ihm zu – Wintervorräte für den Menschen und sein Vieh. Aber wenn das Jahr zu Ende geht, wenn die Segnungen der Erde eingebracht und eingelagert sind, wenn die Bäume und Pflanzen ihre Früchte getragen haben, wenn die Felder ihre Erträge geliefert haben – warum sollte die Sonne jetzt hell scheinen? Was sollte sonst noch reifen zu dieser späten Zeit?

Gerade jetzt, wenn das Jahrwerk des Landmanns allmählich zu Ende geht, wenn der erste Frost die wilden Trauben des Waldes reifen lässt, die Schalen der Hickorynüsse öffnet und die letzten Früchte des Jahres vollreif macht, sind die Tage, an denen man hier und dort im Wald einen Ahornbaum findet, dessen Laub mit buntesten Farben überhaucht wurde – dies sind die Boten, welche die Ankunft eines prächtigen Festzugs ankündigen; nahe ist jener Augenblick, den der Herbst gewählt hat, um das große amerikanische Erntefest zu feiern. In einigen Tagen kommt ein anderer, schärferer Frost, der das gesamte Angesicht des Landes verändert. Dann erfreuen wir uns staunend am herrlichen Naturschauspiel, das jede menschliche Bedeutung übersteigt.

Wir sehen, wie sich die grünen Wälder in eine einzige Masse aus üppiger Farbenvielfalt verwandeln. Es scheint fast, als habe der Herbst zu Ehren dieses hohen Fests die Herrlichkeiten des verstrichenen Jahres versammelt, um sie der eigenen hinzuzufügen. Er leiht sich die Farben von den Blumen, Früchten, Vogelfedern, Schmetterlingsflügeln der Sommermonate, vermischt sie zu leuchtenden Massen und schleudert sie auf die Wälder, um seinen Triumph auszuschmücken, so wie die Leute bei einem großen Fest in einer italienischen Stadt prächtige Tapisserien in den Straßen aufhängen, Truhen mit alten Erbstücken öffnen und leuchtende Stoffe zum Vorschein bringen, die sie an ihre Fenster und Balkone hängen, damit sie im Sonnenlicht funkeln.

Die Wälder an den Berghängen sind zu dieser Jahreszeit besonders schön; die Bäume strecken ihre Äste in heller Vielfalt von Farbe und Umriss einen über den anderen aus, wobei jedes Individuum aus der bunten Menge seiner Phantasie freien Lauf lässt. Das Auge begegnet einer Wiederholung dieses wunderbaren Bildes in allen Richtungen: in den Wäldern, die die gewellten Wiesen umranden, in den Dickichten und Gestrüppen an den Feldern, in den Gebüschen, welche den Bach säumen, in den Bäumen längs der Straßen und Wege, in den Bäumen auf den Rasenflächen und in den Gärten. Lebhaft leuchtend in nahen Hainen, verblassen die Farben allmählich in den entfernteren Wäldern und auf den Kuppen, bis sie die Hügelketten im Hintergrund mit einem wilden Durcheinander von Tönen überziehen, die das Auge nicht mehr erfassen kann.

Unter den leuchtenden Darstellern befinden sich meistens einige Bäume, die verblassen, verwelken und zu einem gewöhnlichen Braun verhutzeln, ohne anscheinend das allgemeine Gepräge zu spüren. Die Platanen und Robinien zum Beispiel und oft auch die Ulmen sind nicht so schön, dass sie den Blick auf sich ziehen, denn sie streben selten nach mehr als einem vertretbaren Gelb, obwohl sie zuweilen viel leuchtender sein könnten.

Ursprünglich aus der alten Welt eingeführte Bäume bewahren in der Regel den nüchterneren Habitus ihrer Ahnen. Die Pyramidenpappel und die Trauerweide sind nur blassgelb; die Apfel- und Birnbäume und einige Gartensträucher, Flieder, Zedrach und Schneeball, verblühen generell ohne Strahlkraft, obwohl sie mitunter Gefallen an einer fröhlicheren Farbe als Blassgelb oder Rostbraun finden und rot oder purpurn angehaucht sind. Andere Bäume hingegen bleiben durch ihren zufälligen Standort oder irgendeine andere Ursache noch wochenlang hellgrün, wenn ihre Gefährten von derselben Art längst gefärbt sind. Solche wenigen Ausnahmen sieht man in der allgemeinen Buntheit eher selten – es sei denn, man wird darauf hingewiesen –, sodass die schöne Wirkung des Riesengemäldes ungestört bleibt.

Man kann sehen, dass sich der Geist der Landschaft in vielen kleinen Details verwirklicht, auf die wir kaum vorbereitet sind. Wandert man durch die Wälder und Felder, findet man viele hübsch gefärbte Sträucher, auch einjährige Pflanzen, ebenso die Sämlinge von Bäumen. Vor allem die winzigen Ahorne, nicht länger als dein Finger, mit einem halben Dutzend Blättchen, sind oft so grazil gefärbt wie Blumen, pink, rot und gelb. Oft sind einige blühende Pflanzen, die Stechwinden und Sternblumen, mit ihren feingeschnittenen Blättern von einem weichen, hellen Strohgelb.

Manche Menschen beklagen zuweilen, dass diese Jahreszeit, diese herrliche Veränderung des Laubwerks, melancholische Gefühle auslöse, traurige und betrübliche Vorstellungen wecke, wie das Erröten auf einer hektischen Wange. Aber selbstverständlich hat ihr viel natürlicherer Sinn eine vollkommen andere Bedeutung.

Achte darauf, wie das weite Land in mildem Dunst leuchtet und jeder Baum, jeder Hain ein hinreißendes Herbstgewand trägt; beobachte die lebhafte Frische der immergrünen Vegetation; bemerke zwischen goldenen, blutroten Wäldern den blauen See, der zu dieser Jahreszeit dunkler ist als zu allen anderen; sieh die stilleren Spuren der Schatten auf den blassen Wiesen und Weiden und die dunkelbraune Erde frisch gepflügter Felder; erhebe deine Augen zum wolkenlosen Himmel voller sanfter, perlmuttfarbener Töne – und dann sag, was die Schwermut mit einem solchen Bild zu tun hat!

Freitag, 13. Oktober — Lange Wanderung in den Wäldern. Wir fanden einige verstreute Astern und Goldruten, Silberruten und Perlkörbchen. Blumen werden seltener und sind vorsichtig bei ihrem Auftritt. Doch solange das Gras wächst, stehen sie bald hier, bald dort, das kann im Wald sein oder auch in den Blumenrabatten, und es erinnert an jene kostbaren Dinge, die uns das Feld des Lebens versüßen – freundliche Empfindungen, hehre Gedanken, gerechte Taten, die noch immer, selbst in den letzten Tagen der großen Reise, von jenen gepflückt werden können, die ernsthaft danach suchen.

Die Wälder sind überaus schön; auf dem Mount Vision hatte sich der Boden rot gefärbt von den vielen kleinen Heidelbeersträuchern, die dort wachsen – heller als gewöhnlich. An manchen fanden wir ein paar frische

Beeren und die eine oder andere weiße Blüte zwischen den roten Blättern. Einige Zaubernüsse haben ihr Laub völlig verloren, die gelben Blüten hängen an blattlosen Zweigen.

Noch immer sind etliche Bäume an tiefer gelegenen Stellen oder an den Seeufern vollständig grün. Die Erlen sind sämtlich unverändert. Ebenso die Apfelbäume, der Flieder, die Zedrachbäume, die Weiden und Espen. Die Pappeln beginnen, sich an den unteren Ästen gelb zu verfärben, ihre Wipfel sind weiterhin grün.

Samstag, 14. Oktober — Die *Viburnums* sind in diesem Herbst überall schön gefärbt; die großen Blätter des Erlenblättrigen Schneeballs sind besonders prächtig. Er ist der amerikanische ›Reisebaum‹ *(wayfaring tree)*, doch in vielen Fällen verdient er diesen Namen nicht; obwohl in gewisser Hinsicht hübsch, handelt es sich doch nur um einen Strauch, welcher dem Wanderer, statt ihn zu erfreuen, oft nur hinderlich auf seinem Weg ist. Denn die langen Zweige wurzeln manchmal erneut an ihren Spitzen, sodass daraus ein Dickicht entsteht; dieser Gewohnheit verdankt er den Namen ›Humpelbusch‹ *(hobble-bush)*. Die Brombeersträucher haben eine tiefe braunrote Farbe; die wilden Himbeeren eine purpurrote. Insgesamt erscheinen uns die Sträucher und Gebüsche lebhaft bunter als üblich. Jede Jahreszeit hält in dieser Hinsicht einige Besonderheiten bereit, die Bäume und Sträucher variieren von Jahr zu Jahr, ein weiterer Quell unseres Interesses an dem herbstlichen Schauspiel. Ein bestimmter Ahornbaum, der sich jahrelang purpurdunkel gefärbt hatte, ist jetzt gelb, mit einem Anflug von Scharlachrot. Beobachteten mehrere Eschen, gelb mit Purpurtönung, beide Farben deutlich ausgeprägt an ein und demselben Baum.

Dienstag, 17. Oktober — Auf unserem Spaziergang heute Morgen betrachteten wir ein großes Farmhaus aus Stein, ringsum Ahornbäume in leuchtendster Farbe gruppenweise versammelt. Im Vordergrund schälten einige Männer den Mais; in der einen Richtung graste ein Trupp Kühe, in der anderen stand ein Karren mit einem Haufen prächtiger Kürbisse. Dies alles hätte ein treffliches Gemälde einer amerikanischen Herbstszene abgegeben. Die Farbe der Bäume hätte man sich zu diesem Zweck nicht besser wünschen können, ihr Kontrast zu dem Steinhaus und den grauen Scheunen war alles, was man hätte verlangen wollen.

Es ist bedauerlich, dass wir so wenige herausragende Gemälde herbstlicher Szenen haben, denn diese Sujets sind der besten Pinsel würdig. Natürlich haben uns Mr. Cole und einige andere unserer bedeutenden Künstler etliche Bilder dieser Art geschenkt, doch ich glaube, in keinem Fall hat man ein solches Werk als *chef-d'œuvre* des Malers angesehen. Mit diesem Sujet verbinden sich zweifellos ebenso große Schwierigkeiten wie Schönheiten. Es gibt unter den Werken der alten Meister keinen Präzedenzfall für eine Farbgebung, wie sie die Natur erfordert, sodass der amerikanische Künstler zwangsläufig zum Erfinder werden muss. Ja, mehr noch, wir sind so daran gewöhnt, uns eine Landschaft nur im Frühling oder Sommer vorzustellen, dass wir den unerfreulichen Verdacht hegen, der Maler könnte uns hinsichtlich einiger Details beschwindeln, wenn wir ein Gemälde sehen, auf dem die Bäume gelb, scharlachrot oder purpurn sind anstatt grün. Dies ist einer jener Fälle, bei denen es nicht wenig Kühnheit bedarf, die Natur einfach bloß zu kopieren. Außerdem sind die notwendigen Studien schwierig: Jedes Jahr stehen dem Maler nur drei oder höchstens vier Wochen zur Verfügung; und in jedem Herbst muss er sich einreden, dass er sich nicht in diesem oder jenem Farbton getäuscht hat, den seine Skizzen bewahren. Kurzum, wer in diesem Land ein vortrefflicher und gewissenhafter Maler des Herbsts werden will, der braucht eine besondere Ausbildung, die sich über sein halbes Leben erstreckt. Dennoch könnte sich unter uns ein Landschafts-Rubens oder -Tizian befinden, dessen Pinsel dem schönen, einzigartigen Gegenstand volle Gerechtigkeit widerfahren lässt.†

Donnerstag, 19. Oktober — Das gefallene Laub ist noch immer hellbunt und liegt vielerorts auf den Wegen und Bürgersteigen des Dorfes. Man ist des Öfteren versucht, sich nach dem Leuchten einiger dieser Blätter zu bücken, es wäre eine Schande, sie in all ihrer Schönheit dahinwelken zu lassen. Nicht selten sind die Bäche und Flüsse mit dem fröhlichen Laub bedeckt; der Mühlenteich am Red Brook war an diesem Nachmittag gesprenkelt mit hellen Blättern, roten und gelben, die einer lustigen Flotte aus dem Feenland glichen.

Freitag, 20. Oktober — Die Pappeln werden zuerst unten kahl, während die höheren Äste voll belaubt sind, im Gegensatz zu den meisten anderen Bäumen, die ihre Blätter vom Wipfel abwärts verlieren.

Dienstag, 24. Oktober — Die Meisen versammeln sich wieder um das Haus herum; diese Vögel bleiben das ganze Jahr bei uns, wir sehen sie allerdings selten im Sommer. Bis zum Juni trifft man sie oft an, wenn sie in den nahe gelegenen Waldstücken umherfliegen; danach sieht man sie bis zur Ankunft des Herbstes nicht. Während des warmen Wetters haben wir immer wieder vergeblich nach ihnen Ausschau gehalten, nicht nur in der Nähe des Dorfs, sondern auch in den Wäldern, und im Hochsommer sieht man sie gar nicht. Heute Morgen flatterte ein großer Schwarm durch die halbnackten Äste auf dem Grundstück. Es ist ein Vergnügen, diese lustigen kleinen Kreaturen wiederzusehen.

Winterammern bleiben in unseren Hügeln ebenfalls das ganze Jahr über, anders als die Meisen zeigen sie sich zu allen Jahreszeiten. Man geht nicht in die Wälder, ohne auf sie zu stoßen; viele sieht man, wie sie durch die Zäune von einer Seite zur anderen laufen, wir nennen sie deshalb manchmal ›Dorfvögel‹. Heute Nachmittag trafen sich zwei große Schwärme von Meisen und Winterammern kurz in unseren Bäumen. Da der Winter naht, waren sie alle in Hochstimmung, rastlos zwitschernd flitzten sie rasch und begierig hierhin und dorthin.

Donnerstag, 26. Oktober — Bewölkt, aber mild. Lange Fahrt am Seeufer. Himmel, Wasser und Felder einheitsgrau. Die Wälder werden kahl, dann und wann jedoch ein lebhafter Hauch von Gelb, das Orange der Birken, das hellere Gelb der Espen heitert die sich verdichtenden Grautöne auf. Das Dorf sieht aus der Entfernung noch immer belaubt aus, vor allem wegen der Weiden. Wir liefen an einer Gruppe von fünf unserer heimischen Pappeln vorbei, sehr hoch und noch ganz grün. Das Besondere war, dass ein sehr großer Ahornbaum in ihrer Nähe ebenfalls noch in vollem Laub dastand, während viele seiner Brüder schon völlig kahl sind. Diese Bäume befanden sich nahe dem Seeufer. Die gesamte Böschung zwischen der Straße und dem Wasser war noch immer bunt, gesäumt mit farbenfrohem Unterholz. Es wuchsen hier viele der üblichen Asternarten, zudem Goldrute und karmesinrot blühender Erdbeerspinat.

Zahllos waren die Astern, Goldruten, Hasenlattiche, Habichtskräuter auf der Böschung in diesem Herbst, doch jetzt, wo sie Samen tragen, sehen ihre flaumigen Köpfchen, vermischt mit den noch in Blüte stehenden Pflanzen und den noch belaubten Büschen, sehr hübsch aus. Das Wetter ist ruhig gewesen, und die Blüten bewahren, ungestört durch den Wind, vollkommen die Form ihrer zierlichen Köpfchen, einige lohfarben, andere grau, wieder andere silbern, bepuderte Blüten sozusagen, wie die bepuderten Modeschönheiten vergangener Tage. Die Federgoldrute ist in diesem luftigen, hauchzarten Stadium ein wirklich schöner Anblick. Ein Großteil unserer Spätblüher scheint seine Samen auf diese Weise zur Reife zu bringen. Die reinweißen Gespinste des Weidenröschens und der Seidenpflanze sind wahrscheinlich die schönsten, aber der Flaum ist in den Kapseln verborgen, und sobald diese sich öffnen, entfliehen die Samen, fliegen auf ihren hübschen silbrigen Flaumfedern davon. Der Flaum der Astern und Goldruten bleibt allerdings längere Zeit auf den Pflanzen, nicht anders der Flaum der Waldweidenröschen, der überaus weiß ist.

In diesem Herbst sind die verschrumpelten Disteln ziemlich hässlich! Sie sehen völlig unnütz aus, mehr wie der Kehricht eines vergangenen Jahres als in diesem Sommer gewachsene Pflanzen; und dennoch steckt Leben in ihren vertrockneten Stängeln, denn hier und da versucht eine violette Blüte aufzublühen zwischen den zerlumpten Zweigen.

Ein großer Schwarm Wildenten, der nordwärts über den See flog, landete eine halbe Meile von uns entfernt auf dem Wasser; es müssen hundert gewesen sein, wenn nicht noch mehr. Selten sehen wir so viele gemeinsam auf unseren Gewässern.

Freitag, 27. Oktober — In aller Morgenfrühe, als der Himmel sich mit Sonnenaufgangsfarben rötete, sahen wir einen großen Schwarm Wildgänse geradewegs nach Süden fliegen. Sie zogen in der üblichen keilförmigen Phalanx dahin, ihre Anführerin ein wenig voraus. Vielleicht haben sie die Nacht auf unserem See verbracht. Man sieht sie hier häufiger, obwohl sie selten von unseren »Schützen« geschossen werden; sie scheinen meist bei Tageslicht zu reisen. Enten dagegen sollen immer in der Nacht ziehen, vor allem die Mallard- bzw. Wildente. Der Schwarm heute Morgen war ein herrlicher Anblick; es erinnert einen an Mr. Bryants noblen »Wasservogel«,* denn man kann die wilden Vögel, sei's im Frühling, sei's im Herbst, einfach nicht durch die Lüfte ziehen sehen, ohne an jene schönen Verse zu denken. Bei uns war es früher Morgen, als der ganze Schwarm dahinzog, Mr. Bryant sah seinen Vogel am Abend, dieser war allein und nur die Zeilen erinnern sich an einen Schwarm:

* William Cullen Bryant, »To a Waterfowl«. (Anm. d. Übers.)

Inmitten fallenden Taus, wohin denn führt,
Während der Himmel erglüht von dem brennenden Rad
Und in rosigen Tiefen des Tages letzte Schritte spürt,
Dein einsamer Pfad?

Ein Schwarm von Zugvögeln kann nichts anderes als ein schöner, eindrucksvoller Anblick sein. Die stolzen Schiffe, die den weiten Ozean überqueren, gesteuert von einem Menschen, sind kein imposanteres Schauspiel als diese kleineren Geschöpfe auf ihrer Reise durch

Die einsamen und unermesslichen Lüfte –
Allein, wandernd, doch nicht verloren.

Zweifellos sind die Schwärme, die jetzt übers Tal ziehen, nichts im Vergleich zu den Massen, die kamen und gingen, als der rote Mann hier gejagt hat. Dennoch versäumen wir nie, sie im Frühling und im Herbst zu betrachten. Unterschiedlich sind die Arten und verschieden sind ihre Reisegepflogenheiten. Einige fliegen am Tag, andere bei Nacht; einige schweigen, andere schreien laut und unverkennbar; manche ziehen als korrekte Phalanx, manche als sorglose Schar; einige haben Anführer, andere brauchen keinen; jene ziehen rasch und direkt zu ihrem Ziel, diese trödeln wochenlang auf ihrem Weg. Einige reisen in Schwärmen, andere zu zweit; mal fliegen die Männchen zuerst, mal fliegen alle gemeinsam; manche folgen der Küste, manche nehmen wiederum die Binnenroute.

Wie viel Freude geben und empfangen die Vögel durch ihre Wanderungen! Und wie viel Vergnügen bereiten sie den Menschen! Ihre erste Ankunft in den hoffnungsvollen Stunden des Frühlings, ihre Stimmen, ihre anmutigen Gestalten, ihre fröhlichen Flüge, ja, selbst ihr Abschied im Herbst – all das bringt in unsere Herzen manche Freuden und Gedanken und Gefühle, die uns ohne sie unbekannt wären. Die Vögel mögen Wanderer sein, doch auf heimatlichem Boden sind sie ein Teil unseres Zuhauses.

Wahrscheinlich folgen die Vögel auf ihren jährlichen Reisen generell derselben Route, es gibt zumindest Fakten, welche dies nahelegen. Man hat längst bewiesen, dass Individuen aus verschiedenen Schwärmen viele Jahre lang zu denselben Wäldern zurückkehren. Es ist auch beobachtet worden, dass einige Vögel jedes Jahr im Norden oder Süden einer bestimmten Region erscheinen, allerdings innerhalb gewisser Grenzen, die sie nie überschreiten. Der Hauszaunkönig zum Beispiel meidet Louisiana und zieht trotzdem jedes Jahr noch weiter nach Süden. Weitere ähnliche Fälle lassen sich anführen. Mr. Wilson erzählt die wohlverbürgte Geschichte einer Wildgans, die auf Long Island gezähmt wurde und im nächsten Frühjahr dennoch davonflog, um sich einem nordwärts ziehenden Schwarm anzuschließen. Als der Farmer im folgenden Herbst in seinem Scheunenhof stand, beobachtete er einen Schwarm Wildgänse im Flug; eine von ihnen verließ den Schwarm, landete in seiner Nähe – und erwies sich als seine alte, zahme Gans. Vermutlich war die heimkehrende Gruppe die gleiche, der sie sich damals angeschlossen hatte; diese zog jetzt bei ihrem Hin- und Rückflug direkt über dieselbe Farm.

Vielleicht erkennen die Schwärme, die über unseren kleinen See ziehen, dass er der letzte in einer langen Reihe von Binnengewässern ist, jenen tausend Seen verschiedenster Größe, an denen sie auf ihrem Weg vom Arktischen Ozean vorbeikommen. Südlich und östlich gibt es keine größeren oder kleineren Flächen mit Frischwasser. Womöglich ziehen die berühmten Riesentafelenten auf ihrem Weg zum Chesapeake jedes Jahr bei uns vorüber, weil die Mündung unseres Flusses der Lieblingsort dieser Vögel ist. Sehr viele Riesentafelenten bleiben in unserem Bundesstaat; nur ganz wenige sieht man gelegentlich auf dem Hudson.

Samstag, 28. Oktober — Die Wälder verfärben sich rasch und verlieren schnell ihre Blätter. Dennoch sehen wir hier und dort, etwa am Seeufer oder an der Bergflanke, eine Birke oder eine Espe, die noch immer von lebhaftem Gelb ist. Inmitten der trüben, trostlosen Wälder gleichen sie vergessenen Fackeln, die zwischen den Überresten früherer Festlichkeiten brennen.

Montag, 30. Oktober — Wir erzählen eine hübsche Anekdote über das Rotkehlchen, gefunden in Mr. Jesses *Gleanings*;* sie ereignete sich in England und Mr. Jesse verbürgte sich persönlich dafür. Ein Gentleman hatte angeordnet, dass ein Wagen mit Körben und Kisten bepackt werden sollte, in der Absicht, ihn eine längere Strecke zu entsenden; die Abfahrt verzögerte sich jedoch, deshalb stellte man ihn, vollgepackt wie er war, in einen Schup-

* Edward Jesse, *Gleanings in Natural History* (drei Bände, 1832–1835). (Anm. d. Übers.)

pen. Währenddessen, sagt Mr. Jesse, »baute ein Rotkehlchenpaar sein Nest im Stroh dazwischen und brütete seine Jungen aus, ehe der Wagen abfuhr. Anstatt durch das Geruckel des Wagens erschreckt zu sein, verließ einer der Altvögel das Nest nur von Zeit zu Zeit, um zur nächsten Hecke zu fliegen und Nahrung für seine Jungen zu suchen. Auf diese Weise sorgte er abwechselnd für Wärme und Nahrung, bis der Wagen in Worthing eintraf. Der Kutscher hatte die Zuneigung des Vogels beobachtet, weshalb er darauf achtete, das Rotkehlchennest beim Ausladen nicht zu stören. Ich bin sicher, dass meine Leser froh sein werden zu erfahren, dass das Rotkehlchen mit seinen Jungen sicher nach Walton Heath zurückgekehrt ist, jenem Ort, von dem es aufgebrochen war. Ob es das Männchen oder das Weibchen war, das im Wagen ausharrte, konnte ich nicht herausfinden, wohl Letztes, denn was würde mütterliche Liebe und mütterliche Zärtlichkeit nicht alles vollbringen? Die Strecke, welche der Wagen bei der Hin- und Rückfahrt zurückgelegt hat, dürfte nicht weniger als einhundert Meilen betragen haben.«

Donnerstag, 2. November — Schöner Gang in die Wälder. Manche Bäume dort knospen wieder. Wir fanden Doldiges Winterlieb und Kriechenden Bodenlorbeer voller Knospen; in der Regel steht Ersteres in einigen Landesteilen um Weihnachten herum in Blüte, ich habe jedoch noch nie gehört, dass es bei uns im Winter erblüht. Sammelten hübsches Korallenmoos, die durchschimmernden Beeren perfekt, das Büschel ungewöhnlich groß. An einigen Stellen blühen die Moose: das schöne *Hypnum splendens* mit seinen roten Stängeln und einige andere Laubmoose, *Ptilium crista-castrensis* usw. Die Farne durch den Wald gut erhalten. Auf der Erde eine dicke Laubschicht, die den Weg vollständig bedeckt und vielerorts die kleineren Pflanzen unter sich begräbt – ein breiter, lückenloser rostroter Teppich, insbesondere dort, wo die Kastanienbäume zahlreich sind, denn an diesen Stellen fallen die Blätter offenbar in dichteren Schauern. Die Buchen sind übersät mit Eckern; die Zauberhasel hat ihre Kapsel geöffnet, und die gelben Blüten segeln mit den reifen Nüssen zu Boden. Eicheln und Kastanien sind großzügig verstreut unter den jeweiligen Bäumen. Wie viele derartige Früchte, die Früchte der Natur – Nüsse und Beeren –, werden jedes Jahr vergeudet! Oder vielmehr, wie reich ist der Vorrat, der den lebenden Kreaturen, die solche Nahrung suchen, geboten wird!

Freitag, 3. November — Lange Wanderung zu einem Nachbardorf. Die Farmer sind mit ihren letzten herbstlichen Pflichten beschäftigt, die die Arbeit dieses Jahres abschließen. Zugleich sehen sie voller Freude auf den nächsten Sommer. Die verschiedenen Arbeiten unter der schwindenden Novembersonne haben etwas Befriedigendes an sich. Der Herbst altert und verweilt noch auf dem Feld mit einem milden Lächeln, während man sich bereits auf den jungen Frühling vorbereitet. Hier reparierte ein Farmer die Scheunen und Ställe, um seine Herden und Vorräte gegen die Winterstürme zu schützen. Dort führten Pflüger ihre Gespanne über ein breites Feld und wendeten den Boden für die kommende Saat, während andere Arbeiter eine Wiese neu umzäunten, die monatelang unterm Schnee liegen darf, bevor das Wachstum des frischen Grases geschützt werden muss. Etliche Wagen fuhren an uns vorbei, beladen mit Kürbissen, Äpfeln und Kartoffeln, die letzte Ernte der Farm auf ihrem Weg von einem Speicher in einen anderen.

Ein halbstündiger Gang auf einer vertrauten Straße brachte uns zu einem Tor, das sich auf einen alten Seitenweg öffnete, welcher über die Hügel zu der Kleinstadt führte, nach der wir unterwegs waren. Dies war früher die Hauptstraße, bevor man eine flachere Route öffnete; jetzt ist sie verlassen und wird bloß noch als Fußweg genutzt. Solche kleinen Pfade eignen sich für einen charmanten Spaziergang. Überall im Land gibt es genügend Straßenkreuzungen in sämtliche Richtungen, sie sind allerdings ziemlich belebt, sodass es zuweilen eine hübsche Abwechslung ist, einen stillen Nebenweg einzuschlagen wie jenen hier, der nie staubig und immer ruhig ist. Er führte uns zunächst über eine unebene, offene Hügelflanke, die als Schafweide dient; eine große Herde knabberte an den Resten des Sommergrases zwischen vertrockneten Königskerzen. Wir gingen leise unseres Wegs, doch wie üblich versetzte unser Herannahen die schlichten Geschöpfe in Schrecken, sodass sie ihr Mittagsmahl unterbrachen.

Als wir die Hügelkuppe erreicht hatten, wandten wir uns um und genossen den Ausblick. Die grauen Wiesen des Tals lagen unter uns, und auf etlichen weidete das Vieh. Zu dieser Jahreszeit sind die Schafe und Rinder ein prägenderes Merkmal der Landschaft als in der belaubten Fülle des Sommers; die Dickichte und Haine verbergen sie nicht länger, und sie kommen aus dem Schatten, um den Sonnenschein der offenen Felder zu suchen, auf denen sich ihre Umrisse voll und warm gegen die schwindende Vegetation erheben. Die Bäume haben fast all ihre Blätter verloren, die jetzt in rostbraunem Schwall zu ihren Wurzeln liegen, während die Herbstsonne die Schattenlinien der Äste auf bleiches Gras und verschrumpeltes Laub zeichnet. Die Wälder sind trotzdem nicht vollends kahl, es gibt noch immer einige Stellen, wo die warme Oktoberfärbung ins Rotbraune eingedunkelt ist; zudem wirft ein Baum hier und dort einen volleren Schatten als im Winter. Der Fluss glitzerte durch die nackten Dickichte an seinen Ufern, und der hübsche Tümpel auf der benachbarten Farm glich einem leuchtenden, dunklen Achat, den man mitten in die grauen Felder geworfen hatte. Eine Rauchsäule, die langsam vom Hügel gegenüber aufstieg, berichtete von einem gefällten Wald, von Bäumen, die ihren letzten Sommer sahen. Die bräunlichen Stoppeln des alten Getreidefelds und der dunklere Boden des soeben gepflügten Landes variierten die düsteren Novembertöne; dazwischen lag zuweilen ein Streifen jungen Weizens, der seine grünen Halme emporsandte, weich und frisch, als gäbe es in diesem Jahr keinen Winter – so wuchs er heller und lebendiger, indes alles andere trüber wurde, ein Strahl der Hoffnung auf der blassen Stirn der Resignation. Die Szene war so still und ruhevoll, dass wir uns nur widerwillig und mit solchem Bedauern von ihr abwandten, als besäße sie noch die heitere sommerliche Schönheit.

Unmittelbar hinter der Hügelkuppe führt die Straße in den Wald. Hier war der Weg hoch mit gefallenem Laub bedeckt, das, als wir hindurchliefen, noch immer knackig frisch unter jedem unserer Schritte raschelte, während die Bäume zu beiden Seiten ihre Zweige als graue Striche reckten: alte Kastanien mit derben, rauen Schrunden, Ulmen mit anmutig winkendem Geäst, robuste Ahorne mit dem für ihre Art üblichen gesunden, aufrechten Wuchs, glatte Buchen mit freundlich ausgestreckten Armen, die ihre Nachbarn grüßen zu wollen schienen; und dazwischen, auffällig wie stets, die zierliche Birke mit alabasterner Rinde und porphyrnen Zweigen, die sich ganz seltsam vom Stamm unterscheiden. Jedes Jahr, wenn die Blätter fallen und die Bäume sich wieder in ihrer winterlichen Gestalt zeigen, wundert sich das Auge einen Moment über die Veränderung, so wie wir zweimal hinsehen, ehe wir unseren Bekannten auf der Straße genau erkennen, weil er seine Garderobe der Jahreszeit angepasst hat.

Gelbe Schlauchpflanze

Die letzten Blumen verwelken. Der schöne Sommerfarn liegt rostbraun hingestreckt auf den offenen Hügellehnen, während er in den Wäldern noch frisch und grün ist. Wir fanden nur dann und wann eine einzelne Aster, bleich und gesenkten Kopfs, die nur wenig von der Eleganz einer Blume zeigte. Sogar die robusten kleinen Bälle der Silberimmortelle, von den Einheimischen auch Perlkörbchen genannt, sind allmählich verblüht und ungestalt, während die Mehlbeeren an den Weißdornbüschen, die Hagebutten der Wildrosen und Ackerrosen bereits vertrocknet und verschrumpelt sind. Seltsam, dass heimische Blumen schneller zu welken scheinen als jene aus den Gärten, von denen viele aus einem wärmeren Klima stammen. Es ist nicht ungewöhnlich, deutsche Astern, Adonisröschen, Stiefmütterchen und ein paar Lianen des Geißblatts hier und dort noch spät im Garten zu finden. In manchen Jahren haben wir einen hübschen Strauß dieser Blumen in der ersten Dezemberwoche gepflückt. Im Wald findet man zu dieser Zeit nichts mehr, was blüht.

Früher stand ein einzelner Baum in dem Wald, durch den wir liefen. Über sein Wachstum berichtete man Erstaunliches, doch seit ein paar Jahren ist er verschwunden und seine Existenz zur Legende im Tal geworden. Freunde des Wunderbaren behaupten, aus dem Stamm einer Hemlocktanne habe die Spitze einer Kiefer geragt; andere beteuern, es habe sich um zwei Bäume gehandelt, deren Stämme so dicht miteinander verbunden gewesen seien, dass sie wie nur einer erschienen, obwohl sich die beiden Wipfel deutlich unterschieden hätten. Wiederum andere, die in der Nähe wohnen, erzählen uns, es sei nur *eine* launenhafte Hemlocktanne gewesen. Mit einem Wort, es gibt so viele Varianten dieser Geschichte wie nötig sind, um eine wunderliche Mär daraus zu machen; allerdings stimmen alle darin überein, dass der bemerkenswerte Baum jahrelang nach der Besiedelung dieses Landes auf dem Hügel gestanden habe, so groß und so auffällig an seinem Ort, dass man ihn noch aus einiger Entfernung sehen konnte und alle Passanten auf der Straße ihn sehr gut kannten. Mehr als seine Eigentümlichkeit verdient es sein Schicksal, dass man sich an ihn erinnert. Auf die Frage, was aus ihm geworden sei, erfuhren wir die Geschichte seines Sturzes. Kein Blitz hat ihn gespalten – kein Sturm hat ihn umgerissen – keine Axt hat ihn gefällt. An einem lauen Sommerabend kam eine Gruppe Männer aus einem anderen Tal mit Hacken und Spaten, um seine Wurzeln freizulegen, weil sie nach einem vergrabenen Schatz suchten. Sie schaufelten so viel Erde fort, dass der Baum im folgenden Winter abstarb und bald danach zu Boden stürzte. Wer hätte gedacht, dass diese alte, verrückte Phantasie vom Ausgraben versteckter Schätze in der Nähe ungewöhnlicher Bäume noch immer in unserer die Schule besuchenden, Vorträge hörenden, die Zeitung lesenden und Reden schwingenden Gesellschaft existiert?

»Vielleicht war's nur ein dummer Neger«, bemerkten die, welche die Geschichte hörten.

»Keineswegs. Es waren weiße Männer!«

»Wahrscheinlich irgendwelche Bauerntölpel aus Europa –«

»Amerikaner, hier geboren und aufgewachsen. Echte Yankees aus Massachusetts.«

»Aber wer sollte das Geld denn vergraben haben? Sie hätten doch wissen müssen, dass dieser Landesteil vorm Unabhängigkeitskrieg unbewohnt war und deshalb keine Gefahr durch Cowboys oder Pelzhändler in diese Wildnis eingedrungen ist. Haben sie geglaubt, die Indianer besäßen Gold- und Silbermünzen, die sie versteckten?«

»Nein, sie gruben nach dem Geld von Captain Kidd.«

»Captain Kidd? In diesen Wäldern, Hunderte Meilen von der Küste entfernt?!«

So unglaublich diese Vorstellung scheint, so unglaublich war offenbar auch der Verstand der Männer. Der Berechnung der Geldschürfer zufolge musste Captain Kidd der erfolgreichste Pirat der sieben Meere gewesen sein, der so viele Schätze vergraben wie Krösus zur Schau gestellt hatte. Für die Leute war es ganz üblich, an den Ufern von Long Island und längs der Küste im Norden und im Süden nach Piratenbeute zu graben, man hätte jedoch nie erwartet, dass Bäume im Binnenland zu diesem Zweck entwurzelt würden. Die Menschen suchen überall und auf jede erdenkliche Weise nach Gold.

Dienstag, 7. November — Wahltag. Die Fahnen wehen in anhaltenden Schneeschauern, kurz von Sonnenschein unterbrochen. Im Dorf geht die Wahl sehr ruhig vonstatten. Vor vier Jahren gab es deutlich mehr Aufhebens und acht Jahre früher ein ziemliches Gewese mit Apfelwein, Holzkabinen und Wahlliedern zu allen möglichen Melodien. Heute Nachmittag sind kaum mehr Leute als sonst auf den Straßen, es herrscht wenig Gewimmel.

Das Gebüsch unter den Fenstern belebte ein Schwarm überaus hübscher Vögelchen, Indianergoldhähnchen, ihr Rumpf grünlich-gelb und bräunlich, ein hellroter Fleck auf dem Kopf, umrandet zuerst von einem goldenen, dann von einem schwarzen Strich. Sie sind zierlich, kleiner noch als die Zaunkönige und nur ein Stückchen größer als die Kolibris. In diesem Staat sind sie selten, zähe, kleine Geschöpfe, die ihre Jungen in den nördlichsten Gebieten des Kontinents aufziehen; hier sieht man sie meist nur als Zugvögel, obwohl sie in Pennsylvania überwintern. Tatsächlich sind sie reisefreudig und besuchen während der Wintermonate die Westindischen Inseln. Es ist das erste Mal, dass wir sie bei uns beobachten, obwohl ihre Verwandten, die Rubingoldhähnchen, hier weitverbreitet sind, besonders in den Frühlingsmonaten, in denen sie lange zwischen den Ahornblüten verweilen. Der Schwarm, der heute ums Haus flatterte, war ziemlich groß und zeigte sich mehrere Male im Verlaufe des Morgens in den Fliederbüschen und Pfeifensträuchern und an den blattlosen Ranken, die an der Mauer emporklettern.

Mittwoch, 8. November — Der November gilt als einer der besten Monate für den Fischfang in unseren Seen; jetzt werden die wichtigsten Fische in ihrem besten Zustand gefangen.

Einen Fisch findet man nur in diesem See, zumindest ist diese Art sehr markant und unterscheidet sich von allen, die man anderswo entdeckt hat, nämlich die Kleine Maräne, gewöhnlich auch »Otsego-Barsch« genannt, einer der besten Süßwasserfische der Welt. In früheren Jahren war er derart reichlich vorhanden, dass man ihn mit Schleppnetzen zu Tausenden fing; es heißt, bei einer Gelegenheit wurden fünftausend herausgefischt. Die Leute im Dorf wussten kaum noch, was sie damit anstellen sollten; einige wurden gepökelt, andere den Schweinen vorgeworfen. Nach wie vor fängt man sie mit Netzen, selten mit der Angel, sodass sich ihre Zahl, wie man sich vorstellen kann, stark verringert hat. Kürzlich wurde der Versuch unternommen, sie drei Jahre lang unter Schutz zu stellen, damit sie sich wieder vermehren, nach ein paar Monaten wurde dieses Gesetz jedoch aufgehoben. Die beste Zeit für den Maränenfang sind April, Mai und Juni und dann im Herbst der November und Dezember. Man fängt sie mehr oder weniger den ganzen Winter hindurch, nicht aber während der Sommerhitze; falls man zufällig eine bei warmem Wetter fängt, weicht das vom gewöhnlichen Lauf der Dinge ab. Die größte hier bekannte Maräne wog sieben Pfund, gegenwärtig aber bringen sie nicht mehr als drei oder vier Pfund auf die Waage. Maränen haben ein liebliches, feines weißes Fleisch und eine dunkle, graue Haut.

Unsere Seeforellen oder Lachsforellen sind ebenfalls von besonderer Qualität. Man fängt sie mit dem Netz oder mit Ködern an Haken, manchmal werden sie auch gespießt. Vor einigen Jahren konnte man sieben- bis achthundert in *einem* Schleppnetz fangen. Im Winter ist der See mit Angelhaken übersät, die man in kleine Öffnungen im Eis versenkt – Lachsforellen werden oft auf diese Weise gefangen.

Zu dieser Jahreszeit belebt sich auch der Hechtfang; jeden Abend sieht man Lichter, die am Ufer hin und her wandern, damit sie die Hechte anlocken – ein wundervoller Anblick. Es heißt, der Hecht sei nicht jenseits der Großen Seen anzutreffen. Der dickste, den man hier gefangen hat, wog sieben Pfund.

Der Gelbe Barsch ist in unserem See ebenfalls weitverbreitet; der größte soll zwischen drei und vier Pfund gewogen haben. Außerdem fangen unsere Fischer Aale, Plötzen, Saugdöbel, Welse und Schwarze Zwergwelse. Als den Fluss früher noch nicht so viele Mühlendämme versperrten, folgten die Heringe dem Strom jedes Jahr meilenweit vom Ozean und suchten unseren Binnensee auf. Sie waren sehr willkommen auf den Märkten jener Tage und so zahlreich, dass die ersten Kolonisten sie mit Eimern fingen.

Freitag, 10. November — Heute Morgen um sieben Uhr nur sechs Grad über Null. »Keine Sorge«, sagen die Farmer, »wir bekommen unseren Indianersommer noch!« Man möchte das glauben; allein die Vorstellung wärmt einen an einem solchen Tag.

Mittwoch, 15. November — Im Dorf macht eine seltsame Geschichte die Runde: Es heißt, mehrere seriöse Personen hätten während der letzten beiden Monate einen Puma in unseren Hügeln gesichtet! Vermutlich haben sie sich getäuscht, denn es scheint alles andere als glaubwürdig, dass eine dieser wilden Kreaturen tatsächlich in unseren Wäldern aufgetaucht ist. Seit vierzig oder fünfzig Jahren hat man von keinem Puma in unserer Gegend gehört.

Donnerstag, 16. November — Schöner Tag; klare Luft und sanfter Himmel. Vielleicht haben die Farmer am Ende recht mit dem Indianersom-

Rubingoldhähnchen

mer. Ein Spaziergang ist keine Freude; der Schnee kürzlich und der Regen der letzten Nacht ergeben ein trübes Gemisch. Doch wer frische Luft mag, kann das alte Sprichwort »Wo ein Wille ist, da ist auch ein Weg« bestätigen. Hier und dort lassen sich Stellen für einen Spaziergang finden.

Die Straßen befinden sich im schlimmsten Zustand; gestern brauchte die Kutsche zehn Stunden für die zweiundzwanzig Meilen von der Eisenbahn. Auf jeden Fall ist die Strecke über die Hügel zur Eisenbahn und zum Kanal die übelste im ganzen Land. Im Sommer sind unsere Straßen sehr gut; aber für zwei bis drei Wochen im Frühling und im Herbst sind sie grauenvoll, allerdings nie dermaßen wie die Lehmböden im westlichen Teil des Staates. Im Jahr vor der Fertigstellung der Bahnstrecke von Geneva nach Canandaigua sorgte sich ein Gentleman aus der erstgenannten Stadt während des Frühlings, ob er einen wichtigen Geschäftstermin in der anderen Stadt einhalten könne, und war letztlich dazu gezwungen, diesen bestimmten Tag aufzugeben. Die Straße, insgesamt sechzehn Meilen, war in so schlechtem Zustand, dass keine Kutsche den Mann fahren wollte. Er beschwerte sich bei den Fuhrunternehmern; diese bedauerten es, konnte ihm aber nicht helfen, es stand völlig außer Frage: »Sir, wir haben momentan zwölf Kutschen, die auf genau jener Wegstrecke im Schlamm liegengeblieben sind!« Wir haben allerdings nie gehört, dass eine Kutsche auf unserer Straße, so schlecht sie auch sein mag, tatsächlich endgültig im Schlamm festgesteckt hätte. Oft müssen die Passagiere aussteigen und kritische Stellen zu Fuß überwinden; oft werden die Männer gebeten auszusteigen »und die Kutsche für die Damen anzuheben«; oft kippt die Kutsche um; und nicht selten versinkt die Kusche samt Passagieren und allem anderen besorgniserregend tief im Morast, sodass Latten von den Zäunen gerissen werden, »um die Kutsche freizustemmen«. Doch mit gutem Willen und dem gemeinsamen Bemühen von Kutscher, Pferden und Passagieren schafft es die Gesellschaft im Allgemeinen, ihr Ziel in mal besserem, mal schlechterem Zustand innerhalb von achtzehn Stunden zu erreichen. Allerdings muss sie manchmal die Nacht auf der Straße verbringen.

In diesem Bundesstaat wachsen nicht weniger als sechs Birkenarten: Die *Papierbirke*, die größte von allen, erreicht manchmal eine Höhe von siebzig Fuß und einen Durchmesser von drei Fuß, sie wächst im Süden bis zu den Catskills; die Indianer stellen Kanus aus ihrer Rinde her, die sie mit den faserigen Wurzeln der Weißfichte vernähen. Die *Zuckerbirke* oder Schwarzbirke ist eine nördliche Art und hier weitverbreitet; man verwendet sie für Tischlerarbeiten. Die *Gelbbirke* ist eine weitere nördliche Art und ebenfalls nützlich. Die *Wasserbirke* gehört zu den größten Arten, man fertigt Besenstiele aus ihrem Holz. Die *Weißbirke*, ein kleiner Baum, ist nicht so wertvoll wie die anderen Arten; in unserer Gegend ist sie recht bekannt. Nur die *Zwergbirke* findet man bei uns nicht, ein alpiner Strauch, der nicht mehr als rund einen Fuß Höhe erreicht.

Dienstag, 21. November — Erneut hören wir die Geschichte mit dem Puma. Es heißt, zwei vertrauenswürdige Personen hätten die Kreatur in den Beaver Meadows gesichtet. Eine Frau, die Brombeeren pflückte, hatte ein großes wildes Tier hinter einem umgestürzten Baum gesehen. Sie war erschrocken und blieb stehen; das Tier, welches sie für einen Berglöwen hielt, kletterte auf den Stamm und fauchte die Frau, als sie davonlief, wie eine Katze an. Ein Mann, der mit seiner Flinte in den Wäldern war, hatte einige Tage später an derselben Stelle ebenfalls eine große wilde Kreatur in der Ferne gesehen; er feuerte einen Schuss ab, das Tier sprang über ein hohes Gestrüpp und verschwand. Es wäre überaus seltsam, wenn tatsächlich ein Puma durch unsere Wälder streifen würde!

Mittwoch, 22. November — Erfreulicher Spaziergang. Wir hielten an der Mühle, um Maisgrieß bzw. Maisschrot zu bestellen. In einer Mühle ist es stets angenehm, die Dinge hier sehen nach Arbeit, Frohsinn und Gedeihlichkeit aus. Der Müller erzählte uns, dass er vor allem indianischen Mais mahle, beinahe ebenso viel Buchweizen, etwas weniger Weizen, kaum Roggen und überhaupt keinen Hafer. Der gemahlene Weizen ist allerdings kein Beleg für die verzehrte Menge, denn das Weizenmehl wird sehr häufig aus dem Westen in unseren Landkreis gebracht.

Buchweizen mahlt man in der Dorfmühle den ganzen Sommer über, denn ein Großteil wird am Ort verzehrt. Bei den meisten Familien im Landesinneren gehören Buchweizenkuchen im Winter zu den täglichen Frühstücksgerichten. Die Franzosen in den Provinzen essen *galettes* aus diesem Mehl; sie nennen sie *blé de Sarrazin*, als wären sie von den Sarazenen eingeführt worden. Ursprünglich kommen sie aus Zentralasien. Montesquieu lobt diese französischen Buchweizenkuchen sehr: *»Nos galettes de Sarrazin, humectées, toutes brûlantes de ce bon beurre du Mont d'Or, étaient, pour nous, le plus frais régal.«*

Das Wort »sapaen« hielt man zuweilen für indianischen Ursprungs. Man findet es in keinem uns bekannten Wörterbuch, obwohl es in einigen Landesteilen sehr gebräuchlich ist. Vanderdonck sagte im Jahr 1653 über dieses Gericht: »Ihre gewöhnliche Nahrung, für welche das Schrotmehl zumeist genutzt wird, ist *pap* oder *mush*, das in Neuholland *sapaen* heißt. Es ist so beliebt bei den Indianern, dass sie selten einen Tag ohne dies verbringen, es sei denn, sie befinden sich auf Reisen oder auf der Jagd. Selten besuchen wir ein Indianer-Wigwam, gleichviel zu welcher Tageszeit, ohne dass wir sehen, wie sie ihr *sapaen* zubereiten, oder sehen, dass sie es essen. Bei allen, jung und alt, ist es eine beliebte Speise, und sie sind so daran gewöhnt und begierig darauf, dass sie sich, wenn sie unsere Leute oder einander besuchen, so lange missachtet fühlen, bis man sie mit dem *sapaen* versorgt.« Tatsächlich scheint Mais die Hauptnahrung der Indianer gewesen zu sein, zumindest jener, die an den Ufern des Hudson oder in Neuholland lebten. Vanderdonck beobachtete, dass sie verschiedene Bohnensorten kannten – wahrscheinlich haben sie sämtliche heimischen Arten angebaut, von denen wir selbst über mehrere verfügen. Kürbisse, sagt er, sind typisch für sie, von den Holländern *Quaasiens* genannt, nach einem ähnlich lautenden indianischen Wort. Riesenkürbisse wurden ebenfalls kultiviert, zudem Kalebassen bzw. Flaschenkürbisse, die, seinen Worten zufolge, »die Indianer gewöhnlich als Wassereimer verwendeten«. Ihren Tabakanbau erwähnt er ebenfalls. »Ohne *sapaen*«, fährt Vanderdonck fort, »haben sie keine befriedigende Mahlzeit. Wenn sie die Möglichkeit haben, kochen sie ihn mit Fisch oder Fleisch, allerdings selten, wenn diese frisch sind, sondern nur, wenn besagte Dinge getrocknet und zerstoßen wurden. ... Sie verwenden auch verschiedene getrocknete Bohnen, die sie als Leckerbissen erachten. ... Wenn sie beabsichtigen, eine größere Strecke zurückzulegen, auf die Jagd zu gehen oder in den Krieg zu ziehen, ... dann versorgen sie sich insbesondere mit einem Beutel voll getrockneten Mais oder Fleisch; ... ein Viertelpfund reicht als Tagesration. Sobald sie hungrig sind, essen sie eine kleine Handvoll des Mehls und trinken einen Schluck Wasser, danach sind sie für eine Tagesreise gesättigt. Können sie sich Fisch oder Fleisch beschaffen, dient ihnen das Mehl als feinstes Brot, denn es muss nicht gebacken werden.« Über ihre Festmähler berichtet er: »Bewirten sie Gäste zu besonderen Gelegenheiten, dann bereiteten sie Biberschwänze, Fischköpfe mit getrocknetem Maismehl oder sehr fettes Schmorfleisch, zerstampft mit geschälten Kastanien.« Das ist jedenfalls nicht die schlechteste Mahlzeit!

Donnerstag, 23. November — Erntedank. Reizendes Wetter, ein schöner Himmel für das Fest. Als wir von einem angenehmen Spaziergang zurück ins Dorf kamen, läuteten die Glocken und die Leute gingen aus den verschiedensten Richtungen im Sonntagsstaat zum Gottesdienst. Viele Ladenfenster standen dennoch halb offen; ein Auge sozusagen bei der Andacht, das andere mit Blick auf die günstige Gelegenheit.

Freitag, 24. November — Neun Uhr abends. Der See war den ganzen Tag lang überaus schön: morgens leuchtend blau, nachmittags sanft und still, angehaucht von den gespiegelten Farben der Hügel und des Himmels, und heute Abend erleuchtet von ungewöhnlich vielen Angellichtern, die langsam am Ufer und über die kleinen Buchten wandern.

Samstag, 25. November — Überblicken wir jetzt, da das Laub gefallen ist, das Land von einer Anhöhe aus, ziehen die Zäune unsere Aufmerksamkeit auf sich. In unserer Gegend sind sie meistens aus Holz; man nennt sie Zickzack-Geländer oder Wurmzäune. Allerdings gibt es auch einige Steinmauern; nicht ungewöhnlich sind Zäune aus Baumstümpfen. Oft bestehen die Bretter für die Wurmzäune aus Kastanienholz, das sich für diesen Zweck am besten eignen soll. Fremde aus Europa hadern meist mit unseren Zäunen, und vielleicht haben sie recht; sie betrachten sie als große, unnötige Verschwendung von Holz. Sie sagen, dass sie hässlich seien und dass ein freies, kultiviertes Land, das ohne solche Grenzen auskommt, eine bessere Vorstellung von einer höheren Stufe der Zivilisation gebe als eines, in dem jedes halbe Dutzend Morgen von Zäunen bewacht sei. Vielleicht sollten wir letzten Endes in diesem Land nicht so vieles einzäunen; man hat oft den Eindruck, die Felder würden dadurch unnötig zerschnitten.†

Donnerstag, 30. November — Langer Gang in den kahlen, offenen Wäldern, kein Vogel zu hören oder zu sehen.

Die Hecken ohne Geheimnis,
*Die Nachtigall ohne Stimme.**

Die langen, gelben Blütenblätter sind von der Zaubernuss abgefallen; die Nuss beginnt sich zu bilden, das Innere wird allmählich zum Kern, die schmalen Blütenkelche verwandeln sich langsam in Kapseln. An einigen Sträuchern sind diese winzigen Kelche noch immer gelb und blütenartig; an anderen dagegen sehen sie bereits hülsenähnlich aus. Diese Sträucher benötigen ein ganzes Jahr, bis ihre Früchte ausgereift sind.

Die grünen Weizenfelder sind lebhaft und erstrecken sich hell um die grauen Farmen herum. In diesem Augenblick ist der See tiefblau, anscheinend im Herbst von einem tieferen Blau als zu allen anderen Jahreszeiten. Heute ist er um etliche Grade dunkler als der Himmel, fast so blau wie das Wasser in Guido Renis »Aurora«.

* Charles-Hubert Millevoye, »La Chute des Feuilles«. (Anm. d. Übers.)

WINTER

Freitag, 1. Dezember — Wieder hören wir seltsame Gerüchte über den Puma. Die Kreatur, so wird berichtet, solle sich nun in Oakdale aufhalten, nachdem sie das Tal der Schwarzen Hügel überquert habe. Wir hören, dass ein Mann etwa zur Abenddämmerung ein Bauernhaus verlassen hat, um Späne von einem Haufen frisch geschnittenen Holzes in nicht allzu weiter Entfernung aufzuheben. Und währenddessen sah er inmitten des Waldes ein wildes Tier, wie er es noch nie zuvor gesehen hatte und welches er für einen Berglöwen hielt. Seine Augen funkelten ihn an und es zeigte seine Zähne mit einem zischenden Geräusch. Der Mann schlug Alarm, und für mehrere Nächte hörte man das Tier in dieser Umgebung. Es wurde bis zu einem Sumpf von einer Gruppe von Männern verfolgt, aber obwohl sie seine Schreie hörten und seine Spuren sahen, war der Boden so sumpfig, dass es ihnen nicht gelang, es zu erreichen. So lautet die Geschichte aus Oakdale. Auch wenn die Geschichte seltsam erscheinen mag, ist daran absolut nichts Ungewöhnliches, denn wilde Tiere verirren sich gelegentlich weit von ihren gewohnten Plätzen.

Zahlreiche dieser Tiere sind immer noch in diesem Staat zu finden, insbesondere in den nördlichen Berggebieten. Die alten Holländer hatten sehr eindrucksvolle Vorstellungen von diesen Tieren, die sie zunächst für Löwen hielten, aufgrund ihrer Felle und der Darstellungen der Indianer. Ihre Farbe ist gelbbraun oder rotgrau. Wenn sie jung sind, werden sie fleckig; aber diese Zeichen verschwinden angeblich, wenn das Tier zum ersten Mal sein Fell wechselt. Der Schwanz ist am Ende dunkel; die Ohren sind außen schwärzlich, innen hell. Sie sind ausgesprochen nachtaktiv und bewegen sich selten bei Tageslicht. Sie jagen Hirsche und alle kleineren Vierbeiner. Sie scheinen dem Menschen gegenüber eher scheu zu sein, sind aber fähig, ihn zu töten, wenn sie erregt sind.

Montag, 4. Dezember — So seltsam es erscheinen mag, der ›Entenfalke‹ aus diesem Teil der Welt ist kein anderer als der leibliche Bruder des berühmten europäischen Wanderfalken. Es heißt, dass nur die älteren Vögel umherziehen, und da sie ein hohes Alter erreichen, sind einige von ihnen bekannte Reisende. 1793 wurde ein solcher Falke am Kap der Guten Hoffnung gefangen, mit einem Halsband, das die Jahreszahl 1610 und den Namen König James von England trug, sodass er mindestens 183 Jahre alt war und Tausende von Meilen zurückgelegt haben muss. Der männliche Vogel ist kleiner und weniger kraftvoll als das Weibchen, wie es bei Raubvögeln häufig vorkommt; er wird aus diesem Grunde Terzel genannt, der Dritte, und fängt Rebhühner und kleine Vögel. Es ist das größere Weibchen, welches den Hasen, den Milan und den Kranich verfolgt. Diese Vögel unterwerfen sich nicht, damit man sie versklavt; sie brüten nie in einem heimischen Staat, und der Bestand wurde ersetzt, indem neue Vögel gefangen genommen wurden.

Andere Arten neben dem europäischen Wanderfalken wurden für den Sport abgerichtet; wie zum Beispiel der Gerfalke, ein äußerst nördlicher Vogel, den man in Island fing, von wo aus er dem König von Dänemark zugesandt wurde. Tausend Pfund wurden für einen »Wurf« dieses Falken in der Regierungszeit von James I. gezahlt. Der Entenfalke oder auch Wanderfalke kommt größtenteils an der Küste vor, wo er unter den Wildenten für große Verwüstung sorgt und sogar Wildgänse angreift. Der Gerfalke ist zwei Fuß lang, der Wanderfalke dieses Landes zwanzig Zoll, was wesentlich größer ist als der europäische. Wir haben ebenfalls den Habicht, einen anderen angesehenen Sportvogel aus demselben Stamm, der hier seltener und größer ist als der europäische. Gerfalke und Wanderfalke sind Vögel, die niemals Aas berühren würden, sie ernähren sich nur von ihrer eigenen Beute. Sie gehören zur echten Falknerei, die als der edlere Zweig des Sports gilt. Zu den Vögeln, die für die Falkenjagd verwendet wurden, zählten streng genommen der Habicht, der Sperber, der Bussard und die Harpyie.

Samstag, 9. Dezember — Eine große Schar von Feldsperlingen flog heute Morgen um das Haus herum. Diese Vögel kommen aus dem hohen Norden, um hier zu überwintern. Sie sind allerdings nicht so weitverbreitet bei uns wie etwa der Winterammer und die Meise. Die kleinen Kreaturen suchten Samen und Insekten zwischen den Büschen und auf dem Boden,

Gelbschnabelkuckuck

und sie schienen hier und da Nachlese zu betreiben. Obwohl sie ständig zwischen den Heckenkirschen herumflatterten, flogen sie an den Beeren vorüber, ohne sie zu probieren. Oft, wenn Vögel im Herbst herumfliegen und die Frucht der Heckenkirsche hell und verlockend aussieht, konnte ich beobachten, dass sie unberührt blieb. Die Vögel mögen sie nicht. Die blauen Beeren der Jungfernrebe dagegen sind für viele Vögel die Lieblingsspeise, obwohl sie für den Menschen giftig sind.

Mittwoch, 13. Dezember — Schöner milder und wolkenloser Tag. Wir sind auf den Mount Vision gelaufen. Der See sah sehr schön aus, als wir von oben auf ihn hinabschauten; klar hellblau, umgeben von den braunen Hügeln. Keine Vögel. Zu dieser Jahreszeit kann man oft durch die Wälder laufen, ohne ein gefiedertes Tier zu sehen; dennoch gibt es dort Dutzende Spechte, Blauhäher und Krähen, neben Winterammern, Meisen, Sperlinge und Winterzaunkönige, aber sie scheinen nicht den Weg zu kreuzen. Die größeren Vögel sind zu dieser Jahreszeit nie aktiv, die Winterammern und Meisen indes sind voller Leben.

Donnerstag, 14. Dezember — Erneut hörten wir Neuigkeiten über den Puma: Ein sehr respektabler Mann, Champenois, der Farmer bei den Klippen, der ein oder zwei Meilen vom Dorf entfernt am Seeufer wohnt, erzählte meinem Vater, dass er wirklich spät in der Nacht aus dem Dorf zurückkehrte, als er durch einen wilden Schrei aufgeschreckt wurde, der aus dem Wald kam. Es klang, als käme es über die Straße vom Prospect Rock; er dachte zuerst, dass es eine Frau wäre, die auf eine wehklagende Art weinte, und wollte sich gerade umdrehen, um dem Geräusch zu folgen, aber da wiederholte sich der Schrei mehrmals. Nun dachte er, dass es doch keine Frauenstimme sein konnte. Ein paar Tage später, als seine kleinen Jungens ein Stück Wald auf der Spitze des Cliff Hill durchquerten, hörten sie in nicht allzu großer Entfernung einen seltsamen Schrei, der sich wie eine Frauenstimme anhörte. Sie antworteten der Stimme, als sich das Geräusch mehrfach auf seltsame Weise wiederholte, was die kleinen Mitmenschen so wirksam beunruhigte, dass sie umkehrten und fast eine Meile liefen, bis sie völlig verängstigt das Farmhaus erreichten. Beide, der Bauer und die Jungen, sind in diesem Fall eine sehr ruhige, zuverlässige Gruppe, die eine solche Geschichte nicht erfinden würde. Es sieht wirklich so aus, als befinde sich die Kreatur in der Nachbarschaft, so seltsam es auch scheinen mag. Es geschah nun, dass wir nur ein oder zwei Tage, bevor die Jungs den Schrei in den Klippenwäldern hörten, genau diese Stelle mit einem von ihnen passierten. Nie hätten wir uns vorstellen können, dass ein Puma in unserer Nähe wäre. Wenn er wirklich dort gewesen wäre, hätten wir gerne einen kurzen Blick darauf erhascht – gerade nahe genug, um die Sache zu entscheiden und für den Rest unseres Lebens damit zu prahlen, einem echten Puma in den eigenen Wäldern begegnet zu sein!

Freitag, 15. Dezember. — Es ist bekannt, dass wir in den südlichen Teilen dieses Landes ein Mitglied der Papageienfamilie haben, den Karolinasittich. Es handelt sich um einen hübschen und interessanten Vogel, da er der Einzige seines Stammes ist, dem man im gemäßigten Klima der nördlichen Hemisphäre begegnet. Man findet diese Vögel bis ins nördliche Virginia an der Atlantikküste in großer Zahl; jenseits der Alleghanies breiten sie sich viel weiter in den Norden aus und kommen häufig an den Ufern des Ohio und in der Nähe von St. Louis vor. Sie wurden sogar entlang des Illinois gefunden, fast so weit nördlich wie die Ufer des Lake Michigan. Sie fliegen in Scharen, lärmend und ruhelos, wie alle ihre Brüder. Ihre Färbung ist grün und orange, mit einer roten Schattierung um den Kopf. In den Südstaaten wird ihr Fleisch verzehrt. Sehr zum Erstaunen der guten Leute von Albany tauchte im Jahr 1795 ein großer Schwarm dieser Vögel in ihrer Nachbarschaft auf. Es ist eine gut beglaubigte Tatsache, dass dieses Jahr ein Schwarm Sittiche nördlich von Albany, etwa fünfundzwanzig Meilen entfernt, beobachtet wurde, sodass wir sie mit Recht zu unseren seltenen Besuchern zählen dürfen. Sie wurden wiederholt im Tal des Juniata in Pennsylvania gesichtet.

Unter all den Vögeln, die von Zeit zu Zeit innerhalb unserer Grenzen vorkommen, gibt es aber keinen, der so viel Aufmerksamkeit und Neugierde auf sich gezogen hat, wie der Ibis – der heilige Ibis Ägyptens. Es gab zwei Vögel dieser Art, die von den Ägyptern verehrt wurden: der weiße, der heiligste, und der schwarze. Wir wissen heute, dass sich beide Arten des Ibis, anstatt nur in Ägypten eigentümlich zu sein, über die ganze Welt ausgebreitet haben. Die Verehrung, die man dem Ibis in Ägypten entgegenbrachte, scheint wahrhaftig so weit wie möglich getrieben worden zu sein: Er wurde für besonders heilig erklärt, seine Anbetung war nicht lokal, sondern erstreckte sich, anders als die der anderen Gottheiten, über ganz Ägypten. Die

Priester hatten erklärt, wenn die Götter eine sterbliche Gestalt annehmen würden, dann erschienen sie in der des Ibis; das Wasser im Tempel galt erst dann als geeignet für religiöse Zwecke, wenn ein Ibis davon getrunken hatte. Diese Vögel wurden in den Tempeln aufgezogen, und es bedeutete den Tod für einen Menschen, wenn er einen von ihnen tötete. Selbst ihre toten Körper wurden, wie wir alle wissen, zu tausenden einbalsamiert. Das Motiv für diese Verehrung, heißt es, soll der große Dienst gewesen sein, den diese Vögel Ägypten erwiesen haben: Sie sollen bestimmte geflügelte Schlangen verschlungen und so verhindert haben, dass diese das Land verwüsteten. M. Charles Buonaparte vermutet, dass solche Fabeln der Tatsache entsprangen, dass der Ibis mit den wohlwollenden Winden erschien, welche dem Regen und der Überschwemmung des Nils vorausgegangen waren. So viel zu den Fabeln, die dem Ibis so hohe Ehre verliehen.

In Wirklichkeit sind diese Vögel weit davon entfernt, nur auf Ägypten beschränkt zu sein, da sie in verschiedenen Teilen der Welt zu finden sind. In den südlichen Staaten der Union, besonders in Florida und Louisiana, sind sie überaus zahlreich. Zudem trifft man sie gelegentlich bis zu den nördlichen Küsten von Long Island an. Sie sollen in großen Schwärmen fliegen und sich von Flusskrebsen und kleinen Jungfischen ernähren. Ornithologen ordnen sie zwischen dem Brachvogel und dem Storch ein. Es heißt, dass manchmal während eines Sturms oder Gewitters große Schwärme von ihnen im Flug zu sehen sind, sie drehen sich und kreisen in der Luft, sodass ihr leuchtend weißes Gefieder einen sehr feinen Effekt inmitten der dunklen Wolken erzeugt. Der weiße Ibis ist dreiundzwanzig Zoll lang, die Spannweite der Flügel beträgt siebenunddreißig Zoll.

Der schwarze Ibis galt als auf bestimmte Stellen in Ägypten begrenzt. In Wirklichkeit aber ist dieser Vogel der größere Wanderer von beiden: Man findet ihn in Europa, Asien, Afrika, Australien und Amerika. Es heißt, dass er an der Küste dieses Staates seltener vorkommen solle als der weiße Ibis. Seine alljährliche Wanderung über Europa, die sich üblicherweise von Südwesten nach Nordosten erstreckt, wurde vom Prinzen von Canino beschrieben; die Vögel ziehen von der Barbarei nach Korsika und durch Italien zum Kaspischen Meer, wo sie brüten. In Nord- und Westeuropa sind sie selten, obgleich seit mehreren Jahren ein Schwarm an der Ostsee brütet. In Ägypten

Weißkopfseeadler

bleiben sie von Oktober bis März, und da sie nicht länger als heilig gelten, werden sie dort auf den Märkten verkauft. Der glänzende oder schwarze Ibis hat eine Länge von dreiundzwanzig Zoll.

Diese Ibisse sollen allesamt stumpfsinnige, dumme Vögel sein, wirklich harmlos und nicht ängstlich. Sie leben in Schwärmen, aber paaren sich für ein Leben lang. Sie haben eine geschickte Art, Schalentiere, Würmer usw. usw., von denen sie sich ernähren, hochzuwerfen und das Objekt in ihren Schlünden aufzufangen, wenn es herunterfällt. Ihre Mägen sind stärker als ihre Schnäbel, denn sie schlucken große Muscheln, die sie nicht aufbrechen können. Das Nest wird auf hohen Bäumen gebaut; das Weibchen sitzt allein auf ihren zwei oder drei Eiern, aber das Männchen füttert sie und auch die Jungen, Letztere benötigen lange Zeit Pflege. Ihr Gang soll würdevoll sein, große Schwärme bewegen sich oft gemeinsam in regelmäßiger Ordnung. Ihr Flug ist schwer, aber sie fliegen hoch und bleiben lange in der Luft. So viel zu diesem bekannten Vogel, der von jener »Weisheit der Ägypter« verehrt wurde, in der Moses unterwiesen wurde und die er jenes reineren Glaubens wegen verwarf, für den jeder von uns Gott preisen sollte, dass er ihn, trotz des schwachen und schwankenden Abfalls, zu dem unsere Art neigt, unter den Menschen bewahrt hat.

Dienstag, 19. Dezember — Langer Spaziergang über die Hügel. Die Bauern sagen, dass der Winter erst kommt, wenn die Wasserläufe voll sind – diese standen den ganzen Herbst über sehr niedrig, aber jetzt sind sie bis zum Rand gefüllt. Der Fluss zeigt sich mehr als sonst, windet sich durch das laublose Tal. In Wahrheit ist dies ein sich hinziehender Altweibersommer, milde Lüfte, mit weichem, diffusem Sonnenschein. Löwenzahn steht in voller Blüte am Straßenrand; Kühe und Schafe grasen die Weiden ab. Man pflügt auf vielen Farmen; die jungen Weizenfelder stehen schön in lebhaftem Grün.

Wir kamen an einem Karren vorbei, der im Wald stand, gut beladen mit Weihnachtsgrün für unsere Pfarrkirche. Kiefer und Hemlocktanne sind die Zweige, die wir üblicherweise für diesen Zweck verwenden; die Hemlocktanne mit ihren biegsamen Zweigen und der gräulichen Rückseite ihres Blätterwerks erzeugt eine sehr hübsche Wirkung. Wir trugen einen Korb voller Bärlapp herbei, sowohl der aufrechten als auch der kriechenden

Art, zusammen mit etwas Glänzendem Bärlapp und Doldigem Wintergrün. Nicht jedes Jahr können wir diese empfindlichen Pflanzen beschaffen, da der Schnee oft zu tief ist, um sie zu finden. Weder die Stechpalme noch die Zeder, die Zypresse noch der Lorbeer wachsen in unserer unmittelbaren Nachbarschaft, deshalb mussten wir uns auf die Kiefer und die Hemlocktanne beschränken. Diese zwei Bäume sind freilich sehr geeignet, um ihre Zweige für Weihnachtskränze miteinander zu verflechten.

Samstag, 23. Dezember — Der Winter endlich in seinen wahren Farben. Es ist ein heller, schöner Tag, mit einem Fuß hoch Schnee, der auf der Erde liegt. Letzte Nacht fiel das Thermometer auf 13 Grad unter null und heute Morgen trat eine schmale Eisgrenze entlang des Seeufers auf. Zum ersten Mal in diesem Winter sind Schlitten unterwegs, und wie immer erfreuen sich die guten Leute sehr an der ersten Schlittenfahrt. Frohe Glocken läuten durch die Dorfstraßen, Pferde- und Rodelschlitten voll fröhlicher Gruppen sausen durch die Gegend.

Die meisten der weisesten Menschen im Land wissen kaum mehr über den Weihnachtsmann als die Kinder. Es herrscht immer noch so eine Art ungewisses, schummeriges Mysterium rund um die wahre Identität des alten Würdigen. Uns wird zum Beispiel erzählt, dass es vor vielen Hundert Jahren, im Zeitalter von Konstantin, einen heiligen Bischof namens Nikolaus gab, der in Patara in Kleinasien für seine Frömmigkeit und Wohltätigkeit wohlbekannt war. Im Laufe der Zeit rankten sich einige seltsame Legenden um ihn. Als die Dominikanerbruderschaft um 1200 entstand, wählten sie ihn zu ihrem Schutzpatron. Er wurde und wird auch heute noch von der griechischen Kirche in Russland in großer Ehre gehalten. Er galt als besonderer Schutzpatron von Gelehrten, Jungfrauen und Seeleuten. Möglicherweise erlangte er durch irgendeine Verbindung mit dieser letzten Kategorie einen solchen Einfluss auf die Kinderzimmer von Holland. Bei diesem nautischen Menschenschlag muss der Schutzpatron der Seefahrer vor der Reformation oft von den Frauen und Kindern derer angerufen worden sein, die sich weit weg auf den stürmischen Meeren Afrikas und Ostindiens befunden hatten. Das Fest des Heiligen Nikolaus fällt auf den 6. Dezember, lediglich eine kurze Zeit vor Weihnachten. Es scheint, dass die niederländische reformierte Kirche zur Zeit der Reformation eine Überarbeitung des Kalenders durch ein ordentliches Gericht durchgeführt hatte, wobei der Fall jeder einzelnen von der römischen Kirche heiliggesprochenen Person geprüft wurde, in etwa so wie im üblichen Verfahren bei einer Heiligsprechung durch die Kirche. Die Forderungen des Einzelnen auf die Ehren eines Heiligen wurden auf der einen Seite vorangetrieben, auf der anderen Seite wurde ihnen widersprochen. Es heißt, wo immer man eine Entscheidung getroffen habe, fiel diese gegen den Antragsteller aus. In einer Reihe von Fällen jedoch ließ die Kirche die Angelegenheit bis zur heutigen Stunde für deren Erforschung offen, und neben anderen Fällen dieser Art findet sich der von Sanctus Klaas oder St. Nikolaus. Bis die Frage endgültig entschieden ist, soll sein Jahrestag in Holland weiterhin gefeiert werden, und die Kinder dürfen ihn in der kleinen Hymne, die sie ihm zu Ehren singen, mit »goedt heyligh man« – guter heiliger Mann – anreden.

Seltsam war allerdings die zweifache Metamorphose, die der fromme, alte Bischof von Patara erlebt hatte. Wir haben allen Grund zu glauben, dass einst ein heiliger Mann mit diesem Namen und wohltätigen Charakter gelebt hat, aber wie in vielen anderen Fällen sind die Wunder, die die mönchischen Legenden von ihm erzählen, zu unglaublich, um die Beweise, die sie begleiten, anzuerkennen. Später dann, an einem Tag der Revolution, finden wir jede Behauptung angefochten: Der fromme asiatische Bischof erscheint uns nicht länger als Bischof, nicht mehr als Asiate, nicht länger verbunden mit der alten Welt, sondern als ein kräftiger, freundlicher, vergnügter, alter Bürger von Amsterdam, halb Holländer, halb ›Spuk‹. Es wäre jetzt schwierig, die kleinen Leute davon zu überzeugen, dass der ›Weihnachtsmann‹ jemals eine reale Existenz hatte; dennoch sollten wir ihnen vielleicht erzählen, dass es einmal einen heiligen Mann mit diesem Namen gab, der viele gute Taten vollbrachte, wie es allen Christen befohlen ist zu tun – Werke der Liebe und Barmherzigkeit.

Montag, 25. Dezember, Weihnachtstag — Im Dorf wird gesagt, dass es hier an Weihnachten immer regnet, und wie zum Beweis hängt heute Morgen ein dichter Nebel über den Hügeln, mit Regen, der in Abständen zu Tal fällt. Aber auch unter einem bewölktem Himmel sollte Weihnachten immer ein fröhlicher, heiterer Tag sein: Die hellen Feuer, das frische und wohlduftende Grün, die freundlichen Geschenke und Worte des guten Willens, das

»Fröhliche Weihnachten«-Lächeln auf den meisten Gesichtern derer, denen man begegnet, geben dem Tag trotz trüben Himmels einen warmen Glanz und bilden eine bescheidene Begleitung für die erhabenen Assoziationen des Festes, wie es in ehrwürdiger, öffentlicher Anbetung gefeiert und von den Herzen der gläubigen Christen gehalten wurde. Hierzulande erinnert man sich des Festes im Allgemeinen, obwohl eher als gesellschaftliche denn als eine religiöse Feier, denn viele Menschen sind aus Prinzip gegen solche Bräuche. In den Großstädten feiert man es fast überall; in den Dörfern hingegen haben nur wenige Geschäfte geschlossen, und nur ein, zwei Kirchen von einem halben Dutzend sind für den Gottesdienst geöffnet.

Frohe Weihnachten! Im Christentum ist es durchweg so: Wo immer man das Fest beachtet – und es gibt heute nur noch wenige Gemeinden, in denen es gänzlich vergessen wird –, stellen Almosen und wohltätige Taten für die Armen und Gequälten einen festen Bestandteil ihrer Gottesdienste dar, die »Wohlgefallen am Menschen« ausrufen. Würde man den gesamten Umfang der Wohltätigkeiten dieses Festes erzählen und aufzählen, so würde sich dieser ganz gewiss als größer erweisen als an jedem anderen Tag im Jahr – und das Herz freut sich darüber. Wir erinnern uns gerne daran, wie viele traurige Gemüter aufgemuntert, wie viele Sorgen erleichtert, wie viele Ängste beschwichtigt wurden durch die gesegnete Hand der christlichen Nächstenliebe, die im Namen ihres Herrn angetrieben wird. Frohe Weihnachten! Die Worte fallen vielleicht müßig von zu vielen nachlässigen Lippen, sie werden von jenen geäußert, die ihnen keine tiefere Bedeutung geben als der eines kurzen freundlichen Grußes im Vorübergehen. Und doch bezeugt jede Zunge, die den Satz wiederholt, unbewusst die Kraft des Evangeliums – diese frohe Botschaft großer Freude an die gesamte Menschheit. Auf den Lippen der Gleichgültigen scheinen diese Worte zumindest eine gewisse Anerkennung der vielen zeitlichen Wohltaten zu enthalten, die das Christentum über die Erde vergossen hat, jener ihrer billigeren Geschenke, deren Wert dennoch unberechenbar ist. Sie erzählen von Fürsorge für die Bedürftigen, von Trost für die Gefangenen, von Zuflucht für die Obdachlosen, von Pflege der Kranken und Hilflosen; sie erzählen von einer heiligen und reinen Anbetung. »Die Furcht des Herrn macht ein fröhliches Herz«, sagt der weise Sohn des Sirach.

Dienstag, 26. Dezember — Es ist kalt, aber der See ist noch immer frei. Diese Jahreszeit hat oft schöne Momente und wir beobachten das mit wachsendem Interesse, während wir die Tage zählen, bevor ihre eisige Maske darüber kriecht.

Mittwoch, 27. Dezember — Die Zeitungen von heute Abend berichten uns von einem Puma, der innerhalb der letzten Woche im Mohawk-Gebiet – unmittelbar nördlich unserer eigenen Position – tatsächlich getötet worden sei! Das Tier wurde in der Nähe des Flusses vom Kapitän eines Syracuse-Kanalboots erschossen, und man hat sehr guten Grund zu glauben, dass es dieselbe Kreatur ist, die vor einigen Wochen zwischen unseren eigenen Hügeln herumstreifte.

Samstag, 30. Dezember — Schnee achtzehn Zoll tief, ein Schneefall von mehreren Zoll während der Nacht. Die Luft ist nach frischem Schneefall immer erfreulich rein, und heute ist diese Art von winterlichem Duft sehr ausgeprägt. Wir haben ernsthaft unsere Wintertracht angelegt und werden sie vermutlich, mit einer Unterbrechung hier und da, bis zur Frühlings-Tagundnachtgleiche anbehalten. Es ist tatsächlich eine große Veränderung von Gras zu Schnee: Die Dinge tragen ein weitgehend anderes Aussehen als im Sommer. Alle Farbe scheint aus der Erde gebleicht, und was noch vor wenigen Wochen eine leuchtende Landschaft war, ist nun zu einem stillen Flachrelief geworden. Es liegt jedoch etwas sehr Schönes und Imposantes in einer weiten Schneefläche: Berg und Tal, Bauernhof und Wald, Bäume und Behausungen, die vernachlässigten Abfälle und die überfüllten Straßen der Stadt stehen alle gleichermaßen unter seinem Einfluss. Über alles wirft der Schnee sein schönes Gewand von reinem Weiß, weißer als der Mensch bleichen kann. Auf Tausenden und Abertausenden von Meilen, wo die Sommersonne gefallen ist, liegt nun der Schnee.

Montag, 1. Januar — Neujahr. Heller, halb bewölkter Tag, sehr mild. Der See ganz silbrig mit Reflexionen des Schnees, viel hellgrauer als die Wolken. Hervorragendes Schlittenfahren. Die üblichen Besuche im Dorf, alle galanten Geister sind in Bewegung, von sehr jungen Herren von fünf oder sechs Jahren bis hin zu ihren Großvätern, die den Damen ein »Frohes Neues Jahr« wünschen. Die Dorfkinder rennen von Haus zu Haus, wünschen ein »Frohes Neues Jahr« und erwarten einen Keks oder eine Kupfermünze als

Anerkennung. Heute Nachmittag sahen wir sie in die Läden hinein- und herauslaufen; unter ihnen waren auch ein paar erwachsene Frauen mit demselben Auftrag. Einige von ihnen haben die Angewohnheit, einen zarten Hinweis auf das Objekt zu geben, das sie sich wünschen, besonders die älteren Mädchen und Frauen: »Frohes Neues Jahr – und wir nehmen Tee« – »oder Zucker« – »oder eine Schleife«, je nachdem.

Freitag, 5. Januar — Ein sehr stürmischer, kalter Tag mit starkem Wind, der Schnee treibt in dicken Wolken. Doch seltsamerweise, obwohl er so frostig und schneidend ist, weht der Wind aus südlicher Richtung. Unsere starken Winde kommen für gewöhnlich aus jener Gegend, oft ähneln sie dem Schirokko, sogar im Winter, aber mitunter sind sie frostig. Alle üblichen Anzeichen strenger Kälte zeigen sich: Der Rauch steigt in dichten, weißen, unterbrochenen Schwaden aus den Schornsteinen empor; die Fenster sind mit Eisblumen glasiert, und der Schnee knarrt, als wir über ihn fahren.

Samstag, 6. Januar — Die Straßen ersticken unter Schneeverwehungen, die Post ist unregelmäßig und das Reisen sehr schwierig. Der See noch frei, dunkel, grau, mit Eis in der Bucht. Heute Morgen lief ein frisches Kräuseln über ihn. Es ist Heilige Drei Könige, ein alter Feiertag, viel weniger beachtet bei uns als in Europa. Ein großer Tag bei Jugendlichen und Kindern in Frankreich und England, der Abschluss der Ferien. Bei uns begehen ihn ab und zu einige Familien. Aber was noch besser ist, unsere Kirchen sind jetzt für die Epiphanias-Gottesdienste geöffnet, die dieser neuen Welt so besonders angemessen sind, wo wir, selbst Heiden, das Licht des Evangeliums zu anderen Heiden weitertragen, die noch in der Dunkelheit sind.

Donnerstag, 11. Januar — Das Thermometer steht heute Morgen im Tageslicht bei 26 Grad unter null. Zu kalt zum Schlittenfahren, aber wir gingen wie gewöhnlich spazieren. So kalt, dass sogar die Kinder das Herabrutschen vom Berg aufgegeben haben – jener Zeitvertreib im Winter, an dem sie sich am meisten erfreuen. Der See ist ein glänzendes Feld von unbeflecktem Weiß, den ein leichter Schneefall bedeckte, als er zufror, sehr zur Enttäuschung der Schlittschuhläufer. Die Fischer haben das Eis mit ihren Haken bereits in Besitz genommen, ködernd nach Hecht und Lachsforelle.

Montag, 15. Januar — Heute regnet es. In diesem Monat haben wir immer entschiedenes Tauwetter, das »Januartauen«, eine völlige Selbstverständlichkeit. Der See ist wässerig vom Regen der Samstagnacht, der sich auf dem Eis gesammelt hat, sozusagen als ein See über einem anderen See.

Mittwoch, 17. Januar — Angenehmes Wetter. Noch gut zum Schlittenfahren. Scharen von Jungen laufen Schlittschuh auf dem See. Das Eis ist heute von einem feinen Hellblau, gegen Sonnenuntergang war es grün und gelb gefärbt. Diejenigen, die damit nicht vertraut sind, könnten glauben, es sei offen, aber das Eis hat ein festes, glasiges Aussehen, das die Täuschung verrät und einen daran erinnert, wie ärmlich ein Spiegel ist verglichen mit dem beweglichen, anmutigen Antlitz des lebendigen Wassers in seinem natürlichen Zustand. Das frische, klare Eis ist zu Beginn der Saison oft mit hellen Reflexionen des Himmels eingefärbt.

Donnerstag, 18. Januar — Es schneit ein wenig. Die Kinder genießen ihr Lieblingsvergnügen, das Rutschen, nach Herzenslust: Jungen und Mädchen auf ihren kleinen Schlitten sitzend fliegen rasch auf Schritt und Tritt an dir vorüber. Überall dort, wo ein leichter Abhang ist, kannst du sicher sein, die Kinder zu finden mit ihren Schlitten – viele davon sind sehr geschickt gemacht und bemalt, einige werden auch benannt: die ›Gazelle‹, der ›Pfadfinder‹ etc., etc. Erwachsene machen sich hin und wieder einen Scherz auf diese Weise, und so schleppen die jungen Männer manchmal in einer hellen Mondnacht einen großen Holzschuppen auf die Spitze des Mount Vision, oder vielmehr zum höchsten Punkt, der die Straße kreuzt, und gleiten schnell den Hügel hinunter bis zur Dorfbrücke. Eine Entfernung von nur einer Meile, eine hübsche Rutsche, eine sehr respektable *montagne russe* [Achterbahn].

Samstag, 20. Januar — Nach dem späten Tauwetter hat sich auf dem Schnee eine Kruste gebildet, sodass es uns möglich war, die Spur an diesem Nachmittag zu verlassen. Es ist sehr selten, dass man dies tun kann, es gibt hier nicht oft eine Kruste, die stark genug wäre, eine erwachsene Person zu tragen. Wir sind gänzlich auf die Land- und Dorfstraßen für unsere Winterspaziergänge beschränkt. Man darf niemals sehnsüchtig zu den Hügeln und Wäldern emporblicken, sie sind verbotener Boden, wie jene unerreichbaren Berge des Feenlandes, die von Genien bewacht werden. Sogar die Gärten und Rasen sind in solchen Zeiten weglose Ödflächen, die nur von dem Pfad gekreuzt werden, der zum Eingang führt.

Montag, 22. Januar — Die Zeitung von Albany gibt einen Auszug aus einer Zeitung vom St. Lawrence Country wieder, worin erwähnt wird, dass ein Tier, das in diesem Staat selten geworden ist, vor Kurzem in jenem Teil des Landes getötet wurde. Ein Elch von allergrößter Größe wurde in der Stadt Russell, nahe des Grass Rivers, erschossen. Man beschreibt ihn als »erheblich höher als sechs Fuß, mit entsprechend monströsen Hörnern«. Das Tier wurde in einer stehenden Position eingefroren und als Kuriosität in demselben Teil des Landes ausgestellt, in dem man es erschossen hatte. Viele Leute gingen hin, um ihn zu betrachten, da sie nie zuvor einen Elch gesehen hatten.

Diese großen Vierfüßer sind immer noch zahlreich in den nördlichen Waldbezirken von New York – ihre Spuren werden häufig von den Jägern gesehen, aber sie sind so achtsam und ihre Sinne so scharf, dass es großer Kunst bedarf, sich ihnen zu nähern. Vorzugsweise im Winter, wenn sie sich versammeln, werden sie erschossen. Es sind unbeholfene Kreaturen mit langen Beinen und einem schlecht geformten Kopf, schweren Hörnern und einer riesigen Nase. Die anderen Tiere seiner Art sind alle wohlgeformt und anmutig in ihren Bewegungen, aber der Elch ist ungeschickt, auch in seinem Gang. Die langen Beine ermöglichen es ihm, sich von den Zweigen der Bäume zu ernähren, daher der Name Elch *(moose)*, vom indianischen *musee* oder *musu*, Holzfresser. Bekannt ist, dass unser Streifenahorn bei ihm wirklich sehr beliebt ist. Er ist auch eingenommen von Wasserpflanzen, insbesondere der Teichlilie. Zudem frisst er die Rinde, die er von alten Bäumen abschält. Im Winter versammeln sich diese Tiere in den hügeligen Wäldern, und es wird ihnen nachgesagt, dass sie großen Scharfsinn zeigen, indem sie den Schnee heruntertreten, um ihre *Elch-Pfade* zu bilden. Im Sommer besuchen sie die Seen und Flüsse. Zu dieser Jahreszeit sind sie hellbraun, im Winter werden sie wesentlich dunkler, sodass sie Schwarzelche genannt werden. Wenn sie alt werden, werden sie für gewöhnlich fast schwarz.

Wir haben in den Vereinigten Staaten sechs Varianten der Hirschfamilie, von diesen finden sich drei in New York: der Elch, der Weißwedelhirsch und der Wapiti. Der Weißwedelhirsch ist der kleinste und der am weitesten verbreitete unter den dreien. Auf Long Island vermutet man, dass sie dank der Wildgesetze zunehmen, und in anderen südlichen Gebieten sind sie immer noch zahlreich, besonders bei den Catskills und den Highlands. Sie sind ungefähr fünf oder sechs Fuß lang, von einem bläulichen Grau im Herbst und Winter und rötlich im Frühjahr. Sie gehören eher einem warmen oder gemäßigtem Klima an, das sich vom Golf von Mexiko bis nach Kanada erstreckt. Der Wapiti ist größer als der Weißwedelhirsch – fast sieben Fuß in der Länge und etwa vier Fuß acht Zoll in der Höhe an den Vorderschultern. Seine Farbe ist im Frühling rötlich, dann gelbbraun, und grau im Winter. Der Wapiti ist heute sehr selten in diesem Bundesstaat, obwohl man ihn noch immer in den nördlichen und südwestlichen Bezirken findet. Er wird nicht selten Rothirsch und Rundhornelch genannt. Tatsächlich scheint es, dass er besonders oft Elch genannt wird, unter welchem Namen ihn Jefferson beschrieben hat. Er unterscheidet sich vom europäischen Hirsch; seine Hörner sind rund, niemals fächerförmig.

Donnerstag, 23. Januar — Spaziergang zum See. Ziemlich rutschig, da das Eis nur hier und da mit Schneeflocken betupft ist, zwischen diesen Flecken ist es kahl und ungewöhnlich klar und durchsichtig. Gruppen von Burschen liefen Schlittschuh. Sie zeigten keine kunstvollen Darbietungen, trotzdem folgten wir ihnen mit Interesse, ihre Bewegungen waren so leicht und schnell. Die meisten von ihnen schienen auf Schlittschuhen geschickter zu sein, als wenn sie sich in ihren Schuhen bewegen. Manche der kleinen Schurken wirbelten, mit dem rühmlichen Wunsch anzugeben, um uns herum, hin und her, viel näher als es eigentlich angemessen war. »Wo sind eure Manieren, das würde ich gerne wissen!«, rief ein älterer Bursche in empörtem Ton aus; wir waren ihm für diesen Appell zu unseren Gunsten sehr verbunden.

Damen und kleine Mädchen liefen umher, einige rutschten auch, ihre Schlitten wurden von stattlichen Schlittschuhläufern gezogen. Insgesamt war es eine lustige, fröhliche Szene. Die Aussicht auf das Dorf war angenehm, die Gebäude zeichneten sich vor dem hellen Sonnenuntergangshimmel ab. Man schneidet oder, besser gesagt, sägt Eis, um das Dorf im nächsten Sommer zu versorgen. Die Blöcke sind etwa zehn Zoll dick. Es heißt, eine Eisdicke von 18 bis 20 Zoll sei die größte, die hier beobachtet wurde.

Mittwoch, 24. Januar — Sehr mildes Tauwetter – der Schnee schmilzt schnell. Die Hügel werden wieder braun und blank, und die groben Stoppeln der Maisfelder zeigen sich deutlich durch den Schnee. Ich traf etliche Gespanne, die Kiefernstämme zum Sägewerk zogen. Der Fluss läuft dunkel und grau – er friert selten ein in der Nähe des Dorfes, die Strömung, auch wenn sie nicht sehr schnell ist, scheint ausreichend zu sein, um zu verhindern, dass das Eis den Strom bedeckt. Es ist sehr angenehm, inmitten eines so stillen und winterlichen Schauplatzes das fließende, lebendige Wasser dabei zu beobachten, wie es mit leisem und sanftem Rauschen wie im Juni dahingeleitet.

Freitag, 26. Januar — Wir verdanken allein der alten Welt die Mäuse und Ratten, die unsere Wohnungen befallen. Die hier bekannte und zahlreich vorkommende Wanderratte soll aus Asien stammen und erst zu Beginn des 17. Jahrhunderts oder etwa 250 Jahre später in Europa aufgekommen sein. Die Engländer sagen, sie sei mit den hannoverschen Königen herübergekommen. Die deutschen Söldner, die »Hessen«, wie man im Volksmund sagt, sollen sie in dieses Land gebracht haben. Die Hausratte, kleiner und jetzt sehr selten, soll auch aus Europa gekommen sein. Wir haben jedoch eine einheimische Ratte in diesem Teil der Welt, die amerikanische Hausratte, die sich von den anderen Arten unterscheidet und tatsächlich sehr selten ist. Auch die gewöhnliche Maus ist ein Auswanderer aus Europa. Wir haben aber sehr viele Feldmäuse, die zum Boden gehören. Unter diesen ist die Springmaus, die ihr Nest in Bäumen baut und im ganzen Land verbreitet ist. Die winzigen Spuren der Feldmäuse sind im Winter mitunter im Schnee zu sehen.

Samstag, 27. Januar — Sehr schöner Tag. Ein recht voller Markttag im Dorf – viele Menschen kommen aus dem Umland. Heutzutage gibt es immer mehr als ein Geschäft in jedem Dorf. Tatsächlich findet man auf Yankee-Boden kein Gewerbe, das lange alleine besteht. Es gibt nicht *den* einzelnen Dorfarzt, Bäcker, Juristen, Schneider – sie müssen alle im Plural vorhanden sein. Wir können verstehen, dass ein Arzt einen anderen braucht, um sich zu beraten und verschiedener Meinung zu sein, und dass ein Anwalt einen anderen verlangt, um sich mit ihm im Fall Richard Roe vs. John Doe* zusammenzutun, warum es aber in einem amerikanischen Dorf immer zwei Friseure geben muss, scheint nicht so klar, da der Schnitt des Schnurrbarts in unseren Tagen eine willkürliche Angelegenheit ist, welches auch immer die

* Cooper bezieht sich hier auf keinen tatsächlichen, juristisch dokumentierten Fall, wie die klingenden Namen bereits vermuten lassen. (Anm. d. Übers.)

Unsicherheiten von Wissenschaft und Recht sein mögen. Dann wiederum gibt es sieben Wirtshäuser in unserem Dorf, vier davon in wirklich großem Ausmaß. Was die Speisehäuser betrifft – unabhängig von den Wirtshäusern ist ihre Anzahl wirklich beschämend –, so sieht es aus, als seien wir ein sehr schlemmerhaftes Volk: Es gibt einige Dutzend von ihnen – Imbisse, Raststätte, Restaurants oder wie sie sonst heißen –, und doch ist dieser kleine Ort ziemlich aus der Welt, abseits der großen Straßen. Es ist jedoch die Kreisstadt, und die Gerichte bringen alle paar Wochen Leute hierher.

Es gibt ein halbes Dutzend »Läden« von wirklich großem Umfang. Es ist amüsant, die Vielfalt innerhalb ihrer Mauer zu registrieren. Die Regale sind mit tausend Dingen gefüllt, die der zivilisierte Mensch seiner langen Wunschliste nach benötigt. Hier siehst du eine Auslage von Glas und Geschirr, vielleicht direkt von dieser inländischen Firma vom europäischen Hersteller importiert; dort nimmst du einen Stapel von Seide und Satin wahr; da ist eine Teppichrolle, dort eine Kiste mit künstlichen Blumen. Und dennoch gibt es neben diesem Durcheinander die gewohnten Hutmacherläden und Lebensmittelgeschäfte im Ort – und zwar ebenfalls von gehobener Klasse. Aber solange ein Dorf seinen ländlichen Charakter behält, so lange wird der ländliche »Laden« zu finden sein – erst wenn es eine junge Stadt geworden ist, ersetzen Geschäft und Warenhaus den dienlichen Laden, in dem so viele Wünsche an gleicher Stelle erfüllt werden.

Es ist mitunter amüsant, dabei zuzusehen, wie die verschiedenen Kunden kommen und gehen. Die Landleute kommen nicht zum *Einkaufen*, sondern zum *Handeln* in das Dorf – ihre Anschaffungen sind alle von entscheidender Bedeutung für sie, sie werden alle mit der gebotenen Vorsorge und Absicht getätigt. Zu früher Stunde an schönen Samstagen, im Sommer wie im Winter, zeigt die Hauptstraße viele solcher Kunden, die mit ihren Wagen oder Schlitten die Straße säumen; in der Tat ist es eine Art Markttag. Es ist erfreulich zu sehen, wie die Familien ihre Einkäufe tätigen. Manchmal ist es eine Mutter, die die Früchte ihrer eigenen Arbeit gegen einen fröhlichen Druck eintauscht, um Kleider für die eifrigen, ernsthaft aussehenden kleinen Mädchen an ihrer Seite zu machen. Oft steht der Ehemann daneben und hält einen Säugling – man sieht immer gerne einen Mann, der das Baby trägt, es ist eine nette Geste –, während die Ehefrau ihre Wahl zwischen

Teetassen oder Besen trifft. Manchmal passiert es, dass ein Ehemann oder Vater mit dem Kauf eines Kleides oder Schals für das weibliche Geschlecht beauftragt wurde und sich entschließt, nachdem er selbst einen besonders guten Verkauf gemacht hat, ein Geschenk mit nach Hause zu nehmen. Es ist wirklich unterhaltsam, ihm dabei zuzusehen, wie er seine Auswahl trifft – eine so genaue Prüfung, wie er sie einem Schilling-Druck zukommen lässt, wird selten einem Samt oder einem Satin zuteil: Er reibt es aneinander, er streicht seine Hand mit umfassender Überlegung darüber, er hält es weg, um aus der Entfernung die Wirkung zu betrachten, er legt es auf den Ladentisch, er hält es ins Licht und blinzelt hindurch, er fragt, ob es sich waschen lässt – ob es sich gut tragen lässt – *ob es in Mode ist*. Man bangt, dass das Geschenk, das so viel Perfektion verlangt, letztlich doch nicht gemacht wird, und oft ist man gezwungen, den Laden in schmerzlicher Ungewissheit über das Ergebnis zu verlassen, immer hoffend, dass die Frau oder Tochter zu Hause nicht enttäuscht sein wird. Männer und Frauen, ob alt oder jung, brauchen jedoch in der Regel eine lange Zeit, um sich zu entscheiden.

Montag, 29. Januar — Die Krähen lüften sich an diesem milden Tag, sie sind, wenn sie kommen und gehen, in großen Scharen unterwegs, die langsam über das Tal segeln und sich soeben über den Bergrücken der Hügel erheben – sie scheinen nie weit über den Wäldern aufzusteigen. Heute Nachmittag ließ sich ein großer Schwarm auf den kahlen Bäumen einer Wiese südlich des Dorfes nieder. Es waren sicherlich hundert oder zweihundert, denn drei große Bäume waren ganz schwarz von ihnen. Die Dorfleute glauben, es sei ein Zeichen der Pest, wenn sich die Krähen im Winter in großen Scharen zeigen, aber wenn dem so wäre, hätten wir immer ein ungesundes Klima, denn man sieht sie oft hier im Winter. Dieses Jahr tauchen sie freilich zahlreicher auf als gewöhnlich. Unsere Krähen bevorzugen immergrüne Pflanzen, in denen bauen sie für gewöhnlich und sitzen in ihnen. Und oft sehen wir sie zu jeder Jahreszeit auf den höheren Ästen einer toten Hemlocktanne oder Kiefer sitzen und über das Land blicken.

Der Rabe ist in diesem Staat selten, man findet ihn jedoch in den nördlichen Gebieten, aber an der Küste ist er ziemlich unbekannt. Rund um Niagara soll er weitverbreitet sein. Er stimmt nicht mit der gemeinen Krähe überein. Der Rabe ist der bei Weitem größte Vogel, fast acht Zoll länger, er misst sechsundzwanzig Zoll in der Länge und vier Fuß in der Breite. Die Krähe misst achtzehneinhalb Zoll in der Länge und drei Fuß zwei Zoll in der Breite. Beide, sowohl die Krähe als auch der Rabe, paaren sich für das ganze Leben und erreichen ein hohes Alter. Beide haben die Angewohnheit, Nüsse und Schalentiere in die Luft zu befördern, um sie dann auf Felsen fallen zu lassen, mit der Absicht, sie auf diese Weise aufzubrechen. Es heißt, dass die Süd-Indianer den Raben zugunsten ihrer Kranken beschwören. Und die Stämme am Missouri haben eine Vorliebe für die Federn des Raben, die sie an ihrer Kriegskleidung befestigen.

Dienstag, 30. Januar — Kühler. Holzhaufen erstrecken sich vor den Dorftoren – der Brennstoff wird gerückt, gesägt und ein Jahr, bevor er benötigt wird, aufgehäuft. Die Leute sind jetzt sehr beschäftigt mit dieser Aufgabe. Die Stapel werden bald ordentlich unter Schuppen und in Holzhäuser verstaut, denn sie sind alle durch eines der Dorfgesetze dazu verpflichtet, sie zeitig im Frühling von den Straßen zu entfernen.

Holz ist der Hauptbrennstoff, der in diesem Landkreis verwendet wird. In solch einem kalten Klima brauchen wir einen großen Vorrat davon. Vor einigen Jahren wurde es hier für fünfundsiebzig Cent das halbe Klafter verkauft, jetzt kostet es einen Dollar das halbe Klafter. Ein gutes, offenes Holzfeuer ist zweifellos die angenehmste Art, einen Raum zu heizen, viel erstrebenswerter als die Kohle Englands, der Torf Irlands, die empfindliche Holzkohle aus Lorbeer und die bronzene Kohlepfanne Italiens oder der unsichtbare Holzofen Russlands. Der bloße Anblick eines hellen Hickory- oder Ahornfeuers reicht fast aus, um einen zu wärmen. Und was ist so heiter wie die glühende Kohle, die glänzende Flamme und die sternengleichen Funken, die den häuslichen Herd eines erfrischenden Winterabends beleben, wenn die Dämmerung hereinbricht! Leider Gottes, dass unser lebendiges Waldholz bald der schwarzen, stumpfen Kohle weichen muss und der großzügige, offene Schornstein dem engen und dummen Ofen!

Samstag, 3. Februar — Stürmischer Tag. Unter den zahlreichen immergrünen Pflanzen dieses Staats sind etliche wegen ihrer Verbindung zu Europa interessant, und da sie in unseren Wäldern eher selten sind, glauben viele Leute, dass sie gänzlich fehlen. Die Stechpalme lässt sich auf Long Island und auf der Insel Manhattan finden. Und etwas weiter südlich ist sie sehr verbreitet. Sie wächst zehn bis vierzig Fuß hoch und ähnelt sehr derjenigen in Europa, jedoch gleichen sie sich nicht. Die Eibe ist hier nur als niedrig hängender Strauch zu sehen, der vier bis sechs Fuß hoch ist. Sie kommt in den New York State Highlands vor und ist nicht unüblich gen Norden. Der Wacholder bzw. die Virginische Rotzeder ist in vielen Teilen dieses Landes weitverbreitet. Neben dieser Art, die ein Baum ist, gibt es eine andere, einen niedrigen Strauch, der am Boden hängt und entlang der großen Seen und zwischen unseren nördlichen Hügeln zu finden ist, dieser ähnelt eher dem europäischen Wacholder, dessen Beeren man für Gin verwendet.

Unter den bemerkenswerten Bäumen in diesem Teil des Landes befinden sich etliche, deren nördliche Grenzen sich kaum jenseits dieses Staates erstrecken und die bei uns selten sind, während wir mit ihren Namen durch unsere Freunde weiter südlich wohlvertraut sind. Der amerikanische Amberbaum oder Seesternbaum ist selten in diesem Staat, obwohl er in New Jersey weitverbreitet ist und an der Küste sogar Portsmouth in New Hampshire erreicht. Der Kakibaum wächst am Hudson bis in die Highlands und in die äußersten südlichen Landkreise. Es ist ein ziemlich hübscher Baum, seine Blätter sind groß und glänzend, und seine Frucht schmeckt, wie den meisten von uns bewusst ist, in der Tat vorzüglich und kommt wie der Mispelbaum oft in Märchen vor. Gelegentlich trifft man verschiedene Arten der Magnolie an. Die kleine Sumpf-Magnolie bzw. der Duftlorbeer findet sich in sumpfigem Grund bis nach New York. Die Gurken-Magnolie wächst in dichten Wäldern im westlichen Teil unseres Staates. Es gibt eine in diesem Dorf, ein stattlicher Baum, vielleicht dreißig Fuß hoch, der hier sehr gut gedeiht. Dieser Baum erreicht an günstigen Stellen eine Höhe von neunzig Fuß. Die Schirm-Magnolie, ein kleiner Baum mit großen weißen Blüten, sieben oder acht Zoll breit, voll rosafarbenen Früchten, soll auch in unseren westlichen Landkreisen zu finden sein. Die Papau, die zu den tropischen Annonengewächsen gehört, wächst in fruchtbarem Boden an den Ufern der westlichen Gewässer von New York, ihrer äußersten nördlichen Grenze. Der Kentucky-Geweihbaum mit seinen besonders stumpfen Zweigen findet sich auch in üppigen Wäldern an den Ufern der Flüsse unserer westlichen Landkreise. Es ist ein rauer, grob aussehender Baum mit schroffer Rinde und gänzlich ohne das kleinere Geäst, den man gewöhnlich auf Bäumen antrifft. Wir haben einen im Dorf, der eine ordentliche Größe erreicht hat.

Montag, 5. Februar — Guter Tag. Wir sahen einen Specht im Dorf, einer der Schwarzrückenspechte, die hier den Winter verbringen. Sie sind in unserer Umgebung nicht weit verbreitet.

Dienstag, 6. Februar — Kaninchen wurden zum Verkauf ins Haus gebracht. Sie sind noch sehr zahlreich in unseren Hügeln, und obwohl es sich hauptsächlich um nachtaktive Tiere handelt, kreuzt doch zuweilen eins unseren Weg bei Tag in den Wäldern. Zu dieser Jahreszeit sind unsere Kaninchen grau, daher haben die Zoologen ihnen den Namen Amerikanisches Grau-Kaninchen gegeben. Doch im Sommer sind sie gelblich, mit Braun gemischt. Sie unterscheiden sich in ihren Gewohnheiten von denen Europas, sie wühlen niemals in der Erde, sodass ein Kaninchenbau hierzulande kaum existiert, zumindest bei den einheimischen Arten. Wie der Hase macht er eine *Sasse* für sein Nest, das heißt eine leichte Mulde in den Boden, unter einem Busch, einer Mauer oder einem Steinhaufen. Es kommt von New Hampshire bis Florida vor.

Der Schneeschuhhase, die Art, die hier vorkommt, ist viel größer als das Kaninchen. Es misst zwanzig bis fünfundzwanzig Zoll in der Länge; das graue Kaninchen misst nur fünfzehn oder achtzehn Zoll. Letzteres wiegt drei oder vier Pfund, Ersteres sechseinhalb Pfund. Im Winter ist unser Hase weiß, mit einer rehfarbenen Note, im Sommer rotbraun, aber sie unterscheiden sich so sehr in der Abstufung, dass sich zwei Individuen niemals genau gleichen. Der Hase lebt ausschließlich in hohen Kiefern- und Tannenwäldern, er ist hier weitverbreitet und soll sich von der Hudson's Bay bis nach Pennsylvania erstrecken.

Mittwoch, 7. Februar — Gab es je ein Gebiet, das geplagter von schlecht gewählten Namen war, als diese Vereinigten Staaten? Vom Namen des Kontinents bis ins kleinste Dorf hatten wir in dieser Hinsicht wenig Glück; die Fehler begannen mit Amerigo Vespucci und haben sich seitdem vermehrt. Die Republik selbst ist eine Große Namenlose; die Staaten, aus denen sie besteht, Landkreise, Städte, Viertel, Flüsse, Seen, Berge, sie alle sind mehr oder weniger Teil dieses neuen Übels. Der Durchreisende bestaunt eine hübsche Kleinstadt und fragt, wie er diesen netten Ort nennen soll;

der Einwohner sagt ihm mit einem Anflug von Kränkung, er nähere sich Nebukadnezarville oder Südwest-Cato oder Hottentopolis oder irgendeiner anderen absurd monströsen Kombination von Silben und Einfällen.

Natürlich verfügen wir auch über ein paar gute Namen; in den meisten Ländern jedoch hielte man ein Dutzend völlig lächerliche schon für zu viele, und leider gibt es bei uns Hunderte davon. Es ist ein Glücksfall, dass die zumeist Bundesstaaten gute Namen erhielten. Von den ursprünglichen dreizehn tragen nur zwei indianische Namen: Massachusetts und Connecticut. Sechs kommen von royalen Personen: *Virginia* von Königin Elizabeth, *Maryland* von Henrietta Maria, der französischen Gattin Charles I., *New York* nach dem Herzogtum James II., *Georgia* wurde von General Oglethorpe nach George II. benannt, und die beiden *Carolinas* erinnern kurioserweise, obwohl Zuflucht vieler Hugenottenfamilien, an den grausamen Charles IX. und an das frevlerische Morden in der Bartholomäusnacht. Von den verbleibenden drei sind zwei nach Privatpersonen benannt: *New Jersey* nach dem Geburtsort seines Eigentümers Sir George Carteret und *Pennsylvania* nach dem berühmten Quäker William Penn; *Maine,* den früheren Satellitenstaat von Massachusetts, benannten die französischen Siedler nach einer fruchtbaren Provinz an der Ufern der Loire; *Vermont,* das in ähnlicher Konstellation zu New York stand, erhielt seinen französischen Namen durch die Phantasie von Thomas Young, dem Autor von *The Conquest of Quebec,* zudem einer der Gründerväter dieses Staates. *Louisiana,* nach König Ludwig benannt, und *Florida,* spanischen Ursprungs, sind auf ihre Weise in Ordnung. Glücklicherweise gehen die übrigen Namen auf indianische Worte zurück, die sich wunderbar dafür eignen, denn was könnte besser klingen als Alabama, Iowa, Missouri, Kentucky, Tennessee?

Der heute bevölkerungsreichste Staat der Republik, New York, in ist dieser Hinsicht der leidgeprüfteste des Landes. Den Namen des Staates selbst verbindet man unseligerweise mit dem schwachen James, doch ein besonderer Fehlgriff scheint die Kombination des kurzen altangelsächsischen Wortes *York* mit dem Adjektiv *neu* zu sein. Um die Sache noch zu verschlimmern, wiederholt sich der Fehler bei der größten Stadt der Union – denn wenn Staat und Stadt denselben Namen tragen, sind die Leute beim Schreiben und Sprechen genötigt, genau zu unterscheiden, welches von beiden gerade gemeint ist. Das macht den Vorteil eines charakteristischen Namens halbwegs zunichte. Es sollte auch ein Verbrechen sein, das schon fast an Hochverrat grenzt, bewohnbare Orte mit einem hanebüchenen Wust an Worten zu benennen: Wir haben Ovids und Milos, Spartas und Hectors, die sich abwechseln mit Smithvilles und Stokesvilles, New Palmyras und New Herculaneums, Roms und Karthagos, und das alles dutzendweise. Man gibt sich nicht damit zufrieden, nur *einen* Ort mit einem absurden Namen zu belegen, man wiederholt ihn gewissenhaft zwanzig Mal – sämtliche Himmelsrichtungen als erschwerender Zusatz.

Wir brauchen uns nicht zu wundern, dass eine solche der alten Welt bereitwillig dargebotene Belustigung nicht verschwindet. Das Lachen ging früh auf unsere Kosten. Bereits 1825 erschienen ein paar heroische Verse in einem der englischen Magazine zur Nachahmung für unsere heimischen Dichter:

Ihr Ebenen, wo sanft der Großschlamm *fließt*
Und man ein Liedchen in den Teekessel *gießt,*
Wo die Schwäne auf Keks *und* Mühlstein *gleiten*
Und Gute Frauen *auf den Weiden reiten*!

Gesegnet ihr Barden, ihr richtet die verliebten Reime
An nette Kanonenkugeln, *murmelnde* Schweine,
Felssplitter *und* Stockruh *und* Zweitausendmeter,
Kalkweiß *und* Geschirrschrank *und* Insel-voll-Gezeter.

Isis *darf mit* Rum *und* Zwiebel *sich nicht messen,*
Nocke *ist bei* Blaseflug *schnell vergessen,*
Themse und Tejo weichen vor Groß-Breit-Klein-Essen!

Revanche ist nur eine mittelmäßige Verteidigung und selten nötig, außer bei üblen Anlässen. Wie dem auch sei, in einer amerikanischen Zeitschrift erschien eine sehr gute Entgegnung, und das ist amüsant, denn es zeigt, dass wir auf ganz redliche Weise zu unserer Lust an lächerlichen Namen gekommen sind, denn wir haben sie von John Bull höchstpersönlich geerbt. Im Folgenden einige Beispiele für Namen, die er seinen Entdeckungen hat zuteilwerden lassen:

Oh, könnt ich mir Walter Scotts Leier schnappen,
Ich sänge die Schrecken von Schwarzrappen,
Schwarzenbach, Schwarzschweifen,
Langeneese und Eingreifen,
Schwarzenwasser, Schwarzerfleck,
Schwarzebucht, Buntergeck,
Landzunge Grete und Kap Kater,
Doppelhäuptig und voll Krater,
Während Cooks Schaluppe fröhlich segelt vorbei
An Kidnapperbucht, Noahs Arche und Vogelei,
Sie umrundet Schweineinsel, Schweinskopf, Schweinestall,
Schweinebucht, Schweineschwanz und Schweineball.

Vielleicht ist solcher Geschmack den Angelsachsen eigen, über die man derzeit so viel spricht. Die Entdecker aus anderen Nationen scheinen sich ähnlichen Vorwürfen nicht ausgesetzt zu haben. Die Franzosen haben im Allgemeinen respektable Namen verliehen, die persönliche Titel, Ortsnamen oder Beschreibungen wiederholen: la Louisiane, les Carolines, le Maine, Montreal, Quebec, Canada. Denn wie bereits gesagt, passende indianische Namen zu belassen ist genauso gut wie die Benennung mit den unseren. Man darf bezweifeln, dass die Franzosen ein wirklich lächerliches Wort auf die Landkarte gesetzt haben. Die Niederländer sind nie schwülstig oder heuchlerisch, sondern stets direkt, schlicht und ehrlich, zum Beispiel: Schuylkill oder Versteckter Fluss, Schilfinsel, Boompties-Hoeck, Baumkap, Barnegat oder Brecherbucht, Groß-und-klein-Eier-Hafen, Totwasser, Midwout oder Mittenwald, Flachtebos oder Flachbusch, Greenebos oder Grünbusch, Höllenbucht, Verdrietige Hoeck oder Verdrießliches Eck, Ödkap, Havestroo oder Haferstroh, Yonker's Kill oder Junkerbach, Bloemen'd Dal, Bloomingdale oder Blumental. Zu den besonders eigentümlichen Namen gehören Spyt-den-duyvel Kill, Trotz-des-Teufels-Bach,* ein Flüsschen, das alle kennen, die auf der Insel Manhattan leben (dort befand sich früher eine Furt, man nannte diese Stelle Fonteyn, Quelle), und Pollepel Island, allen vertraut, die den Hudson hinauf und hinab fahren. Nach Judge Ben-

* Die korrekte Etymologie würde sich von »Spuyten Duyvil« ableiten, spritzender Teufel. (Anm. d. Übers.)

son meint Pollepel eine Schöpfkelle, insbesondere eine Schöpfkelle beim Waffelbacken.

Zu unserem Glück erfassen indianische Worte, in denen Klang und Bedeutung miteinander verbunden sind, die wichtigen Naturmerkmale des Landes. Da unsere größten Flüsse zu den schönsten Gewässern der Erde zählen, ist es tatsächlich ein glücklicher Umstand, dass sie angemessene Namen erhielten; keine anderen Worte eignen sich besser als Mississippi, Missouri, Ohio, Alabama, Altamaha, Monongahela, Susquehannah, Potomac. Auch die Seen tragen fast ausnahmslos gute Namen, von den großen Binnenseen wie Huron, Michigan, Erie, Ontario bis zu den kleineren Gewässern, die in den nördlichen Breitengraden der Union reichlich vorhanden sind. Nur wenn sie bloß zu einem Teich in der Umgebung schrumpfen und man das indianische Wort vergessen hat, sind sie der liebevollen Gnade der Yankee-Namensgebung ausgeliefert, was uns zeigt, wie glücklich wir uns schätzen dürfen, dass wir der Ehre entkommen sind, Niagara und Ontario benennen zu müssen.

Es gibt viele Gründe, jeden indianischen Namen zu bewahren, der sich korrekt anwenden lässt. Insgesamt empfehlen sie sich durch ihre Schönheit, doch selbst wenn sie harsch klingen, haben sie einen Anspruch darauf, dass man sie wegen ihres historischen Interesses und ihrer Verbindung zu den Dialekten der verschiedenen Stämme behält. Ein Name ist alles, was wir ihnen ließen, deshalb sollten wir zumindest diese Stelen zu ihrem Gedächtnis bewahren. Wenn wir durch das Land fahren, vorbei an Fluss nach Fluss und See nach See, erfahren wir auf diese Weise, wie viele Indianerstämme es gegeben hat, die vor uns dahingewichen sind und deren Existenz vollkommen in Vergessenheit geriete, erinnerte daran nicht ein Wort, das sie einst geprägt haben. Wenn wir erkennen, wie viele vom Angesicht der Erde hinweggefegt wurden durch die vom zivilisierten Mann übernommenen Laster, dann bemühen wir uns vielleicht ernsthafter und eifriger jenen, welche noch unter uns weilen, zu helfen, die besseren Früchte der christlichen Kultur zu ernten.

Vor allem Gewässer bewahren die Erinnerung an den roten Mann. Die jeweils größten Seen und der wichtigste Fluss des einst von ihnen bewohnten Landes gedenken der Fünf Nationen. Die Seen Cayuga, Oneida, Onondaga und Seneca erinnern an einen Stamm, nicht anders der Fluss Mohawk weiter im Osten. Die Irokesen haben einen Klang in vielen Kombinationen anscheinend sehr oft wiederholt: die Silbe *Ca*. Man findet sie im Namen Canada; bei den Nebenarmen des Mohawk, dem Ost- und dem Westcanada, und im Lake Canaderagua, südlich ebenjenes Flusses. Namen indianischer Städte sind Canandaigua, Canadaseago und Canajoharie; weitere Namen, die man noch immer im Land der Irokesen findet oder die früher dort existierten, lauten Cayuga, Candaia, Cayuta, Cayudutta, Canadawa, Cassadaga, Cassasseny, Cashaguash, Canasawacta, Cashong, Cattotong, Cattaraugus, Cashagua, Caughnawaga und Canariaugo. Die Silben *Ca*, *Ot* und *Os* waren am Beginn eines Namens ebenso häufig wie *agua*, *aga*, *ogua* am Ende.

Die indianischen Namen der Berge haben uns nur in allgemeinerer Form erreicht, etwa Alleghany oder Endloskette, Kittatinny usw. Mäßig erfolgreich war dagegen unsere eigene Benennung der Hügel. Bei den großen Bergketten, den Blue, Green und White Mountains, den Catsbergs, den Highlands, funktioniert das in der Masse, jedoch im Hinblick auf individuelle Hügel versagen wir kläglich. Viele tragen das Patronym von berühmten Politikern, Präsidenten, Gouverneuren usw. Dass man den Städten oder Bezirken oder einer Landmarke, welche die Hand der Gesellschaft aufs Angesicht der Nation zeichnet, öfters den Namen eines herausragenden Menschen verleiht, scheint nur richtig und angemessen zu sein, jedoch von besonderen Fällen abgesehen, die einer bestimmten Verbindung entspringen, bietet sich eine andere Kategorie von Wörtern an, die viel besser zum natürlichen Charakter eines Landes passt, zu seinen Flüssen, Seen und Hügeln. Insbesondere bei Bergen existiert eine Größe, eine Erhabenheit, die ihnen, falls möglich, einen poetischen oder wenigstens phantasievollen Namen gewähren sollte. Man stelle sich einen Gipfel vor, streng und brutal, mit Nebel und Wolken verschleiert, von Sturm und Lawinen durchtost, halb bedeckt mit der wilden Vegetation des immergrünen Waldes – wäre es da nicht ein elender Mangel an Wörtern und Ideen, diese gewaltige Auftürmung nach einem ehrenwerten Gentleman zu benennen, der »in rechtschaffenem Tuch, zugeknöpft bis zum Kinn«,* soeben um die Ecke kommt? Zugegeben, die Beziehung zwischen einem Berg und einem Menschen erinnert recht unerfreulich an die zwischen einem Berg und einer Maus.

* William Cowper, »Epistle to Joseph Hill«, Zeile 62 (1785). (Anm. d. Übers.)

Nach dem Unabhängigkeitskrieg trieben die Yankee-Lehrer mit einer *Kurzen Geschichte des Altertums* in der Jackentasche die grässliche Invasion der Geister der alten Griechen und Römer voran. Damals schossen die Trojas und Uticas, Tullies und Scipios, Roms und Palmyras, Homers und Vergils dutzendfach aus dem Boden. Zum Beweis, dass frühere Namen viel besser waren als die meisten heutigen, fügen wir ihnen einige aus den älteren Bezirken des Staats hinzu: Kühlborn, Trittstein, Weißstein, Quellfluss, Westfarm, Graszunge, Weiße Ebene, Kanuplatz, Eichenhügel, Stelzbach, Alter Mann, Feuerstelle, Kieselbach, Fondas Busch.

Long Island weist ein kurioses Namensgemisch auf; es ist ein historischer Abriss unserer Entwicklung: einige niederländische, einige indianische, ein paar englische und ein paar Yankee-Namen, mit hebräischen und assyrischen Einsprengseln. Long Island war der übliche holländische Name, die Bezirke Kings, Queen und Suffolk stammten natürlich aus England, nachdem unter Charles II. die Kolonie erobert wurde. Die Namen Setauket, Patchogue, Peconic, Montauk und Ronkonkoma sind wie so viele andere indianischen Ursprungs. Flushing, Flatbush, Gowanus, Breuckelen bzw. Brooklyn und Wallabout sind niederländisch; Hempstead, Oyster Bay, Near Rockaway, Shelter Island, Far Rockaway, Gravesend, Bay Side, Middle Village und Mount Misery gehen auf die Kolonialzeit zurück; Centreville, East New York, Mechanicsville, Hicksville und ähnliche andere sind eindeutige Yankee-Namen; Jerusalem ist jüdisch, Jericho kanaanitisch und Babylon assyrisch.

Es gibt kaum eine Entschuldigung für die aufgeblasene Torheit bei der Vergabe von derlei absurden Namen, wenn wir uns daran erinnern, dass es uns an guten Ideen für solche Zwecke tatsächlich nicht mehr mangelt als anderen Leuten. Nach der obersten Pflicht, so viele indianische Worte wie irgend möglich zu bewahren, und nach Abzug eines Teils der Bezirke und Städte zur Erinnerung an Berühmtheiten, seien es örtliche Wohltäter oder solche, die sich allgemeine Verdienste um das Land erworben haben, bleibt ohne jeden Zweifel noch immer eine Vielzahl an Orten, die benannt werden müssen.

Freitag, 9. Februar — Die Zeitungen von heute Abend berichten von einem Mann, der kürzlich von zwei Pumas in der Nähe des Umbagog Lake getötet wurde, einer großen Wasserfläche an der Grenze zu New Hampshire. Der Jäger verließ eines Morgens das Haus, um sich wie gewöhnlich um seine

Fallen zu kümmern, nachts kehrte er nicht zurück, und am nächsten Tag gingen seine Freunde hinaus, um nach ihm zu sehen, als sie seinen Körper im Wald fanden, verstümmelt und zerrissen, mit den Spuren von zwei Pumas an der Stelle. Soweit die Spuren im Schnee die traurige Geschichte erzählen konnten, glaubte man, dass der Jäger plötzlich auf diese wilden Kreaturen gestoßen sei. Dass er Angst gehabt habe, zu schießen, weil er ein Tier nicht verärgern wollte, indem er das andere tötete, und gedacht habe, es sei klüger, in seinen Schritten rückwärts zu gehen, wie seine Fußabdrücke zeigten. Die Pumas waren ihm gefolgt, als er sich mit ihnen zugewandtem Gesicht zurückzog, es gab jedoch auf weiter Strecke keine Anzeichen für einen Kampf. Er war tatsächlich eine halbe Meile zurückgelaufen von der Stelle, wo er auf die Tiere gestoßen war, als er allem Anschein nach einen Fehltritt machte und rückwärts über einen toten Baum fiel. In diesem Moment schienen die wilden Biester über ihn hergefallen zu sein. Und was für einen furchtbaren Tod muss der arme Jäger gestorben sein!

Samstag, 10. Februar — Angenehmer Tag, obwohl es kalt ist. Wir hatten keine sehr kalten Tage und keinen tiefen Schnee mehr seit der ersten Januarwoche. Dieser Winter wird als ausgesprochen kalt angesehen, aber es war in anderen Teilen des Lands vergleichsweise viel kälter als in unserer eigenen Umgebung. Unser tiefster Schnee war achtzehn Zoll tief.

Montag, 12. Februar — Heute morgen schneit es. Bachsaibling wurde ins Haus gebracht. Er ist in vielen unserer kleineren Bäche zu finden. Wir hatten vor nicht langer Zeit eine sehr schöne Speise, die beiden größten wogen beinahe ein Pfund – es gibt nur noch wenige dieser Größe in unseren Gewässern. In unseren nördlichen Gebirgsbächen ist eine andere Art, die Rotbauchforelle, zu finden, ein großer und schöner Fisch von dunklem Olivgrün, lachsfarben und purpurrot gesprenkelt. Auch das Fleisch ist nach dem Kochen leuchtend rot, nähert sich dem Karminrot.

Dienstag, 13. Februar — Schöner Tag. Die lieben Leute fangen an, den See fürs Schlittenfahren zu nutzen: Er wird jetzt von etlichen Bahnen durchkreuzt, die in verschiedene Richtungen verlaufen. Als wir heute Nachmittag vorbeigingen und die Fußspuren von Pferden, Ochsen und Hunden auf dem schneebedeckten Eis betrachteten, wurde wir daran erinnert, welche verschiedene Spuren wir hier erst seit siebzig Jahren sehen. Elche, Wapitis, Hirsche und Wölfe mussten jeden Winter den See überqueren. Bis zum heutigen Tag soll das Eis auf den nördlichen Gewässern unseres Staates mit Kadavern von Hirschen übersät sein, die von den Wölfen getötet wurden. Früher, als der Schnee auf den Hügeln lag, die wir heute unser Eigen nennen, muss der Indianer am Seeufer oft die wilden Kreaturen beobachtet haben, die sich nicht nur über das Eis, sondern auch an den Hängen entlang bewegt haben. Denn um diese Jahreszeit kann man weit in die fernen, hängenden Wälder hineinsehen und deutlich ein lebendes Tier jeglicher Größe, das sich über den weißen Boden bewegt, beobachten. Heute sind die Wälder im Winter gänzlich verlassen, außer dort, wo die Holzfäller arbeiten oder ein paar Hasen und Eichhörnchen über den Schnee gleiten. Obwohl die wilden Tiere, die von den Holländern in diesen Regionen gefunden und bei deren Ankunft weitestgehend aus den südlichen und östlichen Gebieten vertrieben wurden, scheint man all die verschiedenen Arten noch in den Grenzen des gegenwärtigen Staates finden zu können. Ihre Anzahl ist stark zurückgegangen, aber sie sind noch nicht gänzlich ausgerottet. Die einzigen Ausnahmen sind der Bison, von dem man glaubhaft annimmt, dass er hier seit mehreren Jahrhunderten existiert haben soll, und vielleicht das Rentier.

Bären waren einst sehr zahlreich in diesem Teil des Landes, aber jetzt sind sie auf die wilderen Gegenden begrenzt. Gelegentlich wandert einer in die kultivierten Umgebungen. Der amerikanische Wolf misst vier oder fünf Fuß in der Länge und ist etwas kräftiger als der europäische. Wir haben zwei Arten in New York, den schwarzen und den grauen, der Erste ist der Seltenste. Es ist jetzt viele Jahre her, seit man in dieser Gegend von einem gehört hat. Füchse sind jedoch immer noch im Landkreis zu finden. Zwei Arten gehören zu unseren Vierbeinern: der Rote und der Graue. Der Rote ist der Größere, ungefähr drei oder vier Fuß lang – es gibt zwei Arten dieses Fuchses, die weniger verbreitet sind und wegen ihres Pelzes hochgeschätzt werden. Einer ist der Kreuzfuchs, der auf seinem Rücken das Zeichen eines dunklen Kreuzes trägt, dieser wird für zwölf Dollar verkauft, während der weitverbreitete Fuchs für zwei Dollar verkauft wird; man findet ihn im gesamten Staat. Der Schwarzsilberfuchs wiederum ist äußerst selten, er ist fast vollständig schwarz und nur in nördlichen Gebieten anzutreffen. Das Fell wird als sechsmal wertvoller erachtet als das jedes anderen Tieres in Amerika.

Biber sind in New York überaus selten geworden. Sie bauen keine Dämme mehr, sondern sind nur noch in Familien in den nördlichen Gebieten zu finden. Dreihundert Biberfelle wurden 1815 von den St. Regis-Indianern im St. Lawrence-Bezirk erbeutet, seitdem sind die Tiere selten geworden. Einst waren sie hier, wie in den meisten Teilen des Staates, weitverbreitet; es gab einen Damm am Abfluss unseres Sees und einen weiteren an einem kleinen Bach, etwa anderthalb Meilen vom Dorf entfernt, an einer Stelle, die noch immer den Namen *Beaver Meadows* trägt. Diese Tiere sind zwei bis drei Fuß lang, von rotbrauner oder brauner Farbe. Sie sind nachtaktiv in ihren Gewohnheiten und bewegen sich an Land in fortlaufenden Sprüngen von zehn oder zwölf Fuß. Sie sollen neben Fisch auch Wasserpflanzen und Baumrinde fressen. Ihr Fleisch galt bei den Indianern als die größte Leckerei, insbesondere der Schwanz, und darin stimmten andere mit ihnen überein, denn es heißt, wann immer ein Biber durch seltenes Glück in Deutschland gefangen wurde, war der Schwanz stets für die Tafel des Kaisers bestimmt.

Mittwoch, 14. Februar — Es ist Valentinstag, und Valentinsgrüße gehen zu Tausenden durch die Postämter im ganzen Land. In den letzten Jahren soll die Zahl dieser Briefe wirklich erstaunlich geworden sein. Wir haben gehört, dass 20 000 Briefe das New Yorker Postamt im letzten Jahr passierten, aber man kann sich nicht für die exakte Anzahl verbürgen. Jetzt sind die Briefe jedoch in Ungnade gefallen, da sie in den letzten Jahren oft missbräuchlich verwendet wurden.

Die alten holländischen Kolonisten haben diesen Feiertag auf einzigartige Weise gehalten; Richter Benson gibt einen Bericht darüber. Er wurde *Vrouwen-Dagh* oder Frauentag genannt. »Jede Frau«, sagt der Richter, »war mit einem Stück Schnur ausgestattet, das Ausmaß weder zu groß noch zu klein, die Drehung weder zu hart noch zu locker, eine Drehung um die Hand, dann eine bleibt eine gebührende Länge übrig, um als Peitsche zu dienen.« Am Morgen dieses *Vrouwen-Dagh* brachen die kleinen Mädchen – und ebenfalls einige große, wohl aus Spaß an der Sache – auf, bewaffnet mit einer solchen Schnur, und jeder glücklose Wicht von einem Jungen, der angetroffen wurde, erhielt drei oder vier Hiebe von dieser weiblichen Peitsche. Es wurde nicht »als fair angesehen, einen Knoten zu haben, aber es war fair, ein paar Tage zu üben, um den *Trick* zu erlernen«.

Die Jungen verbrachten den Tag freilich in einem Zustand größerer Angst, als sie es jetzt unter der Schutzherrschaft des heiligen Valentin tun: »Niemals wagen, um eine Ecke zu biegen, ohne vorher zu hören, ob nicht ein trällerndes Mädchen dahinter ist.« Man kann sich vorstellen, dass dieses Ereignis Spaß gemacht haben muss, besonders für die Zuschauer; ein seltsamer Brauch war es dennoch. Wir haben noch nie etwas Derartiges anderswo gehört. Die Jungen bestanden darauf, dass der nächste Tag ihnen gehörte und *Mannen-Dagh*, Männertag, genannt werden sollte: »Aber meinen jungen Herren wurde gesagt, das Gesetz würde damit seinen eigentlichen Zweck zunichtemachen, der darin besteht, dass sie in einem Alter und auf eine Weise, die sie aller Voraussicht nach nie vergessen würden, die Lektion der *Männlichkeit* erhalten sollten, *niemals zu schlagen.*« Da diese Lektion vom stärkeren Geschlecht in diesem Teil der Welt bestens erlernt wurde, ist es vielleicht gut, dass man den Brauch aufgibt und den *Vrouwen-Dagh* vergisst. Aber wer wird hiernach sagen, dass unsere holländischen Vorfahren kein ritterliches Geschlecht waren?

Donnerstag, 22. Februar — Wieder ganz mild und wolkig. Weicher, bläulicher Dunst über den Hügeln. Wir sind heute Nachmittag durchs Dorf gelaufen und haben nach Vogelnestern vom letzten Sommer geschaut. Zahlreiche sind noch immer in den Bäumen übrig geblieben und jetzt gerade mit Schnee bedeckt. Einige Vögel sind sorgfältigere Architekten als andere. Die Wanderdrosseln bauen gewöhnlich stabil, ihre Nester bleiben oft den Winter über bestehen. Der Rotaugenvireo ist einer unserer geschicktesten Baumeister: Sein Nest hängt und ist für gewöhnlich in einem kleinen Baum platziert – in einem Hartriegel, falls er einen findet. Er verwendet einige seltsame Materialien: verwelkte Blätter, Teile von Hornissennestern, Gemeinen Lein, Papierfetzen und Fasern von Weinrebenrinde. Er umsäumt dies mit Raupenweben, Haaren, feinen Gräsern und Fasern von Rinde. Diese Nester sind so beständig, dass der Goldwaldsänger bekanntlich sein eigenes über ein altes aus dem Vorjahr setzt, dass von jenem Vogel gebaut wurde. Und Feldmäuse, wahrscheinlich Springmäuse, sollen sie häufig in Besitz nehmen, sobald der Vireo und sein Nachwuchs fort sind.

Die Nester rund um unsere Vorgärten und Straßen im Dorf sind größtenteils die von Wanderdrossel, Goldzeisig, Goldwaldsänger, Singammer,

Schwirrammer, Trupial, Hüttensänger, Zaunkönig, Phoebetyrann, Katzenspottdrossel und gelegentlich die von einigen Rotaugenvireos – und wahrscheinlich auch einigen Schneeammern an den Gartenhecken oder Zäunen. Im letzten Sommer sah es ganz danach aus, als hätten wir einen Purpurgimpel im Dorf, es wurde kein Nest gefunden, aber man sah die Vögel wiederholt an den Gartenzäunen in der Nähe derselben Stelle, zu einer Zeit, als sie Junge gehabt haben müssen. Kolibris bauen zweifelslos im Dorf, aber ihre Nester werden selten entdeckt, weil sie immer so klein sind und so clever Flechten- und Moosbüschel nachahmen, dass sie unbemerkt bleiben. Die Nester der zahlreichen Schwalbenfamilien findet man heutzutage nicht mehr in den Bäumen.

Von all diesen regelmäßigen Sommergästen baut die Wanderdrossel das größte und auffälligste Nest: Sie sammelt oft lange Schnüre und Stoff- oder Papierstreifen auf, die mit Zweigen und Gras verwebt werden und deren Enden achtlos heraushängen. Das hängende Nest der Trupiale ist verblüffend und sonderbar und auch viel gepflegter als jedes andere. Exemplare aller verschiedenen Arten, die in Bäumen gebaut wurden, sind jetzt deutlich in den Zweigen zu erkennen. Wir vergnügten uns heute Nachmittag damit, nach diesen Nestern in den Bäumen zu sehen, während wir durch die verschiedenen Straßen des Dorfes gingen.

All diese Dorfbesucher scheinen sehr gesellige Spezies zu sein. Es ist angenehm, dass sie ihre Nester oft in der Nähe von Häusern bauen, bei den Türen und Fenster, als ob sie den Menschen wohlwollend wären – während andere Bäume, die ebenso gut aussehen wie die erwählten, etwas weiter entfernt leer stehen. Die Vögel scheinen gerne zu denselben Bäumen zurückzukehren, einige der älteren Ulmen und Ahornbäume sind ganz selbstverständlich regelmäßig jeden Sommer bewohnt. Es gibt noch eine weitere Tatsache, die einem auffällt, wenn man sich diese Nester im Dorf anschaut: Vögel von unterschiedlichem Gefieder zeigen eine sehr deutliche Vorliebe für den Bau in Ahornbäumen. Es ist wahr, dass diese Bäume zahlreicher in unseren Straßen sind als andere, aber es gibt auch Ulmen, Robinien und den Duftenden Sumach, die sich unter sie mischen, jedenfalls genug, um die Angelegenheit eindeutig zu klären. Heute Nachmittag zählten wir im Hinblick darauf die Nester in den verschiedenen Bäumen, als wir an ihnen vorbeigingen, mit diesem Ergebnis: Wir folgten der Straße mit unregelmäßig gepflanzten Bäumen auf beiden Seiten, ein paar hier, ein paar da; wir zählten neunundvierzig Nester, die sich alle in Ahornbäumen befanden, obwohl mehrere Ulmen und Robinien mit diesen vermischt waren; oft befanden sich mehrere Nester im selben Ahornbaum. So war der Stand der Dinge in den Hauptstraßen, durch die wir liefen, insgesamt waren es einhundertsiebenundzwanzig Nester; von diesen befanden sich achtzehn in verschiedenen Baumarten, die restlichen einhundertneun im Ahorn.

Man kann leicht einsehen, wieso Trupiale die hängenden Zweige der Ulme oft für ihre hängenden Nester wählen – obwohl sie diese auch in Ahorn und Robinien bauen –, nicht leicht ist es aber einzusehen, warum so viele verschiedene Arten eine dermaßen entschiedene Vorliebe für den Ahorn zeigen. Sie kann nicht von diesen Bäumen kommen, die sich früher als andere belauben, da die Weiden, Pappeln und Flieder vor ihnen beschattet sind. Vielleicht ist es das üppige Blattwerk des Ahorns, das ein dichtes Blätterdach über seine Äste wirft. Oder es mag an der Aufwärtsneigung der Zweige und den zahlreichen Gabeln in den jungen Zweigen liegen.

Samstag, 24. Februar — Sehr mild und angenehm. Die Meisen hüpfen zwischen den Ästen herum; schöne, fröhliche, furchtlose kleine Geschöpfe. Sie sind regelrechte Baumvögel, man sieht sie selten auf dem Boden. Die Schneeammern dagegen laufen die Hälfte der Zeit auf der Erde herum. Die arktische oder lappländische Schneeammer kommt in diesem Staat nicht selten als Wintergast vor. Die weiße Schneeammer ist ein hübsches kleines Geschöpf mit viel Weiß im Gefieder. Sie ist im Winter in Teilen dieses Staates nicht selten. Diese Vögel leben viel auf dem Boden und bauen dort ihre Nester – und das aus einem guten Grund, da in ihrem eigentlichen Heimatland, in den arktischen Regionen, Bäume weder sonderlich verbreitet noch hoch sind. Einer der nordwestlichen Reisenden, Kapitän Lyon, fand einst ein Nest dieses Vogels an einer ungewöhnlichen Stelle – seine Gruppe stieß zufällig auf mehrere Indianergräber: »Unweit des großen Grabes war ein dritter Steinhaufen, der den Körper eines Kindes bedeckte, der auf die gleiche Weise gewickelt war. Eine Schneeammer hatte ihren Weg durch die losen Steine gefunden, aus denen dieses kleine Grab bestand, und wir entdeckten ihr jetzt verlassenes, ordentlich gebautes Nest auf dem Hals des Kindes.«

Montag, 26. Februar — Angenehmer Tag. Lange Fahrt von sechs Meilen auf dem See. Der Schnee ist an der Küste so gut wie fort, obwohl er immer noch bis zu einer Tiefe von mehreren Zoll auf dem Eis liegt – es sammelt sich dort mehr als auf dem Land und taut selten stärker auf, außer bei regnerischem Wetter. Zwei sehr große Risse überqueren jetzt den See, etwa fünf Meilen vom Dorf entfernt. Das Eis wird an diesen Stellen emporgehoben und bildet eine deutliche Erhöhung von vielleicht zwei Fuß – es wird gewiss zuerst in dieser Richtung zusammenbrechen. Das weite, ebene Feld von Weiß sieht gerade jetzt, da das Land ringsherum matt und getrübt und nur teilweise bedeckt ist mit dem Bodensatz des Winterschnees, wunderbar aus. Wir trafen mehrere Schlitten, denn die Straßen sind wegen des Tauwetters in schlechtem Zustand, allerdings ist im Dorf dennoch Fuhrwerk unterwegs. Während der letzten Februarwoche und im März wird der See in der Regel öfter zum Schlittenfahren genutzt als zu jeder anderen Zeit. Wir haben zu solchen Zeiten gesehen, wie schwer mit Steinen und Eisen beladene Schlitten darübergefahren sind. Die Postkutschen mit vier Pferden und acht bis zehn Passagieren fahren zu dieser Jahreszeit mitunter über das Eis.

Dienstag, 27. Februar — Schöner Tag. Wieder draußen auf dem Eis. Wir fuhren unten am Darkwood Hill, die immergrünen Bäume sahen allerdings düster aus, fast schwarz. Auf den meisten anderen Hügeln konnte man deutlich den Boden sehen, mit heruntergefallenem Holz, das wie riesige Strohhalme verstreut herumliegt. Aber der Bewuchs der immergrünen Bäume am Darkwood Hill ist so dicht, dass sie die Erde komplett abschirmen. Wir gingen für eine kurze Strecke in der Nähe der Klippen an Land. Es ist wohltuend, auch im Winter durch den Wald zu fahren; einmal innerhalb seiner Grenzen, spüren wir wieder den Charme des Waldes. Obwohl dunkel und düster im Hintergrund, sind die alten Kiefern und Hemlocktannen ganz in der Nähe jedoch grün wie immer, umspielt von Licht und Schatten, die in der Ferne kaum zu erkennen sind. Die Stämme und Äste der blattlosen Bäume sind auch immer wieder ein Quell von großem Interesse. Die reine Winterluft ist nach wie vor durchhaucht vom Duft der Baumrinden und immergrünen Pflanzen, und die Wälder haben ein eigenes Winterlicht, angereichert mit blassgrauen Schatten, die auf den Schnee fallen. Die Stille des Waldes ist zu dieser Jahreszeit auffälliger und beeindruckender als zu jeder anderen. Man kann meilenweit über einen stillen Waldweg dahingleiten, ohne ein Lebewesen zu sehen oder zu hören, nicht einmal einen Vogel oder ein Streifenhörnchen. Das Vorbeifahren des Schlittens scheint geradezu ein Eingriff in den Ort der Stille sein.

Mittwoch, 28. Februar — Unsere Winter sind zweifelsohne ziemlich kalt, aber das Wetter ist bei weitem nicht immer streng. Es ist wahr, dass es im Mai, manchmal im Juni, frostige Nächte gibt, die für die Ernten und Gärten schädlich sind. Aber dann geschieht es auch oft, dass wir schöne Tage bekommen, obwohl wir kein Recht haben, sie zu erwarten: herrliche Novembertage, milde laue Wochen im Dezember, angenehme Pausen im Januar und Februar, mit frühen Frühlingen, in denen die Arbeit des Landwirts viel eher als üblich beginnt. Wir haben gesehen, wie die Felder in diesem Tal im Februar gepflügt wurden und wie das Vieh bis Ende Dezember graste. Jedes Jahr haben wir einige dieser angenehmen Momente, in der einen Saison mehr, in der anderen weniger, aber wir vergessen sie gleich. Der Frost und die kühlen Tage bleiben viel länger in Erinnerung, was nicht ganz richtig scheint.

Ein weiterer Zauber dieser klaren, lauen Wintertage ist, dass sie oft sehr schöne Sonnenuntergänge bescheren. Einer der schönsten Sonnenuntergänge, die ich je gesehen habe, fand vor einigen Jahren gegen Ende Februar statt. Zu solchen Zeiten zieht eine wärmere Sonne als üblich aus dem nachgebenden Schnee einen milden Nebel, der die dunklen Hügel erweicht, zum Himmel aufsteigt und dort in langen, hellen, wolkigen Falten liegt. Die allerfeinsten Farbtöne des Himmels werden in solchen Momenten ersichtlich, zarte Schattierungen von Rosa, Lila und warmem Gold, die sich öffnen, um jenseits einen Himmel zu zeigen, der gefüllt ist mit zartem grünem Licht.

Diese ruhigen Sonnenuntergänge sind viel weniger flüchtig als andere. Von dem Moment an, wenn die Wolken beim Näherrücken der Sonne in Farben erglühen, kann man sie vielleicht mehr als eine Stunde lang beobachten, wie sie zunehmend heller und wärmer werden, während die Sonne langsam ihren Weg durch ihre Mitte nimmt; wie sie noch immer schwanken in ständig wechselnder Schönheit, obgleich die Sonne langsam zur Ruhe sinkt; und wie sich schließlich, lange nachdem sie hinter die weit entfernten Hügel gesunken ist, sanft und unmerklich verblassend, die Schatten der Nacht auf dem Schnee sammeln.

SUSAN FENIMORE COOPER,
die Pionierin des amerikanischen Nature Writings

> »Diese ruhigen Sonnenuntergänge sind viel weniger flüchtig als andere. Von dem Moment an, wenn die Wolken beim Näherrücken der Sonne in Farben erglühen, kann man sie vielleicht mehr als eine Stunde lang beobachten, wie sie zunehmend heller und wärmer werden, während die Sonne langsam ihren Weg durch ihre Mitte nimmt; wie sie noch immer schwanken in ständig wechselnder Schönheit, obgleich die Sonne langsam zur Ruhe sinkt; und wie sich schließlich, lange nachdem sie hinter die weit entfernten Hügel gesunken ist, sanft und unmerklich verblassend, die Schatten der Nacht auf dem Schnee sammeln.«

Mit diesem lyrischen Gemälde eines Sonnenuntergangs enden Susan Fenimore Coopers Aufzeichnungen *Rural Hours*, die als eines der ersten amerikanischen Zeugnisse für die Aneignung von Landschaft als eigenständige Gattung angesehen werden können. Den Grundstein hierfür hatte Ralph Waldo Emerson einige Jahre zuvor mit seinem bahnbrechenden Essay *Nature* (1836) gelegt. Bis dato hatten zwar detaillierte Reiseberichte existiert, die sich der Landschaft mit ihrer Flora und Fauna zuwandten, so etwa jene von John Bartram, Naturbeschreibungen größeren Umfangs und literarischen Anspruchs blieben dennoch weiterhin die Ausnahme. Auch Henry David Thoreau verfasste sein berühmtes *Walden* erst vier Jahre nach den *Rural Hours*, und es ist belegt, dass er Susan Coopers Buch vorher, in heute nicht mehr eindeutig zu bestimmender Intensität, zur Kenntnis genommen hatte. Wer also war diese bemerkenswerte Autorin, die eine Pionierstellung im Genre des Nature Writings vertrat, das zu ihrer Zeit noch nicht einmal richtig in seine Kinderschuhe geschlüpft war?

Susan Fenimore Cooper wurde 1813 in Mamaroneck im Westchester County des Bundesstaats New York geboren. Ihre Eltern waren James Cooper, der erst 1826 den Beinamen ›Fenimore‹ annahm, und Susan Augusta De Lancey. Deren Familien gehörten der amerikanischen Oberschicht an und zählten zu den einflussreichsten, wohlhabendsten in der Umgebung New Yorks. James Cooper beendete allerdings, auf den ausdrücklichen Wunsch seiner Ehefrau hin, eine erfolgreiche nautische Laufbahn und verfolgte stattdessen ab 1820 eine Karriere als Romanschriftsteller. Nebenher versuchte er sich zeitweise auch als ›*gentleman farmer*‹ – und übertrug dabei die eigene Liebe zur Natur auf seine Tochter, deren Ausbildung ihm besonders am Herzen lag.

Nach finanziellen Streitigkeiten verließ die Familie im Juni 1826 Amerika und lebte in den folgenden sieben Jahren in Europa, die meiste Zeit in Frankreich, aber auch in Italien und der Schweiz, mit Besuchen in Deutschland und England. James Cooper schrieb in Europa nicht nur mehrere seiner berühmtesten Romane und schloss die Bekanntschaft einflussreicher Persönlichkeiten, er kümmerte sich zudem weiterhin engagiert um die sorgfältige Erziehung seiner Tochter. Diese erwarb profunde Kenntnisse der französischen, spanischen, italienischen und deutschen Sprache, beherrschte das Klavierspielen, entwickelte ein großes Talent im Zeichnen und wurde natürlich in allen damals üblichen Fächern, von Geographie und Geschichte bis zu Musik und Tanz, unterrichtet.

Wer also besaß in den Augen James Coopers eine bessere Eignung zu einer vertrauenswerten und zuverlässigen Sekretärin als die eigene hochgebildete, loyale Tochter. Susan übernahm diese Stellung mit Anfang zwanzig und behielt sie bis zum Tod ihres Vaters im Jahr 1851. Danach fungierte sie als Herausgeberin von James Coopers Werken und steuerte die Einleitungen zu rund fünfundzwanzig seiner Romane bei. Der Preis für diesen Dienst war ihre lebenslange Ehelosigkeit. Denn bereits in Europa und erneut später in Amerika hielt der Maler und Erfinder Samuel Morse um ihre Hand an, wurde jedoch von James Cooper mehrmals – so zumindest die offizielle Version – wegen seines deutlich höheren Alters abgewiesen. Man darf wohl mutmaßen, dass die väterliche Entscheidung nicht ganz uneigennützig erfolgte, da der vielbeschäftigte Autor befürchten musste, durch die Heirat eine unentbehrliche Mitarbeiterin zu verlieren.

Ende September 1833 segelte die Familie wieder nach Amerika, der Empfang in New York war indes nicht der wärmste: James Coopers Verwicklungen in französische Staatsangelegenheiten hatte seine Reputation bei der amerikanischen Presse beschädigt. Daraufhin zogen sich die Coopers im Herbst 1834 in den alten Familiensitz »Otsego Hall« in Cooperstown am Lake Otsego zurück und verbrachten viele Jahre lang die Sommermonate dort. Susan Cooper begleitete ihren Vater oft auf den Fahrten zum ›Châlet‹ genannten Farmhaus. Mit dem Tod des Vaters veränderte sich Susan Coopers Lebensverhältnisse jedoch radikal, zumal auch die Mutter nur vier Monate später verstarb – an »gebrochenem Herzen«, wie Cooper in ihrer Korrespondenz andeutete. Sie musste Otsego Hall verkaufen (das bald darauf einem Feuer erlag) und reiste mit der Schwester Anne Charlotte für einige Zeit nach Europa. Bei der Rückkehr nach Cooperstown ließen die beiden Schwestern dann, teils aus den Trümmern von Otsego Hall, einschließlich der Eichentüren, der Geländerpfosten und zweier Regale aus James Coopers Bibliothek, das »Riverside Cottage« errichten.

Neben ihrem Roman *Elinor Wyllys; or, The Young Folk of Longbridge* (1845) und den *Rural Hours* (1850) veröffentlichte Susan Cooper zahlreiche Essays, vor allem über die Natur und die Oneida-Indianer, außerdem Erzählungen sowie eine von ihr herausgegebene Anthologie und mehrere biographische Skizzen über Zeitgenossen. Sie war allerdings keine solitäre Schriftstellerin, sondern engagierte sich für das soziale Leben ihres Städtchens: Zum Beispiel organisierte sie im Winter 1860 die Christ Church Sewing School, beteiligte sich nach dem Ende des Bürgerkriegs an der Gründung des Thanksgiving Hospitals und eröffnete 1871 ein Waisenhaus, welches unter ihrer persönlichen Aufsicht stand. Am 31. Dezember 1894 starb sie im Alter von einundachtzig Jahren in ihrem Haus in Cooperstown.

Für Susan Fenimore Cooper war die Natur seit ihren Kindertagen von großer Bedeutung. Das Anwesen der Großeltern mütterlicherseits, auf dem die Familie eine Zeit lang wohnte, befand sich inmitten einer Vielzahl von Bäumen, über deren Bestimmung der Großvater die Enkelin Susan instruierte, und die Besuche bei der verwitweten Großmutter väterlicherseits in Otsego Hall vermittelten ihr erste Kenntnisse über Pflanzen und Blumen. Später begleitete sie ihren Vater James, der ein besonderes Interesse für Gartenbau und Landwirtschaft hegte, auf die Farm oder durchstreifte mit ihm die Umgebung von Cooperstown. Die genaue Benennung und Beschreibung von Tieren und Pflanzen in den *Rural Hours* gründet somit nicht nur auf Büchern – Susan Coopers Kenntnis der Botanik ist breit gefächert, zu ihrer Lektüre gehörten der Zoologe James Ellsworth De Kay, die Ornithologen John James Audubon, Alexander Wilson und Thomas Nutall, der Botaniker John Torrey und der Landschaftsarchitekt Andrew Jackson Downing –, sondern auch auf eigener Beobachtung der Natur aus erster Hand.

Susan Cooper war, ebenso wie ihr Vater, bestens vertraut mit dem Epos *The Seasons* von James Thomson, in welchem sie die zyklische Struktur des Jahreszeitenlaufs vorfand. Diese Struktur war typisch für die britische Pastoraldichtung jener Zeit, ungewöhnlich dagegen für die amerikanische Literatur. (Mit Garrit Furmans *Rural hours: a poem* von 1824 existiert allerdings ein den beiden Coopers wohl nicht bekannter Vorläufer.) Für die *Rural Hours* kompilierte Cooper Aufzeichnungen mehrerer Jahre, um den Wandel in der Natur zu beschreiben – nicht nur in poetischer Prosa, sondern auch mit akribisch dokumentierten Maß- und Farbangaben. Eine solche Form der Aufzeichnungen des Nature Writings galt es erst zu erproben, als Susan Cooper dieses frühe Beispiel vorlegte, das zwischen dokumentarischen Passagen, essayistischen Einschüben und lyrischen Beschreibungen noch ein wenig schwankt. Jahrzehnte später hatte der berühmte Naturschriftsteller John Burroughs mit kritischem Blick erklärt: »Wenn ich jeden Vogel benenne, den ich auf meiner Wanderung sehe, seine Farbe und Eigenarten usw. beschreibe, eine Menge Fakten und Details über den Vogel darbiete, ist zu bezweifeln, dass meine Leser interessiert sind. Doch wenn ich den Vogel auf irgendeine Weise mit dem menschlichen Leben in Beziehung setze und zeige, was er mir, der Landschaft und der Jahreszeit bedeutet, dann präsentiere ich meinen Lesern einen echten Vogel und kein etikettiertes Exemplar.« Susan Cooper gelingt es jedenfalls über weite Strecken, diese Forderung einzulösen, denn sie betrachtet die Dinge mit dem geschulten Auge einer Malerin und dem mitfühlenden Herzen eines Menschen, der Pflanzen und Tiere als Mitgeschöpfe ansieht, an fremden Kulturen ebenso interessiert ist wie an der eigenen mit all ihren Erzeugnissen und der stets die Schönheit inmitten unvermeidlichen Verfalls sucht.

Susan Cooper stellt die Dauerhaftigkeit von Naturprozessen in einen scharfen Gegensatz zur Endlichkeit und Kurzlebigkeit des menschlichen Individuums. Eine Unterbrechung der Kontinuität und Harmonie in der Natur bewirkt ihrer Meinung nach jedoch vor allem der Mensch selbst oder vielmehr der profitorientierte Siedler des 19. Jahrhunderts. Er zerstört die Wälder, vertreibt die indigene Bevölkerung aus ihren angestammten Gebieten und ignoriert sämtliche Traditionen, indem er nicht einmal vor der Verlegung von Friedhöfen zurückschreckt. Die *Rural Hours* bieten nicht nur eine bemerkenswerte Beschreibung des frühen Kontakts mit amerikanischen Ureinwohnern – Cooperstown befand sich gewissermaßen am Rand des besiedelten Gebietes der Ostküste –, sondern auch einen der ersten Aufrufe zum Naturschutz. Dieser Mut zu klar geäußerten Positionen und Forderungen ist erstaunlich, da Cooper sich an anderen Stellen eher bescheiden zurücknimmt. Selten wagt sie, von sich in der ersten Person zu sprechen; stets scheint sie ihre Spaziergänge und Wanderungen in Gesellschaft zu unternehmen, obwohl sie, wenn sie ihren Vater nicht gerade auf seinen Streifzügen begleitete, wahrscheinlich meist allein unterwegs war – dennoch ist kaum zu übersehen, dass sich Susan Fenimore Cooper in den *Rural Hours* als unabhängige, hochgebildete, tolerante, gesellschaftlich kritische und neugierige Frau darstellt, die ihre Erfahrungen mit der Natur allen nahebringen möchte, die wie sie selbst mit wachem, ästhetisch geschultem Auge den neuen Kontinent durchstreifen.

Die *Rural Hours* erschienen erstmals 1850 mit der anonymisierten Autorenangabe »By a Lady«, bereits ein Jahr später, in vierter Auflage, mit Illustrationen von Coopers eigener Hand. 1887 veröffentlichte sie dann, unter eigenem Namen, eine revidierte und gekürzte Ausgabe, die die Grundlage der vorliegenden Übersetzung darstellt: Cooper nahm stilistische Verbesserungen vor und strich redundante oder allzu zeitbezogene und rein dokumentierende Einträge. Für die Übersetzung sind wir ihrem Beispiel gefolgt und haben auf Passagen verzichtet, die bereits Gesagtes in anderen Worten wiederholen oder aus Aufzählungen von (wahrscheinlich) angelesenem Wissen bestehen. Einige religiöse Abschweifungen mit ›moralischem Zeigefinger‹ wurden ebenfalls im Interesse besserer Lesbarkeit gestrichen. Insgesamt umfassen unsere Kürzungen ungefähr ein Fünftel des Textes der Ausgabe von 1887. Einige wenige mit einem Obeliskus (†) gekennzeichnete Absätze von kulturhistorischem Interesse wurden hingegen aus der Erstausgabe wieder eingefügt. Manche Begrifflichkeiten basieren auf zeitgenössischen Redewendungen und dem damaligen Kenntnisstand botanischer Klassifizierungen. Diese wurden nach bestem Gewissen, unter Einbehaltung heutiger Kategorisierungen von Flora und Fauna, in die deutsche Sprache überführt.

Jürgen Brôcan und Lena Dahlbüdding,
Dortmund/Schwerte im August 2023

Susan Fenimore Cooper, 1813 in Mamaroneck, New York, geboren, war eine US-amerikanische Schriftstellerin und Naturforscherin. Neben ihrer schriftstellerischen Tätigkeit kümmerte sie sich um den literarischen Nachlass ihres Vaters, James Fenimore Cooper, und widmete sich wohltätigen Zwecken. Sie starb 1894 in Cooperstown, New York.

Jürgen Brôcan, 1965 geboren, lebt in Dortmund als Autor, Übersetzer und Herausgeber. Zuletzt erschien von ihm der Gedichtband *Gottesdeponie* und seine Rezensionsauswahl *Im Sog des Nahbaren.* Für Matthes & Seitz Berlin hat er John Muir, Aldo Leopold und die Tagebücher von Ralph Waldo Emerson übersetzt.

Lena Dahlbüdding, 1998 geboren, lebt in Schwerte. Sie ist Masterstudentin der Komparatistik an der Ruhr-Universität Bochum und hat Werke von Adelaide Crapsey, Genevieve Taggard und Larry Eigner ins Deutsche übertragen.

NATURKUNDEN № 98
Erste Auflage Berlin 2024

NATURKUNDEN
herausgegeben von Judith Schalansky
erscheinen bei Matthes & Seitz Berlin
ermöglicht durch Jan Szlovak, Hamburg

Rural Hours erschien erstmals 1850.

EINBAND UND TYPOGRAFIE Pauline Altmann, Palingen
durchgesehen von Judith Schalansky
SCHRIFT Miller von Matthew Carter / Font Bureau und
P22 Aglio von Kevin Kegler
LITHOGRAFIE Raimundas Austinskas, Kaunas
HERSTELLUNG Hermann Zanier, Berlin
PAPIER 90 g/qm Fly 05 spezialweiß, 1,2-faches Volumen
DRUCK UND BINDUNG Pustet, Regensburg

ISBN 978-3-7518-4005-7

www.naturkunden.de
www.matthes-seitz-berlin.de